Connaissances et Usages en L2 (COULS 2016)

SHS Web of Conferences Volume 38 (2017)

Ile de Nantes, France
29 June - 1 July 2016

Editors:

C. Granget
M.A. Dat
D. Guedat-Bittighoffer
C. Cuet

ISBN: 978-1-5108-5348-5

Printed from e-media with permission by:

Curran Associates, Inc.
57 Morehouse Lane
Red Hook, NY 12571

Some format issues inherent in the e-media version may also appear in this print version.

Printed by Curran Associates, Inc. (2018)

For additional information, please contact EDP Sciences – Web of Conferences
at the address below.

EDP Sciences – Web of Conferences
17, Avenue du Hoggar
Parc d'Activité de Courtabœuf
BP 112
F-91944 Les Ulis Cedex A
France

Phone: +33 (0) 1 69 18 75 75
Fax: +33 (0) 1 69 28 84 91

contact-edps@webofconferences.org

Additional copies of this publication are available from:

Curran Associates, Inc.
57 Morehouse Lane
Red Hook, NY 12571 USA
Phone: 845-758-0400
Fax: 845-758-2633
Email: curran@proceedings.com
Web: www.proceedings.com

TABLE OF CONTENTS

edp sciences

SHS Web of Conferences

Statement of Peer review

In submitting conference proceedings to SHS Web of Conferences, I certify to the Publisher that I adhere to the **Policy on Publishing Integrity** of the journal in order to safeguard good scientific practice in publishing.

1. All articles have been subjected to peer review administered by the proceedings editors.
2. Reviews have been conducted by expert referees, who have been requested to provide unbiased and constructive comments aimed, whenever possible, at improving the work.
3. Proceedings editors have taken all reasonable steps to ensure the quality of the materials they publish and their decision to accept or reject a paper for publication has been based only on the merits of the work and the relevance to the journal.

Title, date and place of the conference

Connaissances et usages en L2 / Knowledge and usage in L2
Nantes, 29, 30 juin et 1er juillet 2017

Proceedings editor(s):

Cyrille GRANGET
Christine CUET
Marie-Ange DAT
Delphine GUEDAT-BITTIGHOFFER

Date and editor's signature

9.11.17

Connaissances et usages en L2: nouvelles perspectives

Cyrille Granget[1], *Marie-Ange* Dat[1], *Delphine* Guedat-Bittighoffer[2], et *Christine* Cuet[1]

[1] Laboratoire de Linguistique de Nantes, UMR 6310, Université de Nantes et CNRS, France
[2] Centre d'Etude et de Recherche sur Imaginaire, Ecritures et Cultures, EA 922, Université d'Angers, France

Abstract. Knowledge and usage in a second language : new perspectives. The articles included in the volume *Knowledge and usage in a second language* show that knowledge in a second language is not a one-dimensional block, but rather a vast set of practices in the L2, receptive and productive ones engaging different cognitive and linguistic capacities at the discursive, morphosyntactic, prosodic and phonological levels. The language practices investigated in the contrastive studies presented here vary according to groups or individuals in a sometimes qualitative and sometimes quantitative way. This invites us to pay closer attention to the linguistic experience the subjects have and to reconsider the usual opposition between declarative and procedural knowledge or native and non-native speakers.

Résumé. Ce que montre l'ensemble des articles rassemblés ici, c'est que la connaissance d'une langue seconde n'est pas un bloc unidimensionnel mais recouvre un vaste ensemble de pratiques de la L2, réceptives et productives, qui engagent des capacités cognitives et langagières, à la fois discursives, lexicales, morphosyntaxiques, prosodiques et phonologiques. Les pratiques langagières étudiées dans les recherches contrastives présentées ici attestent par ailleurs de différences intergroupes ou interindividuelles tantôt qualitatives, tantôt quantitatives. Ces études invitent donc à accorder une place importante à l'expérience linguistique, variable, des sujets et à réinterroger certaines oppositions, entre connaissances procédurales et déclaratives ou entre locuteurs natifs et non natifs.

Ce volume *Connaissances et usages en langue seconde* rassemble une sélection d'études présentées lors du colloque homonyme qui s'est tenu à l'université de Nantes du 29 juin au 1er juillet 2016. Nous avons plusieurs raisons de penser que nous nous trouvons aujourd'hui à une époque charnière qui invite à repenser l'articulation entre connaissances et usages en sciences du langage en général et en acquisition de langue seconde (AL2) en particulier. Haspelmath (2014) considère en effet que le XXème siècle marque un tournant par rapport à celui de la grammaire comparative en ce qu'il reconnaît l'existence des usages comme objet de recherche, que ce soit à travers la notion saussurienne de parole opposée à celle de langue ou la notion chomskyenne de performance, opposée à celle de compétence. En même temps, le propre du XXème siècle est aussi de considérer connaissances et usages comme des entités distinctes. Or, selon Haspelmath, l'époque contemporaine pourrait être le moment d'une réconciliation des usages et des connaissances, d'une part parce que les usages sont devenus, grâce à des évolutions techniques, conservables, cumulables et ainsi plus faciles à analyser, et d'autre part parce que leur étude montre qu'ils sont systématiques. En AL2, la distinction fondatrice entre connaissances et usages est également mouvante. Les approches formelles analysent prioritairement les connaissances entendues comme des représentations mentales du système linguistique, sans toutefois ignorer l'apport de l'*input* ou des usages entrants (Rankin & Unsworth 2016) tandis que les approches fonctionnelles privilégient l'examen de systèmes linguistiques fondés dans la pratique de la langue. Les études de l'acquisition d'une langue seconde en dehors du milieu institutionnel montrent effectivement que les usages peuvent se développer indépendamment de toute connaissance consciente du système (Watorek, Benazzo & Hickmann 2012).

Les approches de l'interface qui s'intéressent surtout à l'acquisition d'une L2 en milieu institutionnel, et à son enseignement, essaient depuis le début des années quatre-vingt de penser les notions de connaissances et usages ensemble. D'un côté, elles ont établi un construit de connaissances explicites, conscientes, déclaratives, représentations mentales verbalisables, soit des connaissances SUR la langue, et de l'autre côté, un construit de connaissances implicites, inconscientes, procédurales, non verbalisées, soit de connaissances DE la langue, auxquelles on réfère ici avec le terme d'usages ou de pratiques langagières. Cette distinction est très fructueuse puisqu'elle alimente depuis plusieurs décennies de nombreuses réflexions pour appréhender le processus acquisitionnel guidé. Certains chercheurs (Krashen et Terrel 1983, Paradis 2009) considèrent que les usages de langue se développent indépendamment des connaissances de la langue. D'autres défendent à l'inverse l'idée que les connaissances sur la langue peuvent être transformées en usages à travers diverses pratiques de procéduralisation (Andersen 1990, DeKeyser 2007). Récemment Han et Finneran (2014) ont toutefois proposé de repenser cette distinction, en se demandant quels aspects du système linguistique s'acquièrent par exposition à des connaissances et lesquels par exposition à des usages. Ce que l'on peut entendre comme une proposition, dans la lignée de celle de Martin Haspelmath (ibid.), de penser le langage et les langues, parmi lesquelles nous incluons les langues d'apprenants, en conciliant, plutôt qu'en opposant, usages et connaissances.

Ces notions structurent ainsi les approches de l'acquisition de langue seconde et soulèvent de nombreuses questions auxquelles les études rassemblées dans ce volume apportent de nombreux éléments de réponse :

- Dans quelle mesure est-il possible de rendre compte du développement en L2 sans mobiliser cette notion de connaissances ? Les connaissances déclaratives ne sont-elles pas aussi des usages consubstantiels à l'activité langagière ?
- En quoi l'étude du traitement et de la compréhension d'une langue seconde permet-elle de mieux comprendre les types de connaissances en jeu dans le processus acquisitionnel?
- Quel rôle pour les mécanismes cognitifs, spécifiques au langage ou généraux ?
- Quelle place accorder aux connaissances et usages des langues antérieurement acquises, L1 et L2s ?
- N'y a-t-il pas des aspects du système linguistique de l'apprenant qui s'acquièrent par exposition à des règles et d'autres par exposition à des pratiques orales, et écrites ?

Dans la filiation d'autres essais de synthèse récents (De Graaff et Housen 2009, Adringa et Rebuschat 2015), le double intérêt de ce volume est à la fois d'attirer l'attention sur les connaissances et usages en jeu dans l'acquisition d'une langue seconde tout en questionnant l'opposition binaire entre ces deux notions. A la lecture des articles, le lecteur pourra dans un premier temps trouver confirmation que la nature du lien entre connaissances et usages varie selon le type de connaissances en jeu: phonologiques, phonétiques, prosodiques, lexicales,

 DOI: 10.1051/shsconf/20173800001

(morpho)syntaxiques ou pragmatiques. Il apparaît par exemple que des apprenants avancés ayant des connaissances déclaratives sur la réalisation des voyelles en français ne les réalisent pas nécessairement comme les locuteurs du français L1 (cf. l'étude de Paillereau) et qu'en revanche des apprenants intermédiaires n'ayant aucune connaissance déclarative sur le délai de voisement de certaines consonnes en français sont capables de les produire de façon appropriée (cf. l'étude de Falkert). Dans ces deux cas, on voit bien que la chercheuse peut se donner les moyens de mesurer les connaissances déclaratives et procédurales des locuteurs au moyen d'outils idoines afin de rendre compte de la nature de leur interface. Il est d'ailleurs clair que connaissances déclaratives et usages ne sont pas consubstantiels. La mise en évidence de connaissances déclaratives du sujet sur la langue, que ce soit au niveau segmental ou grammatical, n'implique pas, s'il est encore nécessaire de le rappeler, un usage automatique du phénomène linguistique verbalisé, pas plus que l'emploi d'un énoncé n'implique une pensée consciente et verbalisable de l'ordre des mots qui le composent.

A partir de là, ces études nous invitent à nous demander dans un deuxième temps si, au lieu de focaliser notre attention sur l'automatisation de connaissances déclaratives, nous ne pourrions pas plutôt nous interroger sur les conditions d'émergence d'usages réceptifs et productifs et de représentations spécifiques et inclure parmi elles, certes la connaissance de règles, y compris macro-syntaxiques de cohérence discursive ou informationnelle, mais aussi divers dispositifs d'exposition, d'imitation ou de reformulation, comme le suggèrent plusieurs auteurs. On pourra d'ailleurs se demander à la lecture des diverses contributions de ce volume si cette conceptualisation fréquente du processus d'appropriation d'une langue seconde comme une transformation de connaissances en usages n'a pas aussi été, d'une certaine manière, fabriquée, lorsque dans les départements de langue étrangère, dans certaines régions du globe, notamment en Europe, a été décrété, dans la deuxième moitié du XXème siècle, l'état d'urgence sociale pour l'enseignement des langues étrangères (Kramsch 2005).

Le présent volume rassemble des études d'usages productifs et réceptifs, de connaissances linguistiques et non linguistiques, en différentes langues. Ce que les auteurs entendent par connaissances ou usages varie évidemment et permet ainsi d'explorer plus avant la variété des usages seconds. L'étude de Pélissier, Krzonowski et Ferragne montre ainsi que des sujets bilingues peuvent se ressembler dans leur capacité à reconnaître des violations de l'accord sujet-verbe en anglais dans une tâche de jugement de grammaticalité mais se distinguer dans le type de traitement, explicite vs implicite, qu'ils font de l'énoncé. La mise en évidence du type de traitement de la violation syntaxique complète utilement celle de la perception de la violation. Plusieurs études de la production en L2 distinguent un niveau sémantique, discursif ou pragmatique (expression de l'*irrealis*, du passé, du mouvement référentiel ou de la requête) d'un niveau lexical et morphosyntaxique. Dans un cadre d'analyse extra-phrastique elles montrent en général qu'à tâche constante, ce qui distingue les locuteurs d'une langue, qu'elle soit première ou seconde, ce sont les moyens linguistiques qu'ils utilisent. On peut noter qu'une telle conception de l'appropriation fait souvent fi du *distingo* entre connaissances et usages pour ne s'intéresser qu'aux usages et à la variation diachronique et synchronique des usages en fonction du temps d'exposition à la langue.

Il est d'ailleurs intéressant de noter que les différences observées entre des groupes d'apprenants, débutants et intermédiaires, natifs et non natifs, peuvent être utilement classées en différences qualitatives ou quantitatives. Plusieurs études montrent en effet que les apprenants avancés et les locuteurs natifs se distinguent sur le plan quantitatif : ils n'ont pas d'usages fondamentalement différents de la langue puisqu'ils emploient dans un contexte donné la même palette de moyens linguistiques mais expriment pour ces moyens lexicaux, discursifs ou morphosyntaxiques des préférences variables. Les deux études des usages réceptifs de ce volume, traitement d'erreurs d'accord et interprétations d'implicatures scalaires, montrent au contraire des différences qualitatives entre d'un côté des locuteurs natifs et des locuteurs non natifs intermédiaires (Pélissier et al.) et de l'autre des locuteurs monolingues et

DOI: 10.1051/shsconf/20173800001

des locuteurs bilingues (Dupuy et al.). Plusieurs études se donnent aussi les moyens d'observer dans des groupes *a priori* homogènes des différences qualitatives importantes, dans la façon d'introduire une entité dans le discours (Lena) ou de raconter une histoire au passé (Michot et Pierrard), et soulignent donc la nécessité de prendre en compte la variation des usages, y compris dans un groupe contrôle de locuteurs natifs, afin de distinguer les usages propres ou préférés d'un groupe donné. Pour expliquer ces usages, quelques études soulignent également le rôle des usages en L1, que ce soit au niveau segmental, suprasegmental, lexical ou morphosyntaxique.

Bien entendu, ces avancées dans l'observation et la conceptualisation du processus acquisitionnel sont aussi rendues possibles par la variété des dispositifs scientifiques d'observation et de mesure des connaissances langagières du sujet plurilingue, largement reflétée à travers les onze études constitutives de ce volume.

Au moyen d'une méthodologie originale, l'article de Pélissier, Krzonowski et Ferragne montre qu'en L2, il existe en général différents niveaux de connaissances et en particulier de reconnaissance d'une erreur, l'identification consciente d'une violation morphosyntaxique pouvant être corrélée à un traitement implicite ou explicite de l'énoncé. A travers une tâche d'évaluation de la grammaticalité d'énoncés contenant des violations de l'accord sujet-verbe en anglais L2, l'étude aborde subtilement la question du lien entre connaissances implicites et explicites dans le traitement d'une langue seconde. Les auteurs multiplient les approches en s'appuyant à la fois sur les réponses au test de jugement, sur les potentiels évoqués (ERP) des participants, locuteurs natifs (groupe contrôle) et apprenants intermédiaires et avancés de l'anglais, pendant la tâche, et sur des éléments d'autobiographie langagière, notamment le durée d'enseignement universitaire et de séjour à l'étranger. Partant du constat habituel que l'onde P600 reflète un traitement explicite et l'onde négative LAN ou ELAN un traitement implicite de l'énoncé, les auteurs font état de différences qualitatives entre les groupes dans le traitement des violations de l'accord verbal avec le pronom *he* (par rapport à *they*). Ils montrent aussi que, même si les apprenants intermédiaires et avancés présentent de bonnes connaissances déclaratives au jugement de grammaticalité, seuls les apprenants avancés font état, comme les natifs, d'un traitement implicite de l'énoncé plus probablement imputable, sur la base des corrélations établies, à la durée de l'enseignement reçu et donc à la procéduralisation de connaissances explicites qu'à leur pratique intensive de l'anglais lors d'un séjour à l'étranger.

La contribution de Catherine Felce questionne l'idée communément admise dans les études de l'acquisition de l'ordre des mots en allemand L2 selon laquelle la connaissance d'une règle de syntaxe pourrait, à un moment précis de l'apprentissage, déclencher son usage. A la question de savoir si des connaissances déclaratives sur la syntaxe de l'allemand se transforment en usage, l'étude de Felce répond d'une certaine façon que la règle ne saurait être le moyen d'atteindre un usage mais qu'en revanche, l'usage, guidé, est le moyen d'accomplir des actes de communication pertinents et chemin faisant, de s'approprier la construction de l'énoncé en allemand L2. Pour faire acquérir l'inversion verbe-sujet, l'auteure propose ainsi d'ignorer cette règle syntaxique et de déplacer l'attention de l'apprenant vers le *Vorfeld* ou l'ouverture de l'énoncé, cruciale pour le maintien de la cohérence du discours en interaction et le succès de la communication. L'intérêt de l'article réside aussi dans sa force de proposition. L'auteure en effet montre bien comment la classe peut-être ce « lieu d'exploration et d'expérimentation des usages de la langue ». A partir d'une évaluation scrupuleuse d'un dispositif original d'enseignement de la construction de l'énoncé sur notamment l'usage de la règle complexe de positionnement V2 du verbe par des adolescents débutants, elle argumente en faveur d'un usage des catégories linguistiques informationnelles, de la mise en place de routines conversationnelles et de la mémorisation de structures prototypiques avec des bases lexicales restreintes. Dans sa recherche, Tuuli Holttinen invite aussi à élargir la fenêtre d'observation des langues d'apprenants au-delà de la dimension

DOI: 10.1051/shsconf/20173800001

phrastique. L'auteure y étudie comment, dans des contextes similaires, des locuteurs de français formulent des requêtes, selon que le français est leur L1 ou leur L2, et dans ce dernier cas, selon le volume et le type de données auxquels ils ont été exposés. Les résultats issus d'une tâche écrite de complétion de discours confirment le caractère plus direct des requêtes en L2 et le moindre recours des apprenants débutants par rapport aux étudiants intermédiaires et avancés à des éléments morphosyntaxiques et lexicaux qui adoucissent ou renforcent la force illocutoire de la requête. Mais l'étude montre aussi que les apprenants avancés recourent davantage que les locuteurs natifs à ces modificateurs internes et que les apprenants en général, en comparaison des locuteurs natifs, n'emploient pas excessivement *s'il vous plaît* contrairement à ce que montrent des études antérieures portant sur d'autres combinaisons langagières. Dans une discussion finale très intéressante, l'auteure suggère d'explorer d'autres pistes pour tenter de savoir si les moyens linguistiques employés dans les requêtes en L2 relèvent d'un usage spontané ou d'une opération consciente et ostentatoire propre à l'apprenant de L2 de modification interne et de déploiement de connaissances linguistiques. C'est à cette question de savoir si le locuteur régulier d'une L2 se distingue de celui d'une L1 en raison de ses connaissances linguistiques, restreintes ou avancées, ou en raison d'une modification générale de ses capacités cognitives que répond, entre autres, l'étude de Dupuy, Stateva, Andreetta et al. Les auteurs montrent l'impact de la connaissance approfondie d'une L2 sur un autre aspect de la compétence pragmatique, à savoir la capacité à faire des implicatures scalaires en L2 et en L1. Les auteurs comparent un groupe de monolingues (français L1) et deux groupes de bilingues (français L1/anglais L2 et français L1/espagnol L2) dans leur capacité à interpréter, en L1 et en L2, les termes scalaires *tous* et *quelques*. L'étude, dont le protocole expérimental réplique avec quelques modifications celui d'une autre étude, confirme la préférence des locuteurs bilingues pour une interprétation pragmatique des termes scalaires en L2, alors que les locuteurs monolingues préfèrent une interprétation sémantique. L'apport essentiel de cette étude est de montrer que la préférence des locuteurs bilingues pour l'interprétation pragmatique vaut également dans leur L1. Ces résultats conduisent ainsi à rejeter l'idée selon laquelle l'interprétation pragmatique serait celle privilégiée en L2 en raison de sa simplicité car, outre qu'elle apparaît déjà comme une interprétation cognitivement plus coûteuse en raison de son émergence tardive en acquisition de la L1, elle apparaît ici aussi comme l'apanage des locuteurs bilingues par rapport aux locuteurs monolingues. Les auteurs suggèrent donc un lien entre l'avantage bien connu des bilingues dans les fonctions exécutives et la capacité à résoudre une implicature scalaire de façon pragmatique et proposent d'explorer dans de futures recherches l'hypothèse d'une modification générale des capacités pragmatiques induite par l'apprentissage d'une L2.

L'article *Counterfactual Conceptualizations in L2 French : From Cognitive Principles to Semantic and Lexical Realizations* explore aussi le lien entre un niveau conceptuel qui serait ici la conception du discours et la sélection de l'information et des moyens linguistiques qui l'encodent. L'auteure, Isabel Repiso, analyse les modifications linguistiques et non linguistiques inhérentes à la production de scénarios contrefactuels en français L2 (espagnol L1) et L1. Elle compare comment, dans une tâche de mutation, des locuteurs natifs et non natifs du français non seulement inventent des scénarios alternatifs en modifiant certaines variables de l'histoire initiale, mais aussi réalisent ces alternatives contrefactuelles au moyen d'un ensemble de constructions verbales aspectuelles et d'opérateurs sémantiques et syntaxiques d'agentivité, de transitivité et de polarité. L'auteure montre qu'il n'existe aucune différence entre les productions en français L1 et L2 au niveau cognitif puisque les locuteurs optent dans des proportions semblables pour les mêmes alternatives contrefactuelles d'un groupe à l'autre. Au niveau de la réalisation linguistique de ces options en revanche, les locuteurs du français L1 et L2 recourent à des moyens linguistiques distincts. Cette étude montre ainsi la pertinence d'une distinction entre le niveau cognitif, encore appelé logique ou sémantique et le niveau lexical et grammatical pour comprendre les points communs et

DOI: 10.1051/shsconf/20173800001

différences entre des productions en L1 ou L2. L'étude de Sewoenam Chachu vise aussi à comprendre les différents types de connaissances en jeu en production de L2 en analysant des discours en français L2 amorcés par un discours en français L1 mais dans une tâche cette fois de reproduction. L'auteure analyse les moyens linguistiques mis en œuvre par des apprenants ghanéens de troisième et quatrième année universitaire d'apprentissage du français dans une tâche de narration orale et écrite amorcée par une double lecture d'un récit de l'histoire. L'auteure analyse les récits produits en français L2 sous l'angle de la reformulation et de la transformation du récit initial au niveau lexical, discursif et morphosyntaxique. Elle souligne que la capacité de reformuler une histoire entendue relève de la mise en œuvre de connaissances linguistiques explicites et de connaissances implicites, comme la capacité de négocier le sens ou de sélectionner l'information pertinente pour maintenir la cohérence narrative.

L'originalité de l'étude de Michot et Pierrard sur l'usage des temps du passé dans la narration orale en français L2 et L1 est d'envisager la complexification des usages sous l'angle de la diversification des formes, de leur fréquence et surtout de leurs combinaisons dans la narration. Au terme de plusieurs analyses quantitatives de l'usage du passé composé, de l'imparfait et du plus-que-parfait, les auteurs montrent en effet les limites d'une appréhension du développement de la temporalité en L2 en termes de fréquence d'occurrence et proposent de saisir la variété des scénarios narratifs au passé et leur évolution selon le statut de la langue de la narration, L1 versus L2, et le volume de données auquel ont été exposés les narrateurs. La notion centrale de configuration narrative, ou combinaison de temps utilisés dans la narration au passé, ouvre une nouvelle perspective de recherche sur les récits au passé. Il apparaît ainsi nettement qu'en L1 comme en L2, les configurations narratives varient selon les individus et que les temps dits du passé ne sont pas les seuls convoqués dans la narration au passé. Ce qui caractérise l'usage des temps dans la narration au passé dans les groupes L1 et dans le groupe L2 avancé, ce sont des combinaisons variables selon les narrations et notamment l'usage non négligeable du temps présent. Ce qui distingue les deux groupes, L1 et L2, ce sont donc des préférences des narrateurs, pas tant pour certains temps que pour certaines combinaisons de temps. Contre une conception linéaire et systématique du développement des moyens temporels, cette analyse met l'accent sur la variabilité des usages et souligne que ceux des narrateurs L1 et L2 avancés relèvent d'options narratives en partie communes. Ludovica Lena s'intéresse aussi à la relation entre une structure et sa fonction discursive en s'interrogeant sur les moyens linguistiques qu'emploient des locuteurs du français L1 et des locuteurs, sinophones, du français L2 pour encoder l'introduction de nouvelles entités référentielles dans le discours. Alors que la situation de contact de langues chinois – français est souvent conçue comme une situation archétypale de contact de langues typologiquement éloignées, cette étude l'envisage au contraire comme un observatoire de l'appropriation en L2 de moyens syntaxiques formellement et fonctionnellement semblables à ceux employés en L1. Il existe en effet une structure présentative fréquente en *avoir* dans les deux langues en contact, français et chinois. L'analyse montre qu'en dépit de cette proximité, les locuteurs sinophones du français L2 emploient beaucoup moins la structure présentative introductive *il y a ...qui* en français L2 que ne le font les locuteurs du français L1 et qu'ils n'emploient la structure *you* en chinois. Ils ont alors tendance à suremployer l'ordre canonique sujet-verbe dans l'énoncé présentatif. Au terme de subtiles analyses qualitatives, l'auteure souligne que la présence d'une structure formellement et fonctionnellement similaire à la langue cible en langue source ne saurait seule expliquer les choix d'encodage en L2, ici de l'introduction d'un référent. Elle avance d'abord que les notions de similarité et de transfert syntaxique qui en découle doivent faire l'objet d'un examen minutieux. De plus, d'autres facteurs linguistiques entrent en jeu et déterminent les choix d'encodage, comme les contraintes pragmatiques distinctes qui pèsent sur les constructions présentatives en français et en chinois et les connaissances métalinguistiques des locuteurs sinophones sur le français.

Trois articles explorent l'articulation entre connaissances (supra)segmentales – prosodiques, phonologiques, phonétiques – et usages. Anika Falkert montre à travers une tâche originale d'imitation d'accent comment des locuteurs en immersion dans une communauté linguistique peuvent acquérir des connaissances phonologiques implicites de la langue seconde environnante. L'auteure s'intéresse à la mise en œuvre par des locuteurs germanophones de connaissances phonologiques implicites en français. Elle analyse la production des consonnes occlusives non voisées /p, t, k / en position initiale de mot dans une tâche originale de lecture et d'imitation de l'accent français. En s'appuyant sur le délai d'établissement du voisement (DEV), un indice de mesure acoustique robuste pour distinguer des consonnes occlusives dans différentes langues et *a priori* d'une variété native à une autre non native, elle observe si le DEV des consonnes produites par les locuteurs germanophones varie selon qu'ils lisent l'allemand de façon naturelle ou en imitant un accent français. Alors que les locuteurs n'ont pas de connaissances déclaratives sur la durée du délai d'établissement du voisement en français, les résultats montrent que ce délai est significativement plus faible en allemand imité avec un accent français qu'en allemand naturel, ce qui révèle des connaissances phonologiques strictement implicites des locuteurs sur la phonologie du français. L'étude de Nikola Paillereau traite aussi de ce décalage entre des connaissances, ici phonologiques, et la prononciation effective de locutrices tchécophones avancées en français L2. Après un rappel de différentes hypothèses explicatives de l'acquisition de la prononciation d'une langue seconde, l'auteure examine la réalisation des voyelles du français L2 à partir du *Speech Learning Model (SLM)* de Flege, leur perception par des locuteurs natifs et l'impact des variables sociobiographiques dans les différences individuelles observées. La réalisation des voyelles, mesurée au moyen des différences formantiques entre les paires e/ɛ , ø/œ, o/ɔ et d'un test perceptif, confirme globalement les prédictions du modèle SLM et l'impact du tchèque L1, tout en en montrant les limites au regard de la variation individuelle observée. Ce résultat complété par le dépouillement des questionnaires individuels suggère d'accorder une place plus importante au type, variable, de données entrantes dans un modèle de l'acquisition de la phonologie d'une L2, qui puisse ainsi rendre compte de la variété des performances individuelles. L'article de Leonardo Contreras Roa présente les résultats d'une étude exploratoire des usages, cette fois suprasegmentaux, de locuteurs de l'anglais L1 et L2. L'auteur y décrit, au moyen de plusieurs instruments de mesure et de modélisation (supra)segmentaux, la réalisation prosodique d'expressions focalisées en anglais langue première ou seconde, et selon que les apprenants de l'anglais L2 ont l'espagnol ou le français comme langue première. Il montre de claires régularités intragroupes et des différences intergroupes dans les mouvements tonals : une nette préférence du groupe contrôle anglais L1 pour les contours intonatifs montants -descendants, alors que les apprenants francophones préfèrent le mouvement uniquement montant et les hispanophones le mouvement descendant-montant. A contour intonatif constant, l'ampleur de f0 permet aussi de rendre compte de réalisations contrastées d'un groupe à l'autre. L'auteur montre enfin que l'anglais L2 se distingue de l'anglais L1 par des tons montants à la fin des phrases interrogatives contenant un élément focalisé. Tout en soulignant des tendances de réalisation prosodique manifestement imputables à la L1, cette étude montre aussi que les groupes d'apprenants sélectionnés ne sont pas des entités aux usages homogènes.

Finalement, même si ces recherches récentes tendent à montrer que la distinction entre connaissances et usages n'est pas indispensable pour rendre compte de certains aspects du développement linguistique, pas plus que la connaissance explicite d'une règle de grammaire n'est nécessaire à la production d'un énoncé grammatical, elles formulent néanmoins diverses propositions à destination des passeurs de langue pour qu'ils interviennent dans le processus individuel d'acquisition d'une L2 au niveau phonologique, prosodique, morphosyntaxique, lexical, pragmatique et discursif, et mettent en œuvre des tâches ou des dispositifs d'enseignement expérimentés ou évalués dans les recherches présentées. Plusieurs de ces dispositifs ont été entreposés dans IRIS, *Instruments for Research Into Second languages*. C'est à la présentation de cet entrepôt virtuel où sont librement mis à disposition des chercheurs et des praticiens des outils de collecte de données et des données en langue seconde, que se consacre le texte de Marsden, Thomson et Plonsky. Cette contribution est l'occasion de montrer l'intérêt de mutualiser et mettre en libre accès nos outils de recherche comme de rendre les résultats de ces études accessibles à tou.te.s, notamment chercheuses, chercheurs et enseignant.e.s de langue seconde.

Adringa S. & P. Rebuschat. (2015). New Directions in the Study of Implicit and Explicit Learning. An introduction. *Studies in Second Language Acquisition,* Special Issue 02, 185-196.

Anderson, J. (1990). Cognitive psychology and its implications. New-York : W.H. Freeman.

DeKeyser R. (Ed.). (2007). *Practice in a second language: Perspectives from applied linguistics and cognitive psychology*. New York : Cambridge University Press.

De Graaff, R., & Housen, A. (2009). Investigating the Effects and Effectiveness of L2 Instruction. In M.H. Long & C.J. Doughty, *The Handbook of Language Teaching* (pp. 726-755). Oxford : Wiley-Blackwell.

Han, Z., & Finneran (2014). Re-engaging the interface debate : strong, weak none, or all ? *International Journal of Applied Linguistics, 24(3)*, 370-389.

Haspelmath, M. (2014). Grammatical form-frequency correspondences, Conférence du 2 avril 2014, Université de Olomouc, République tchèque, audivisible sous https://www.youtube.com/watch?v=uDy44Qb1NwQ

Krashen, S.D. et Terrell, T.D. (1983). *The natural approach: Language acquisition in the classroom*. London: Prentice Hall Europe.

Kramsch C. (2005). Post 9/11 : Foreign Languages between Knowledge and Power. *Applied Linguistics 26/4*. 545-567.

Paradis, M. (2009). *Declarative and Procedural Determinants of Second Languages*. Amsterdam: John Benjamin.

Rankin, T., Unsworth S. (2016). Beyond poverty : Engaging with input in generative SLA. *Second Language Research*, 1-10.

Watorek M., Benazzo S., Hickmann M. (éds) (2012). *Comparative perspectives on language acquisition : A Tribute to Clive Perdue*. Clevedon: Multilingual Matters.

Does better explicit knowledge of a morphosyntactic structure guarantee more native-like electrophysiological processing? An ERP study with French learners of English

Maud Pélissier[1], *Jennifer* Krzonowski[2], and *Emmanuel* Ferragne[1]

[1] Laboratoire CLILLAC-ARP, EA 3967, Université Paris Diderot, France
[2] Laboratoire DDL, UMR 5596, CNRS et Université Lyon 2, France

Abstract. The possible transformation of the explicit knowledge developed during classroom learning of a second language into implicit knowledge of that language remains an open issue. In this study, we investigated the relationship between the explicit and implicit processing of morphosyntactic violations of English as an L2. ERP responses were obtained from 24 French learners (12 Intermediate and 12 Advanced) and 12 Native controls (NS) while participants evaluated the grammaticality of orally presented sentences containing subject-verb agreement violations. Results show that NS and Advanced speakers outperformed the Intermediate ones on the behavioural task. A P600 effect was obtained for all groups. Additionally, NS and Advanced learners exhibited an early negativity after violations while there was no significant effect in Intermediate speakers. The presence and amplitude of this early negativity was correlated with the structure-specific proficiency of Intermediate speakers and with the time of instruction of all learners. Results suggest that the superior native-likeness of the early responses obtained in Advanced learners is due more to their better proficiency and superior degree of explicit instruction than to the direct opportunity for implicit knowledge that their stay abroad represented.

Résumé. La connaissance explicite d'une structure morphosyntaxique garantit-elle un traitement électrophysiologique plus natif ? Une étude en potentiels évoqués auprès d'apprenants francophones de l'anglais. La possibilité de transformer les connaissances explicites développées en classe durant l'apprentissage d'une langue seconde en connaissances implicites reste une question ouverte. Dans cette étude, nous nous sommes intéressés au lien entre le traitement explicite et implicite de violations morphosyntaxiques en anglais L2. Les réponses en potentiels évoqués à des violations de l'accord sujet-verbe ont été recueillies chez 24 apprenants francophones (12 intermédiaires et 12 avancés) et 12 sujets contrôle (LN) complétant un jugement de grammaticalité. Les résultats montrent que les LN et les apprenants avancés ont de meilleures performances que les apprenants intermédiaires dans la tâche comportementale. Un effet P600 est attesté dans tous les groupes. De plus, les LN et les apprenants avancés présentent une négativité précoce après les violations d'accord, alors qu'il n'y a pas d'effet significatif pour les apprenants intermédiaires. La présence et l'amplitude de cette négativité est corrélée aux connaissances structurales pour les locuteurs intermédiaires et à la durée d'enseignement pour tous les locuteurs. Les résultats suggèrent que le caractère quasi-natif des réponses des apprenants avancés est davantage lié à de meilleures connaissances et un degré supérieur d'enseignement explicite qu'à des connaissances implicites résultant de leur séjour à l'étranger.

1 Introduction

1.1 Implicit and Explicit Knowledge

Processing a language in real time relies on different types of knowledge that are often referred to as implicit and explicit knowledge (Andringa & Rebuschat, 2015; Rebuschat & Williams, 2013; Ullman, 2001). Implicit knowledge is usually characterised as knowledge we are unaware of and associated with automatic processing and procedural memory. It involves being able to complete a task without necessarily being aware of it and without having the capacity to explicitly describe how we do it. This is typically the case for walking or riding a bike, or, in terms of language abilities, for processing and producing the grammar of our first language. Explicit knowledge on the other hand is knowledge that we know we have, associated with certain types of conscious processes to retrieve specific memories. It is often linked with declarative memory and, when it comes to language, it is frequently associated with metalinguistic knowledge and the ability to describe the rules of a language. However, knowing the rules of a language does not mean one is fluent in it, and one can sometimes say more *about* the language they are learning than *in* it.

For most people, learning a second language in their home country implies learning it at school and therefore mostly through explicit instruction, usually with some focus on the rules of grammar. However, no consensus has been reached as to the degree to which the explicit and metalinguistic knowledge acquired in the classroom can be transformed into implicit knowledge and be integrated, automatized and proceduralised to be used without consciously recalling the explicit rules. Some researchers argue that no implicit knowledge can be transformed into explicit knowledge (no interface, e.g. Krashen, 1982), others claim that only some of it can and at the right developmental stage or that both types of knowledge can cooperate for learning (weak interface, e.g. R. Ellis, 1994 or N. Ellis, 2008), and others argue that all explicit knowledge can be transformed into implicit knowledge with time and practice (strong interface position, e.g. DeKeyser, 2007).

In this study, we were interested in the relationship between the explicit and the implicit processing of morphosyntactic violations in English as an L2 by French learners, and in the influence the proficiency of the participant can have on these two types of processing. To this purpose, we used two main measures: a grammaticality judgment task which requires some degree of conscious processing and is therefore associated with more explicit although not necessarily verbalised knowledge of syntactic rules, and event-related potentials (ERPs) which are automatic responses of the brain and thus commonly linked to unconscious knowledge and processing.

We focused on a structure that works in a similar way in French and English and is thus likely to benefit from positive transfer: subject-verb agreement. Subject-verb agreement in French is realized orally through different inflectional suffixes (from 3 to 5 different endings depending on the type of verb); in English, its only instance is in the 3rd person singular in the indicative present tense. This subject-agreement rule is taught very early and repeatedly throughout the years of English instruction French students complete. Yet omitting the 3rd person *–s* is one of the most common mistakes learners make and one of the most persistent ones, which suggests that this grammatical rule is resistant to instruction and that having good explicit knowledge of this rule does not directly influence the way it is processed. Despite the positive transfer and the apparent simplicity of the rule, proceduralisation of this rule seems to be problematic and suggest a need for more implicit knowledge.

1.2 ERPs

ERPs represent changes in brain electric activity triggered by particular events (Fabiani, Gratton, & Federmeier, 2007; van Hell & Tokowicz, 2010). Two main ERP components have been identified for the study of syntactic processing (Hahne & Friederici, 1999, 2001) and are of interest for this study. The first one is the Left Anterior Negativity (LAN), a negative shift occurring between 300 and 500 ms after morphosyntactic violations (Chen, Shu, Liu, Zhao, & Li, 2007). It is said to evidence automatic processing of morphosyntax (Friederici, 2002). It is also sometimes preceded by an Early Left Anterior Negativity (ELAN) (Friederici, 2002; Hahne & Friederici, 1999). The P600, a positive shift maximal at centro-parietal locations (van Hell & Tokowicz, 2010) between 500 and 900 ms, has been consistently observed in response to a large variety of syntactic violations (Bond, Gabriele, Fiorentino & Alemán Bañon, 2011; Hahne & Friederici, 2001; Meulman, Stowe, Sprenger, Bresser, & Schmid, 2014; Tanner, Mclaughlin, Herschensohn, & Osterhout, 2013). It is thought to reflect control and reanalysis processes (Kaan, Harris, Gibson, & Holcomb, 2000).

ERPs observed in native and non-native speakers often differ, either in a qualitative (different component, Tanner, Mclaughlin, et al., 2013) or a quantitative way (delays and amplitude reductions, Sabourin & Stowe, 2008). Several factors have been identified to explain why some learners exhibit similar ERPs as native speakers and others do not, among which proficiency – which has been shown to positively correlate with the magnitude of the observed ERP (Ojima, Nakata, & Kakigi, 2005; Rossi, Gugler, Friederici, & Hahne, 2006; Tanner, Inoue, & Osterhout, 2013). Proficiency was found to induce quantitative (delayed P600s with reduced amplitude in intermediate compared to advanced learners in Tanner, Inoue, et al., 2013; Tanner, Mclaughlin, et al., 2013) and qualitative differences (a LAN in advanced speakers only in Rossi et al., 2006). Since our French participants have different proficiency levels, we expect to find these differences between our groups and/or with the native speakers.

ERP components also differ in terms of their relation with implicitness. Although early negativities like the ELAN and the LAN are deemed automatic and thus require a certain degree of implicit processing, later components like the P600 reflect controlled processes and are not found in the absence of attention (Pulvermüller, Shtyrov, Hasting, & Carlyon, 2008), which suggests that they require explicit processing.

1.3 Research hypotheses

French learners who participated in this study were divided into 2 groups based on their year of University instruction. Due to the omnipresence of the subject-verb agreement rule in English instruction, it is expected that learners in both groups had similar explicit knowledge of this particular structure. No major differences in later ERP components (P600) were expected between the groups. However, participants who were more advanced were expected to have better explicit knowledge of the language in general. Since processing of the auditory stimuli involved paying attention to more than just the subject-verb agreement rule, differences in the behavioural performance (measured by the sensitivity index or *d'*) could still be observed.

Participants in the Advanced group had spent an academic year abroad. This should be associated with the development of more implicit knowledge, especially for a structure that is so common. However the impact of study abroad experiences on the development of sensitivity to grammatical violations is usually very limited or null (Segalowitz, 2004). If a 1-year study abroad experience is enough for the development of implicit knowledge, we should see differences in early ERPs (ELAN or LAN) between the Advanced and Intermediate learners.

For Native Speakers, we expect to find ERP results similar to those obtained in previous studies: a possible LAN followed by a P600. Their behavioural performance should be superior to that of Intermediate learners, but could be statistically indistinguishable from that of Advanced learners.

2 Methods

2.1 Participants

24 French learners of English as well as 12 Native Speakers took part in the experiment. All were right-handed (as assessed by the Edinburgh Handedness Inventory (Oldfield, 1971)) with normal or corrected sight and normal hearing (as confirmed by a hearing test). All participants were paid for their participation. Native Speakers of English had grown up in England or the United States of America and were exchange students in a French University. French participants were English Majors at one of the Universities in Lyon. They were divided into two groups based on their degree and a proficiency test completed prior to the experiment targeting oral comprehension and production. 12 of them were first-year students who had an intermediate level of English and had never spent more than 2 weeks in an English-speaking country. The remaining 12 were graduates who had spent one academic year in an English-speaking country and had an advanced level of proficiency. They were Master's students and many of them were preparing for teaching certifications (CAPES). Mean ages for each group are reported in Table 1.

Table 1. Number and Mean Age of Participants per Group.

Group	**Number of participants** (male participants)	**Mean age**	**Standard Deviation**
Native Speakers	12 (1)	21y10m	1y10m
Advanced Learners	12 (3)	23y10m	1y2m
Intermediate Learners	12 (5)	20y	1y2m

The two groups of learners differed on a number of points, the first one being their proficiency, evaluated according to the CEFR (Common European Framework of Reference for Languages): participants in the Intermediate group had a B1 to B2 level ("independent user") whereas participants in the Advanced group had a C1 to C2 level ("proficient user"). Their degree of exposure to the language (2 weeks at most vs. 1 year) and their time of University instruction (1 semester vs. 5 to 7 semesters) differed as well. There was a significant difference between their total time of instruction ($t(21.99)=3.77$, $p<.01$; $Mean_{Advanced}$ = 13y8m ± 22m; $Mean_{Intermediate}$ = 10y9m ± 23m). Finally, the two groups differed significantly in their self-assessment of their overall English proficiency ($t(16.25)=2.22$, $p<.05$; $Mean_{Advanced}$ = 16.75/20 ± 2.09; $Mean_{Intermediate}$ = 15.25/20 ± 1.06). More precisely, the differences concerned their assessment of their own abilities in oral

 DOI: 10.1051/shsconf/20173800002

comprehension ($Mean_{Advanced} = 4.25/5 \pm 0.45$; $Mean_{Intermediate} = 3.75/5 \pm 1.06$; $t(20.10)=2.25$, $p<.05$), which was a key parameter for this experiment since stimuli were presented orally.

2.2 Material

The critical material consisted of 160 short active sentences composed of a 3rd person pronoun (*He* or *They*), a verb in the present tense and a short complement (adjective and noun or frequent adverbial phrase). All the lexical words used in these sentences were among the 1000 most frequent words of their grammatical category in the COCA (*Corpus of Contemporary American English*, the largest corpus of contemporary English that is freely available and the only balanced corpus of American English, see Davies, 2008), so as to reduce possible difficulties in understanding the sentences for the participants in the Intermediate group. Words specific to American English were avoided so as not to unsettle the participants who were native speakers of British English.

Half of the sentences contained a violation of Subject-Verb agreement – the presence or absence of the *–s* at the end of the main verb determined the grammatical acceptability of the sentence. Half of the sentences were constructed with the pronoun *He* and half with the pronoun *They*, which enabled us to balance the presence of the *–s* in correct and incorrect sentences (see examples (1) and (2)).

(1) a. *They* *reject* *the* *proposition.*
PRO.3PL rejeter.PST la proposition
'Ils rejettent la proposition.'

b. * *They* *rejects* *the* *proposition.*
PRO.3PL rejeter.PST.3SG la proposition
'Ils rejettent la proposition.'

(2) a. *He* *meets* *people* *every* *day.*
PRO.3SG rencontrer.PST.3SG gens tous jours.
'Il rencontre des gens tous les jours.'

b. * *He* *meet* *people* *every* *day.*
PRO.3SG rencontrer.PST gens tous jours.
'Il rencontre des gens tous les jours.'

All the stimuli were recorded by a native speaker of English (from Portland, Oregon, USA) at a natural pace with an Audio Technica AT2020 USB microphone in a sound-attenuated booth with ROCme! software (Ferragne, Flavier, & Fressard, 2012). Stimuli were digitized as PCM mono, 44.1 kHz, 16 bit. Irregularities in the frequency response of the microphone and headphones (BeyerDynamics DT770 Pro – 250 Ohms) were corrected with the equalization function in Audacity (Team Audacity, 2013). RMS intensity was made equal across stimuli with the Praat program (Boersma & Weenink, 2007). The critical point – the instant from which event-related potentials were recorded – was the beginning of the word following the violation, meaning the moment at which the sentence becomes correct or incorrect.

2.3 Procedure

2.3.1 Preliminary tasks

Participants first completed a language background questionnaire collecting data on the different languages they spoke and their motivation to learn foreign languages. The questionnaire for French participants, inspired from standard questionnaires used in second language acquisition (Gullberg & Indefrey, 2003; Marian, Blumenfeld, & Kaushanskaya, 2007; Ping Li, 2006), also contained questions about their age of acquisition of English, the time they had spent in an English-speaking country and a self-assessment of their proficiency.

Participants' hearing was tested with an Electronica Technologies 600M USB audiometer. The Hughson-Westlake method (Carhart & Jerger, 1959) was used to determine their hearing threshold, which was confirmed to be normal.

French participants also completed a proficiency test including a listening and a speaking task. The oral comprehension task was based on the test these participants had completed for their Baccalauréat. It enabled us to make sure that the participants were proficient enough to understand the audio stimuli in the main experiment. Participants listened to an audio document (a 1-minute extract from a BBC podcast) twice and gave an account of it in French. The speaking test was inspired by TOEFL tasks. Participants had 15 seconds to prepare for their production and then were asked to speak for 45 to 60 seconds about a given topic. They completed this task twice: first to tell an amusing anecdote from their personal life and then to express and justify an opinion on a specific topic.

2.3.2 Main experiment

For the main part of the experiment, participants listened to the recorded stimuli in a sound-attenuated room with dim lighting. Stimuli were presented with Presentation software (Neurobehavioral Systems, 2012) at a mean intensity of 70 dBA (calibrated with a GRAS 43 AG artificial ear) with the following procedure (see Figure 1). A fixation cross appeared first for 1000 ms and remained on the screen during the auditory presentation of the stimulus (around 1500 to 2000 ms) to reduce ocular movements and for 1000 ms after the end of the stimulus. A screen prompted the participant to evaluate the grammaticality of the sentence and remained for at most 2000 ms. Participants answered by pressing a coloured button on a response box.

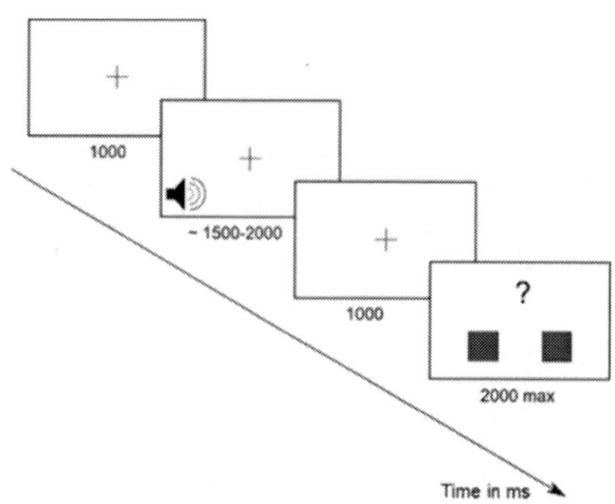

Figure 1. Experimental Procedure

2.3.3 EEG data acquisition

EEGs were recorded with a Biosemi ActiveTwo system with 32 active electrods at the following sites: Fp1, Fp2, F3, Fz, F4, F8, FC5, FC1, FC2, FC6, T7, C3, Cz, C4, T8, CP5, CP1, CP2, CP6, P7, P3, Pz, P4, P8, PO3, PO4, O1, Oz and O2. Vertical and horizontal electro-oculograms were recorded with a bipolar montage using electrodes placed above, underneath and to the left of the left eye. EEGs were referenced on-line to the average of all electrodes and re-referenced off-line to the average of the two mastoids. Data were filtered on-line between 0.1 and 100 Hz. Electrode offset was maintained below 20 mV and the signal was sampled at a rate of 512 Hz.

2.3.4 Data analysis

Hit rates (correct acceptation of grammatical sentences) and false alarms (incorrect acceptation of ungrammatical sentences) were computed for each subject according to signal detection theory (J. Tanner, Wilson, & Swets, 1954). The response variable used in analyses of behavioural data was the sensitivity index (*d'*) of the participants. A linear mixed-effect model with *d'* as a dependent variable and Group (Native/Intermediate/Advanced) and Pronoun (*He/They*) as categorical predictors was conducted with the R program (R Core Team, 2014).

Since the stimuli were followed by a 1000 ms interval, response times were not precise enough to reveal processing difficulties and were therefore not analysed. All trials were included in the ERPs analysis, independently of the accuracy of the behavioural response[1]. EEG data were analysed with MATLAB (The Mathworks, 2008) and the EEGLAB (Delorme & Makeig, 2004) and ERPLAB (Lopez-Calderón & Luck, 2014) toolboxes. Epochs from -200 ms to 900 ms around the critical point were extracted from continuous data. After baseline correction (-200-0 ms), high-pass filtering at 0.1 Hz and low-pass filtering at 30 Hz, trials for which peak-to-peak amplitude exceeded 70 μV on the EOG channel or 150 μV on the other channels were automatically rejected. Visual inspection completed the artefact rejection process. ERPs were averaged for each subject and each group. Electrodes selected for the analyses were divided into central line electrodes (Fz, Cz, Pz) and lateral electrodes, themselves divided into anterior/central/posterior region and left/right hemisphere (anterior left: F3, F7, FP1, AF3; anterior right: F4, F8, FP2, AF4; central left: FC1, FC5, C3, CP1, CP5; central right: FC2, FC6, C4, CP2, CP6; posterior left: P3, P7, PO3, O1; posterior right: P4, P8, PO4, O2).

According to the literature and after visual inspection of ERP waveforms, several temporal windows of interest were selected: a P600 window (500-900 ms) and two windows for early negativities: 100-300 ms and 300-500 ms. The mean amplitude in each window was computed for each subject and each condition and for the difference between Incorrect and Correct conditions.

Results were analysed using linear mixed-effect models in R version 3.1.0, packages lme4 version 1.1.10 (Bates et al., 2015), LMERConvenienceFunctions version 2.10 (Tremblay & Ransijn, 2015), lmerTest version 2.0-33 (Kuznetsova, Brockhoff, & Christensen, 2015), and lsmeans version 2.25 (Lenth, 2016). Each component was analysed in five steps:

[1] This is a recurring approach in second language acquisition (Chen et al., 2007; Mueller, 2005; Ojima et al., 2005; Weber-Fox & Neville, 1996) ; besides, some studies have found ERP effects without behavioural effects (Tokowicz & MacWhinney, 2005).

1. An initial model was built with the maximal fixed-effect structure and only a random intercept. The dependent variable was the mean amplitude in the selected time-window.
2. The best random-effect structure was determined by forward-fitting the random effect structure through log-likelihood ratio comparisons. (LMERConvenienceFunctions::ffRanefLMER.fnc)
3. The resulting model was reduced by removing non-significant higher order fixed effects through log-likelihood comparisons (LMERConvenienceFunctions::bgFixefLMER_F.fnc)
4. The resulting model was submitted to a type III Anova with a Satterthwaite approximation of the degrees of freedom (lmerTest::anova)
5. Higher order interactions were followed-up with pairwise post-hoc tests adjusted for multiple comparisons with Tukey's honest significant difference (lsmeans::lsmeans)

Since the factor Region was always included in the highest order interaction, we followed-up these interactions by building different models for each level of Region: Anterior, Central and Posterior. This enabled us to directly compare the effects of Pronoun and Group in the same model. For brevity, only these models and only significant results are reported here.

The initial model thus included as initial fixed effects: Condition (Cond): Correct/Incorrect, Pronoun (Pro): *He/They*, Hemisphere (Hem): Left/Right, and Group (Group): Advanced/Intermediate/Native Speakers, and their interactions. The random effects evaluated for inclusion in the model were: Condition, Pronoun, Region and Hemisphere.

3 Results

3.1 Behavioural data

Overall, participants detected violations successfully (see Table 2 for the mean *d'* and accuracy per group). Linear mixed-effect model analyses revealed a main effect of Group ($F(2,33) = 6.07$, $p < .01$), see also Figure 2. Pairwise comparisons (adjusted with Tukey's Honest Significant Difference) showed that accuracy was significantly higher for the Native Speakers (NS) than for the Intermediate Learners (IL) ($t(33)=3.39$, $p<.01$) and marginally higher for the Advanced Learners (AL) than the Intermediate ones ($t(33)=2.40$, $p=.06$). There was however no significant difference between NS and AL. There was also a main effect of Pronoun ($F(1,33)=5.47$, $p<.05$) due to the fact that participants all performed slightly better for violations with the pronoun *He* ($t(33)=2.34$, $p<.05$): their *d'* was on average 0.32 points better with *He* than with *They*.

Table 2. Mean *d'* and accuracy per Group on the grammaticality judgment task

	d'	Accuracy
Native Speakers	4.13	97%
Advanced Learners	3.78	94%
Intermediate Learners	2.92	88%

DOI: 10.1051/shsconf/20173800002

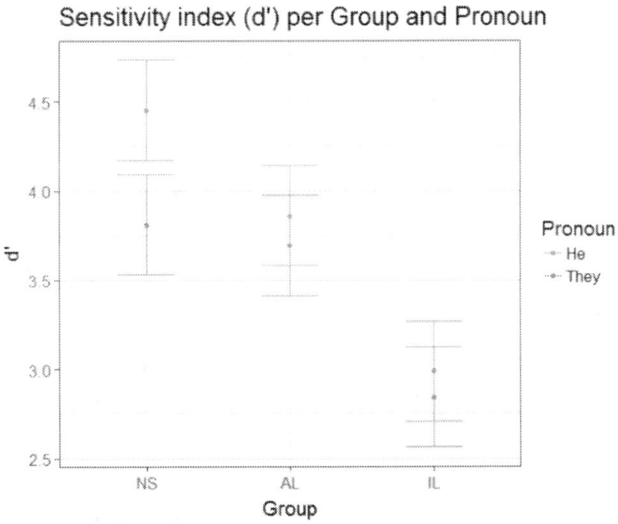

Figure 2. Sensitivity index (d') per Group and Pronoun (*Mean and Standard Deviation*).

3.2 EEG data

Waveforms for the Incorrect and Correct condition per Group and Pronoun can be seen in Figure 3.

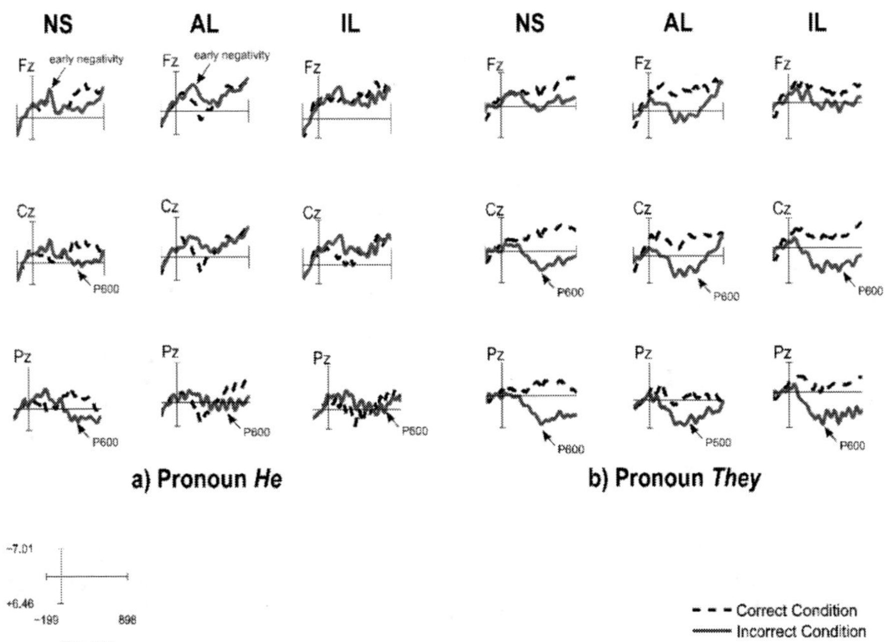

Figure 3. ERPs per Group and Pronoun

DOI: 10.1051/shsconf/20173800002

3.2.1 P600 Effect (500-900 ms)

Anterior. The Cond × Pro interaction only was significant (F(1,1147)=17.69, p=.000). Post-hoc comparisons show that there was no effect of condition with the pronoun He, but a positivity with the pronoun They (Mean(TheyI-TheyC)=1.57 μV, t(45.78)=4.1, p<.001).

Central. Only the Cond × Pro interaction was significant (F(1,1295)=67.77, p=.000). A positivity was found for both pronouns (Mean(HeI-HeC)=1.08 μV, t(45.21)=2.9, p<.01; Mean(TheyI-TheyC)=3.19 μV, t(45.21)=8.6, p<.001) but was larger with the pronoun They (Mean((TheyI-TheyC)-(HeI-HeC))=2.06 μV, t(35)=3.6, p=.001).

Posterior. The Cond × Pro interaction only was significant (F(1,1148)=30.87, p=.000). The amplitude in the Incorrect condition was larger than in the Correct condition for both pronouns (Mean(HeI-HeC)=1.16, t(47.35)=3.0 μV, p<.01; Mean(TheyI-TheyC)=2.76 μV, t(47.35)=7.2, p<.0001). The difference between the two conditions was once again larger with with *They* ($Mean_{((TheyI-TheyC)-(HeI-HeC))}$=1.60 μV, *t*(35)=3.4, *p*<.01) although less so than in the Central region.

In the 500-900 ms time window, violations elicited a broadly-distributed positivity with *They* and a Centro-Posterior one with *He* (thus resembling more a typical P600-effect) for all groups (see Figure 4).

DOI: 10.1051/shsconf/20173800002

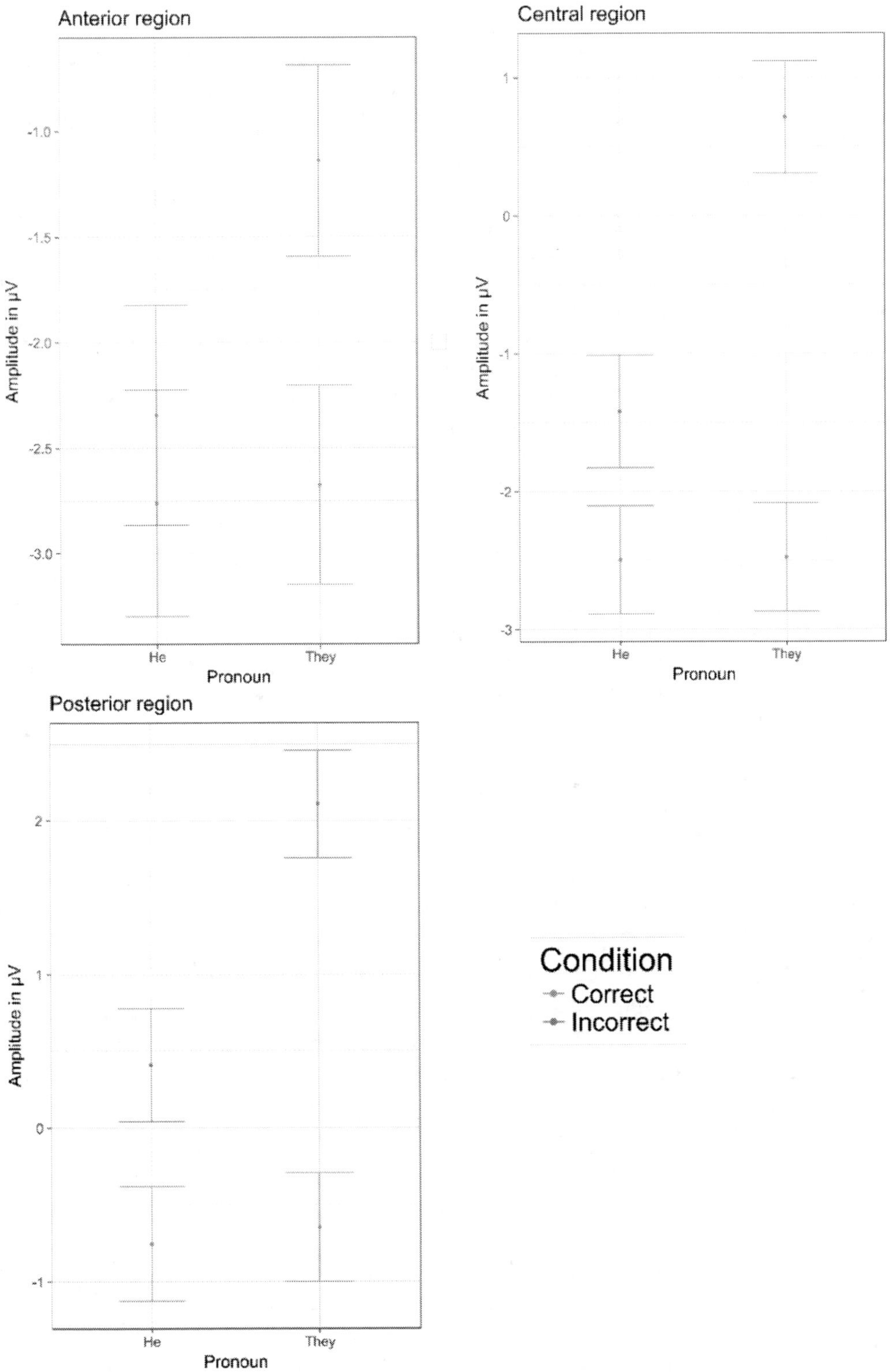

Figure 4. Amplitude in the 500-900 ms window per Condition, Pronoun and Region (*Mean and Standard Deviation*)

3.2.2 Early negativity (100-300 ms)

Anterior. The Cond × Pro × Group interaction almost reached significance (F(2,1073)=2.99, p=.050). Due to the level of the p value, this interaction was followed up by post-hoc comparisons. A negativity was found with the pronoun He for participants in the Advanced Group ($Mean_{(HeI-HeC)}$=-1.38 μV, t(1073)=5.2, p<.0001) and the Native Speakers Group ($Mean_{(HeI-HeC)}$=-0.97, t(1073)=3.7, p<.01) but not the Intermediate Group ($Mean_{(HeI-HeC)}$=-0.24 μV, t(1073)=0.9, p=.94). Violations with the pronoun They elicited a positivity for participants in the Advanced ($Mean_{(TheyI-TheyC)}$=1.27 μV, t(1073)=4.8, p<.0001) and Intermediate ($Mean_{(TheyI-TheyC)}$=1.44 μV, t(1073)=5.5, p<.0001) Groups but not for Native Speakers ($Mean_{(TheyI-TheyC)}$=0.45 μV, t(1073)=1.7, p=.52). Post-hoc comparisons for the two next significant higher order interactions Cond × Pro (F(1,1073)=79.14, p=.0000) and Cond × Group (F(2,1073)=5.80, p=.003) revealed an overall negativity with the pronoun He ($Mean_{(HeI-HeC)}$=-0.86 μV, t(1073)=5.67, p<.0001) and a positivity with the pronoun They ($Mean_{(TheyI-TheyC)}$=1.05 μV, t(1073)=6.91, p<.0001); as well as a general positivity for participants in the Intermediate Group ($Mean_{(I-C)}$= 0.60, t(1073)=3.21, p<.01) but nothing for the two other groups. This is not surprising since these results are averaged over pronouns and we know that for participants in the Advanced and Native Speakers groups, the polarity of the difference between Incorrect and Correct conditions was opposed between the two pronouns.

Central. Post-hoc comparisons for the significant Cond × Pro × Group interaction (F(2,1427)=8.51, p=.0002) revealed a negativity with He for participants in the Advanced Group only ($Mean_{(HeI-HeC)}$=-1.86 μV, t(42.86)=-4.2, p<.01). There was a positivity with They for both learner groups ($Mean_{(ALTheyI-ALTheyC)}$=2.18, t(42.86)=4.9, p<.001; $Mean_{(ILTheyI-ILTheyC)}$=2.46, t(42.86)=5.55, p<.0001).

Posterior. There was a significant Cond × Pro interaction (F(1,1148)=166.46, p=.0000). Violations with He triggered a negativity ($Mean_{(HeI-HeC)}$=-0.94, t(44.83)=-3.4, p=<.01) and violations with They elicited a positivity ($Mean_{(TheyI-TheyC)}$=1.51, t(44.83)=5.4, p<.0001). Violations with the pronoun They thus triggered an early broadly-distributed positivity for both learner groups and a posterior one for Native Speakers. Violations with He were followed by an early anterior negativity for Native Speakers, a posterior negativity for Intermediate learners and a largely distributed one for Advanced Speakers (see Figure 5).

DOI: 10.1051/shsconf/20173800002

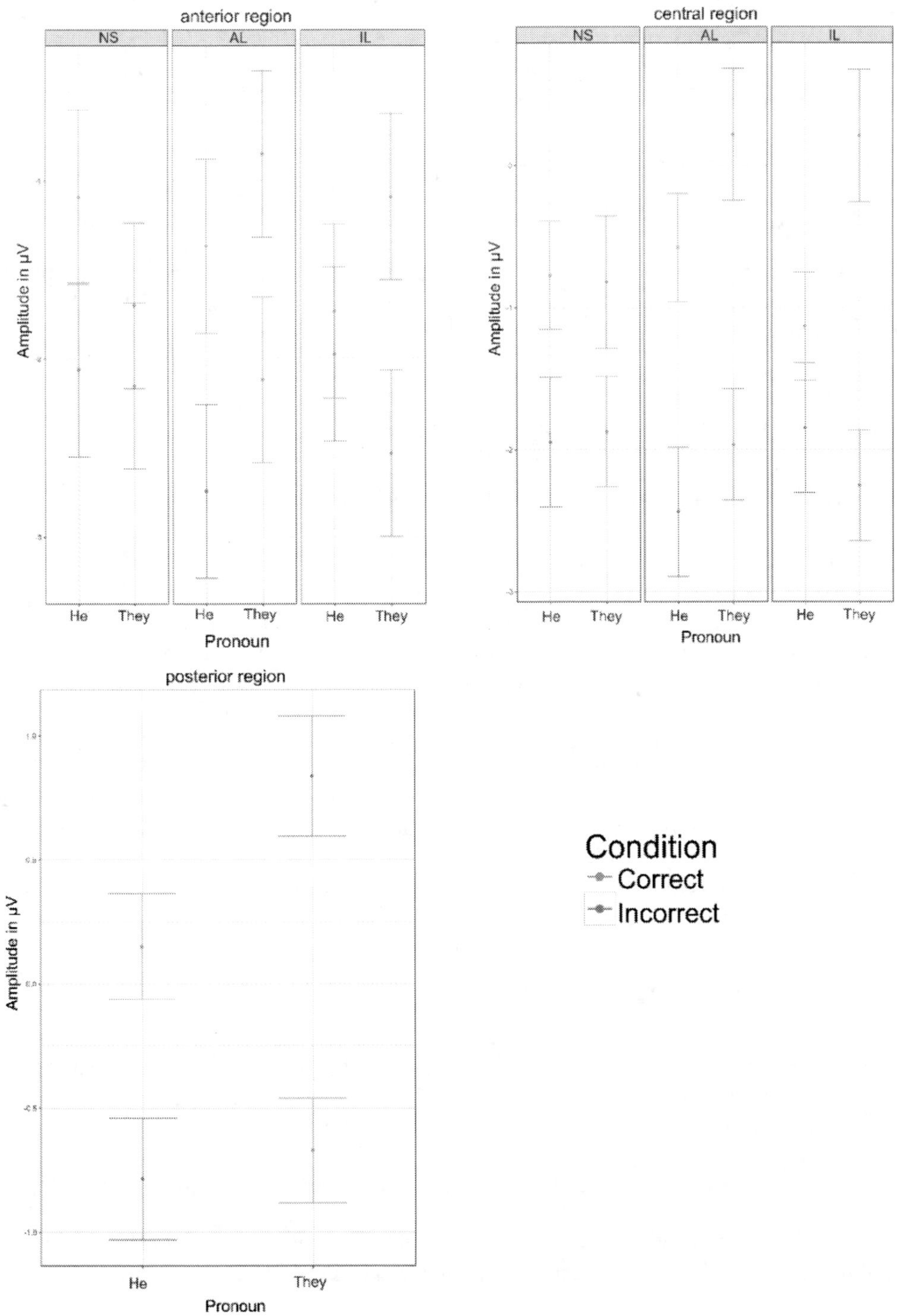

Figure 5. Amplitude in the 100-300 ms window per Condition, Group, Pronoun and Region (*Mean and Standard Deviation*)

3.2.3 Intermediate negativity / N400 (300-500 ms)

Anterior. The Cond × Pro × Gp was significant ($F(2,1139)=3.39, p=.03$). No effect was found with *He*; but with *They* the amplitude in the Incorrect condition was larger than in the Correct conditions for all groups of participants ($\text{Mean}_{(\text{ALTheyI-ALTheyC})}=1.70$ µV, $t(44.45)=3.0, p=.048$; $\text{Mean}_{(\text{ILTheyI-ILTheyC})}=2.17$ µV, $t(44.45)=3.8$, $p=.005$; $\text{Mean}_{(\text{NSTheyI-NSTheyC})}=2.02$ µV, $t(44.45)=3.56, p=.011$).

Central. The Cond × Pro interaction was significant ($F(2,1295)=216.16, p=.0000$). There was no effect with *He*, but a positive one with *They* ($\text{Mean}_{(\text{TheyI-TheyC})}=3.61$, $t(52.01)=11.3$, $p<.0001$).

Posterior. The Cond × Pron interaction was also significant ($F(2,1148)=170.27, p=.0000$). Post-hoc comparisons showed the same effects as in the central region: no effect with *He* and a general positivity with *They* ($\text{Mean}_{(\text{TheyI-TheyC})}=3.02$, $t(47.89)=9.0, p<.0001$).

In this window, violations with *They* triggered a broadly-distributed positivity for participants in all groups, while no effect followed violations with *He*.

3.3 Relationship between measures of explicit and implicit processing

3.3.1 Time of instruction and time spent abroad

Given the difference observed between the two pronouns, data was examined separately for each; and separate models were built for each region. The link between each component and the Time of instruction (which was not exactly identical to the Group separation); and between each component and the Time spent in an English-speaking country (which varied only for the Advanced Group) were examined.

There was a link between the mean amplitude between 100 and 300 ms and the Time of instruction in the anterior ($F(1,20)=4.58$, $p=.044$) and central regions ($F(1,20)=4.39$, $p=.049$) but not in the posterior one: the longer the participants had been learning English, the more negative-going the effect was.

There was no significant link between the amplitude of any component and the Time spent in an English-speaking country.

3.3.2 Proficiency

Models were built for each effect (Incorrect – Correct difference in each time window of interest) and each region with the *d'* as a continuous predictor and the Group as a categorical one. A random intercept was added in the model as well as a random slope for each of the repeated measures. Only significant results are reported here.

P600 effect. The *d'* × Group interaction was significant in the central region ($F(2,49.92)=3.48, p=.039$). This interaction was followed-up by separate group models. This revealed that the effect of *d'* was only significant for Advanced learners ($F(1,13.54)=12.45$, $p=.004$): the larger the *d'*, the larger the amplitude of the P600 effect.

Early negativities. Because of the opposite effects the two pronouns had for several groups of learners, data was examined both generally and separately for each pronoun.

 DOI: 10.1051/shsconf/20173800002

In the anterior region, the *d'* × Group interaction was marginally significant ($F(2,31.34)=2.50$, $p=.098$. This interaction was however significant for the pronoun *He* ($F(2,32.61)=5.28$, $p=.01$). The effect of *d'* was only significant for the Intermediate Group ($F(2,28.09)=9.62$, $p=.0007$): the larger the *d'*, the more negative-going the effect.

The *d'* × Group interaction was also marginally significant in the central region ($F(2,32.37)=3.18$, $p=.055$) and significant with the pronoun *He* ($F(2,29.54)=3.61$, $p=.04$). Follow-ups with *He* were not significant. Follow-ups of the general model found a significant effect of *d'* for Intermediate learners ($F(1,11.70)=6.02$, $p=.031$) and Native Speakers ($F(1,23.15)=4.50$, $p=.045$). These results have to be taken with caution but show that for these participants, there was a trend for the amplitude of the effect to decrease from a positivity towards a null difference as the *d'* increased.

300-500 ms window. The *d'* × Group interaction was marginally significant in the anterior region only ($F(2,47.21)=2.47$, $p=.095$). Intermediate learners tended to have a reduced positivity in this region when their *d'* increased ($F(1,10.54)=7.77$, $p=.02$).

These results show that the positivity that was found in earlier time windows tended to decrease with better proficiency or even to transform into the native-like negativity in the very early window.

4 Discussion

In this study, ERP responses to subject-verb agreement violations were obtained from two groups of French learners of English with different proficiency levels and a Native Speakers control group while participants evaluated the grammaticality of orally presented stimuli. Results show that Natives and Advanced learners outperformed the Intermediate learners on the behavioural task. Violations elicited a P600 for participants in all groups, but this P600 was more narrowly localized to the centro-posterior region (and thus more typical) with the pronoun *He*. The size of the effect depended on the structure-specific proficiency for Advanced learners, which is consistent with what has been found in other studies (e.g. Rossi et al., 2006). It is surprising however that this link was not also found for learners in the lower-proficiency group.

Both Native Speakers and Advanced learners exhibited an early anterior negativity suggesting actual automatic and implicit morphosyntactic processing of the violations with *He;* but violations with *They* triggered a broadly distributed positivity in both learner groups and a posterior positivity in Native speakers resembling a P3, an attention-related component. Advanced learners' most automatic responses were thus more native-like that those of Intermediate speakers. The positivity observed with the pronoun *They* could be due to the fact that these violations are phonologically more salient than the violations with *He* since they involves adding the *–s* morpheme instead of removing it. They are also much less common. Indeed, the omission of the 3rd person singular *–s* in the present tense is a mistake frequently made by learners and foreigners, and it is also standard in several dialects of English, for instance in the East of England (Trudgill, 2001). This violation was thus much more surprising than its counterpart with *He*, which might explain the presence of the P3-like components even in Native Speakers. The presence of the early negativity in Advanced but not Intermediate speakers suggests that the process of proceduralisation of the explicit grammatical knowledge of subject-verb agreement in English was more advanced for the first group of learners. However, it should be noted that for Intermediate learners, a better explicit detection of errors in the grammaticality judgment task, as evidenced by a larger *d'*, meant a more negative-going effect in the early negativities window – and therefore a more native-like response. The negativity of this effect was also correlated with the Time of

Instruction in general, which suggests that this early response might not reflect implicit processing as much as was expected and that the critical factor in the native-likeness of the response in this window is not the stay-abroad experience but rather the degree of explicit instruction. The processes underlying the exhibition of this early negativity may thus not be fully unconscious as is often stated, at least in the two learner groups, and the level of instruction might be the prime factor here in the native-likeness of ERP responses.

5 Conclusion

The results of this study shed an interesting light on the early processing of a structure that should be very easy for French learners to master. Qualitative differences between groups were found only for the more "natural" violation, i.e. the one that occurs most commonly and that learners typically produce (with the pronoun *He*). The more artificial violation in the sense that it is rarely if at all produced by learners, triggered attention-dependent responses in all groups. Although both learner groups had a good declarative knowledge of the rules of subject-verb agreement, only Advanced learners exhibited a native-like early anterior negativity. This native-likeness however does not seem to be the result of their study-abroad experience and of the implicit knowledge they could have acquired directly in these conditions, but rather the result of better proceduralisation of their conscious knowledge acquired with years of explicit instruction.

Acknowledgements

This research was supported by an IUF grant awarded to Dr. Emmanuel Ferragne.

References

R Core Team. (2014). R: A Language and Environment for Statistical Computing. Vienna, Austria: R Foundation for Statistical Computing.

Team Audacity. (2013). Audacity version 2.0.3.

Andringa, S., & Rebuschat, P. (2015). New directions in the study of implicit and explicit learning. *Studies in Second Language Acquisition*, *37* (Special Issue 02), 185–196. http://doi.org/10.1017/S027226311500008X

Bates, D., Maechler, M., Bolker, B., Walker, S., Christensen, R. H. B., Singmann, H., Green, P. (2015). lme4: Linear mixed-effects models using 'Eigen' and S4: Version 1.1-9.

Boersma, P., & Weenink, D. (2007). Praat: doing phonetics by computer (Version 5.1.05).

Bond, K., Gabriele, A., Fiorentino, R., & Alemán Bañon, J. (2011). Individual Differences and the Role of the L1 in L2 Processing: An ERP Investigation. In D. Tanner & J. Herschensohn (Eds.), *Proceedings of the 11th Generative Approaches to Second Language Acquisition Conference (GASLA 2011)*, (pp. 17–29). Somerville, MA: Cascadilla Proceedings Project.

Carhart, R., & Jerger, J. (1959). Preferred method for clinical determination of pure-tone thresholds. *Journal of Speech & Hearing Disorders*, *24*(November), 330–345. http://doi.org/10.1044/jshd.2404.330

Chen, L., Shu, H., Liu, Y., Zhao, J., & Li, P. (2007). ERP signatures of subject–verb

DOI: 10.1051/shsconf/20173800002

agreement in L2 learning. *Bilingualism: Language and Cognition*, *10*(2), 161–174. http://doi.org/10.1017/S136672890700291X

Davies, M. (2008). The Corpus of Contemporary American English: 450 million words, 1990-present.

DeKeyser, R. (2007). Skill acquisition theory. In B. VanPatten & J. N. Williams (Eds.), *Theories in second language acquisition: An introduction* (pp. 97–113). Mahwah, NJ: Erlbaum.

Delorme, A., & Makeig, S. (2004). EEGLAB: an open source toolbox for analysis of single-trial EEG dynamics. *Journal of Neuroscience Methods*, *134*, 9–21. http://doi.org/http://doi.org/10.1016/j.jneumeth.2003.10.009

Ellis, N. C. (2005). The Handbook of Second Language Acquisition. In C. J. Doughty & M. H. Long (Eds.), *The Handbook of Second Language Acquisition* (pp. 63–103). Oxford, UK: Blackwell Publishing Ltd. http://doi.org/10.1111/b.9781405132817.2005.00005.

Ellis, R. (1994). A theory of instructed second language acquisition. In N. C. Ellis (Ed.), *Implicit and Explicit Learning of Languages* (pp. 79–114). London: Academic Press.

Fabiani, M., Gratton, G., & Federmeier, K. D. (2007). Event-Related Brain Potentials: Methods, Theory, and Applications. In *Handbook of Psychophysiology* (pp. 85–119). http://doi.org/http://dx.doi.org/10.1017/CBO9780511546396.004

Ferragne, E., Flavier, S., & Fressard, C. (2012). ROCme! Recording of Oral Corpora Made Easy, version 2.1.04. Available at http://www.ddl.ish-lyon.cnrs.fr/Download/Index.asp?Langue=FR&Page=ROCme

Friederici, A. D. (2002). Towards a neural basis of auditory sentence processing. *Trends in Cognitive Sciences*, *6*(2), 78–84. http://doi.org/S1364661300018398

Gullberg, M., & Indefrey, P. (2003). Language Background Questionnaire. Developed in The Dynamics of Multilingual Processing. Nijmegen, Max Planck Institute for Psycholinguistics.

Hahne, A., & Friederici, A. D. (1999). Electrophysiological Evidence for Two Steps in Syntactic Analysis: Early Automatic and Late Controlled Processes. *Journal of Cognitive Neuroscience*, *11*(2), 194–205. http://doi.org/10.1162/089892999563328

Hahne, A., & Friederici, A. D. (2001). Processing a second language: late learners' comprehension mechanisms as revealed by event-related brain potentials. *Bilingualism: Language and Cognition*, *4*(2), 123–141. http://doi.org/10.1017/S1366728901000232

Kaan, E., Harris, A., Gibson, E., & Holcomb, P. (2000). The P600 as an index of syntactic integration difficulty. *Language and Cognitive Processes*, *15*(2), 159–201. http://doi.org/10.1080/016909600386084

Krashen, S. D. (1982). *Principles and practice in second language acquisition*. Pergamon.

Kuznetsova, A., Brockhoff, P. B., & Christensen, R. H. B. (2015). lmerTest: Tests in Linear Mixed Effects Models: Version 2.0-33.

Lenth, R. (2016). lsmeans: Least-Squares Means: Version 2.25. Comprehensive R Archive Network (CRAN).

Lopez-Calderón, J., & Luck, S. J. (2014). ERPLAB: an opensource toolbox for the analysis of event-related potentials. *Frontiers in Human Neuroscience, 8,* 213. http://doi.org/10.3389/fnhum.2014.00213

Marian, V., Blumenfeld, H. K., & Kaushanskaya, M. (2007). The Language Experience and Proficiency Questionnaire (LEAP-Q): Assessing Language Profiles in Bilinguals and Multilinguals. *Journal of Speech, Language, and Hearing Research, 50*(4), 940–967. http://doi.org/10.1044/1092-4388(2007/067)

Meulman, N., Stowe, L. A., Sprenger, S. A., Bresser, M., & Schmid, M. S. (2014). An ERP study on L2 syntax processing: When do learners fail? *Frontiers in Psychology, 5*(SEP). http://doi.org/10.3389/fpsyg.2014.01072

Mueller, J. L. (2005). Electrophysiological correlates of second language processing. *Second Language Research, 21*(2), 152–174. http://doi.org/10.1191/0267658305sr256oa

Neurobehavioral Systems. (2012). *Presentation.*

Ojima, S., Nakata, H., & Kakigi, R. (2005). An ERP study of second language learning after childhood: effects of proficiency. *Journal of Cognitive Neuroscience, 17*(8), 1212–1228. http://doi.org/10.1162/0898929055002436

Oldfield, R. C. (1971). The Assessment and Analysis of Handedness: The Edinburgh Inventory. *Neuropsychologia, 9*(1), 97–113. http://doi.org/doi:10.1016/0028-3932(71)90067-4

Ping Li, S. S. (2006). Language history questionnaire: A web-based interface for bilingual research. *Behavior Research Methods, 38*(2), 202–10. http://doi.org/10.3758/BF03192770

Pulvermüller, F., Shtyrov, Y., Hasting, A. S., & Carlyon, R. P. (2008). Syntax as a reflex: Neurophysiological evidence for early automaticity of grammatical processing. *Brain and Language, 104*(3), 244–253. http://doi.org/10.1016/j.bandl.2007.05.002

Rebuschat, P., & Williams, J. N. (2013). Implicit learning in second language acquisition. In C. A. Chapelle (Ed.), *The Encyclopedia of Applied Linguistics*. Blackwell Publishing Ltd. http://doi.org/10.1002/9781405198431

Rossi, S., Gugler, M. F., Friederici, A. D., & Hahne, A. (2006). The Impact of Proficiency on Syntactic Second-language Processing of German and Italian: Evidence from Event-related Potentials. *Journal of Cognitive Neuroscience, 18*(12), 2030–2048. http://doi.org/10.1162/jocn.2006.18.12.2030

Sabourin, L., & Stowe, L. A. (2008). Second language processing: when are first and second languages processed similarly? *Second Language Research, 24*(3), 397–430. http://doi.org/10.1177/0267658308090186

Segalowitz, N. B. J. B. N.-C. M. (2004). A Comparison of Spanish Second Language Acquisition in Two Different Learning Contexts: Study Abroad and the Domestic Classroom. *Frontiers: The Interdisciplinary Journal of Study Abroad, 10,* 1–18.

Tanner, D., Inoue, K., & Osterhout, L. (2013). Brain-based individual differences in online L2 grammatical comprehension. *Bilingualism: Language and Cognition, FirstView,* 1–17. http://doi.org/10.1017/S1366728913000370

Tanner, D., Mclaughlin, J., Herschensohn, J., & Osterhout, L. (2013). Individual differences reveal stages of L2 grammatical acquisition: ERP evidence. *Bilingualism: Language and Cognition, 16* (Special Issue 02), 367–382. http://doi.org/10.1017/S1366728912000302

Tanner, J., Wilson, P., & Swets, J. A. (1954). A decision-making theory of visual detection. *Psychological Review, 61*(6), 401–409.

The Mathworks. (2008). MATLAB and statistics toolbox. Massachusetts, USA: INC. Natick.

Tokowicz, N., & MacWhinney, B. (2005). Implicit and Explicit Measures of Sensitivity to Violations in Second Language Grammar: An Event-Related Potential Investigation. *Studies in Second Language Acquisition, 27*(2), 173–204. http://doi.org/10.1017/S0272263105050102

Tremblay, A., & Ransijn, J. (2015). LMERConvenienceFunctions: Model Selection and Post-hoc Analysis for (G)LMER Models.

Trudgill, P. (2001). Modern East Anglia as a dialect area. In J. Fisiak & P. Trudgill (Eds.), *East Anglian English* (pp. 1–12). Cambridge: D.S. Brewer.

Ullman, M. T. (2001). A neurocognitive perspective on language: The declarative/procedural model. *Nature Reviews Neuroscience, 2*(10), 717–726.

van Hell, J. G., & Tokowicz, N. (2010). Event-related brain potentials and second language learning: syntactic processing in late L2 learners at different L2 proficiency levels. *Second Language Research, 26*(1), 43–74. http://doi.org/10.1177/0267658309337637

Weber-Fox, C., & Neville, H. (1996). Maturational constraints on functional specializations for language processing: ERP and behavioral evidence in bilingual speakers. *Journal of Cognitive Neuroscience, 8*, 231–256.

La mise en œuvre de schémas d'usage au service de la construction de l'énoncé en allemand L2

Catherine Felce[1]

[1] Linguistique, Langues, Parole (LiLPa), EA1339, Université de Strasbourg, France

Résumé. L'appropriation de la structure de l'énoncé assertif par des apprenants de l'allemand L2 est généralement considérée du point de vue de la réalisation correcte du positionnement verbal second. Une telle perspective fait de la règle syntaxique V2 une contrainte que ces derniers doivent non seulement connaitre, mais également appliquer dans leur production langagière. Or, si les connaissances déclaratives permettent de décrire le système linguistique, elles ne sont pas nécessairement converties en une capacité à communiquer qui corresponde aux usages de la langue. Par ailleurs, le placement verbal correct ne suffit à garantir ni la recevabilité d'un énoncé sur le plan communicatif, ni sa conformité par rapport aux principes textuels ou aux préférences discursives de la L2. Dans la présente contribution nous proposons des pistes pour aborder différemment la construction de l'énoncé en allemand L2 : plutôt que de se focaliser sur le placement verbal - certes garant de la correction syntaxique des phrases - il s'agit de familiariser les apprenants avec des usages de l'ouverture qui soient en adéquation avec le contexte communicatif et textuel dans lequel s'insèrent les énoncés produits.

Abstract. For learners of GFL (or German as L2), learning how to produce an assertive is often considered from the perspective of the correct verb placement in the second position. The V2 rule constitutes a constraint that has to be learned and applied in the language production. Thus, if declarative knowledge is related to the description of the linguistic system, it fails to be automatically converted into a communicative ability corresponding to language use. Furthermore, correct verbal placement alone cannot make a sentence communicatively acceptable or conform according to the textual principles or the discursive preferences of the L2. In the article, we propose a different way to teach (and learn) how to structure a declarative sentence in German L2: Instead restrictively focusing on the correct verbal placement –which can only be relevant for syntactic correctness – we're seeking to make learners familiar with ways to start a sentence in order to fit to the communicative and textual context in which the produced utterances take place.

DOI: 10.1051/shsconf/20173800003

1 Introduction

Pour les apprenants de L2, la mise en ordre des constituants au sein de la chaine linéaire que constitue un énoncé déclaratif en allemand - langue typologiquement distincte du français - recèle bien des difficultés. Non seulement le positionnement verbal est garant de la correction syntaxique des phrases, mais la réception adéquate des messages produits dépend quant à elle de l'interprétation qui sera faite de la hiérarchisation des constituants. Enfin, pour que la production langagière soit considérée comme conforme à la langue cible, celle-ci doit correspondre aux principes pragmatiques et textuels qui se réalisent à travers différentes options de linéarisation. Dans ce faisceau de paramètres, l'enjeu du positionnement verbal correct semble pourtant à lui seul focaliser toute l'attention, que ce soit dans les pratiques enseignantes, ou dans les travaux acquisitionnistes initiés par les recherches de Pienemann.

La question de l'ordre des mots en allemand est en effet bien connue des chercheurs en acquisition des langues ; elle a fait l'objet, dès le début des années 80, de publications de référence menées dans le cadre du projet ZISA[1] (Meisel, Clahsen & Pienemann, 1981; Pienemann, 1984). La mise en évidence d'une séquence développementale, découpée en une succession de stades hiérarchisés, et caractéristique de la progression des apprenants dans leur appropriation de l'ordre des mots a marqué la discipline dans ses débuts. Si ces travaux se sont dans un premier temps essentiellement consacrés à l'acquisition langagière d'adultes migrants en milieu naturel, la mise en lumière d'un tel itinéraire de développement a contribué à interroger, dans des contextes d'apprentissage guidé, la pertinence de l'enseignement grammatical, considéré comme moyen de forcer l'acquisition de certaines formes. Pienemann (1989) a ainsi avancé l'idée que seules les formes que l'apprenant est cognitivement prêt à acquérir, en fonction d'un stade de développement atteint, sont enseignables (*Teachability Hypothesis*) – hypothèse selon laquelle il s'avère illusoire de chercher à forcer l'acquisition de structures trop éloignées du stade auquel se situent les apprenants. Différentes études, menées par la suite dans des contextes institutionnels (Ballestracci, 2010; Boss & Jansen, 2003; Diehl, Christen, Leuenberger, Pelvat, & Studer, 2000; Ellis, 1989) et mettant en jeu différentes langues, ont confirmé la robustesse de la séquence développementale relative à l'ordre des mots, sans toutefois chercher à remettre en cause l'enseignement formel centré sur le positionnement verbal.

Dans le cadre d'une recherche menée avec des apprenants francophones scolarisés dans le secondaire, nous avons développé des propositions didactiques permettant d'aborder différemment la construction de l'énoncé assertif en début d'apprentissage. Il ne s'agit pas d'ignorer la règle du positionnement verbal mais de la subordonner à des réalisations conformes de l'attaque de l'énoncé qui font entrer la fonction de la position préverbale dans le champ d'investigation. Ces propositions ont une visée praxéologique et sont destinées à familiariser les apprenants à l'usage de constructions prototypiques qui impliquent une réalisation de l'Inversion[2]. Plutôt que de réduire ce phénomène à une règle positionnelle prescriptive, l'usage de constructions de type X-Verbe-Sujet, motivé par le cadre discursif fourni par des tâches, nous semble susceptible de favoriser la mise en place d'habitudes ou de préférences pour l'ouverture distinctes du français.

---

[1] *Zweitspracherwerb Italienischer und Spanischer Arbeiter.* [L'acquisition de langue seconde par des travailleurs italiens et espagnols.]

[2] Il s'agit ici du phénomène particulier décrit dans la hiérarchie des stades d'acquisition de l'ordre des mots et qui consiste à antéposer une expression adverbiale à l'ouverture de l'énoncé, entrainant un positionnement postverbal du sujet. L'emploi de ce terme étant problématique pour les germanistes, nous faisons ici le choix de l'écrire avec une majuscule pour souligner que nous employons ce terme exclusivement en référence au phénomène évoqué plus haut et en aucun cas pour décrire la structure de la phrase allemande.

Nous nous sommes par conséquent éloignée des analyses syntaxiques – qui prévalent à la fois sur le plan développemental[3] ou grammatical (position catégorielle des éléments dans la phrase) – pour prendre en compte des approches théoriques, qui pour diverses qu'elles soient, se rejoignent dans l'intérêt qu'elles manifestent pour la langue dans différentes situations d'emploi. Des notions issues de la linguistique textuelle ont ainsi été mises à profit pour comprendre le rôle de l'ouverture dans la succession des énoncés et la production langagière a été vue comme un agencement d'unités informationnelles soumis aux préférences de la langue cible et aux enjeux communicatifs sous-jacents.

Notre travail vise à proposer des pistes pour la mise en œuvre de ces nouvelles connaissances dans l'intervention enseignante et pour le guidage de la production langagière des apprenants : comment faire entrer dans les pratiques enseignantes des savoirs mieux à même de décrire le fonctionnement des usages que ne le font des règles prescriptives liées au système ? Comment opérationnaliser les savoirs théoriques dans des activités qui permettent aux apprenants de s'approprier l'usage stratégique du champ initial (*Vorfeld*) ? Une production contrôlée, destinée à les guider vers des réalisations de l'ouverture conformes à l'usage, est-elle enfin susceptible de s'accompagner d'acquisitions syntaxiques spécifiques - en l'occurrence d'une réalisation correcte de l'Inversion ?

2 De nouvelles connaissances au service de la description des usages et de leur mise en œuvre dans la classe de langue

2.1 Le positionnement verbal second dans l'énoncé : de la difficulté d'acquérir une règle enseignée

A la fois langue à directionnalité vers la gauche remontant de la position finale de la base verbale (Fabricius-Hansen, 2010) et langue dite à verbe second, l'allemand se caractérise par la position fixe des éléments verbaux qui constituent une sorte de parenthèse ou de « pince verbale » : les éléments non fléchis apparaissent en position finale et la forme fléchie du verbe occupe la deuxième position. Le verbe second fait office de borne et délimite un espace à sa gauche (le *Vorfeld* ou champ initial) en réduisant l'occupation de ce dernier à un seul constituant (une seule unité informationnelle), de nature ou de fonction variée. Une sélection doit donc s'opérer pour le choix de l'élément positionné dans le *Vorfeld*.

Tableau 1. Modèle topologique de la phrase allemande avec la « pince verbale ».

Ich will mit Peter nach Berlin fahren [Je veux avec Peter à Berlin aller]			
	[parenthèse/pince verbale]		*Verbalklammer*
Vorfeld – [champ initial] Attaque de l'énoncé		*Mittelfeld* - [champ médian]	
X	**V2**		**V END**
Ich [Je	***will*** **veux**	*mit Peter nach Berlin* avec Peter à Berlin	***fahren*** **aller]**

[3] On peut se reporter à l'ouvrage de Pienemann et Keßler (2011) pour une synthèse de la théorie de la Processabilité (*Processabilty Theory*) et pour une description du développement graduel des procédures syntaxiques responsables de l'échange d'informations grammaticales, d'abord au sein d'un syntagme, puis entre les constituants de l'énoncé.

 DOI: 10.1051/shsconf/20173800003

Nächste Woche [la semaine prochaine	***will*** **veux**	*ich nach Berlin* je à Berlin	***fahren*** **aller]**
Mit Peter [Avec Peter	***will*** **veux**	*ich nach Berlin* je à Berlin	***fahren*** **aller]**

Généralement, les descriptions des manuels scolaires n'accordent pas plus d'attention à cette variété possible à l'ouverture et à la compétition qui existe entre différents constituants. Elles se contentent de présenter le positionnement verbal second dans l'énoncé assertif comme une règle d'or, destinée à être enseignée dès les débuts de l'apprentissage. On peut lire ainsi dans différents manuels destinés à la première année d'apprentissage :

> Dans la proposition déclarative, le verbe conjugué occupe la 2e place, c'est-à-dire qu'il est le deuxième groupe à avoir une fonction dans la phrase. La 1re place est occupée par le sujet ou d'autres compléments (Haldenwang, Lozachmeur, Pavan, & Suissa, 2009, p. 124).

> Dans une déclarative, le verbe conjugué occupe toujours la 2e place. Lorsque la première place est occupée par un complément le sujet se place après le verbe (Faure-Paschal, Hoock-Douilly, Rakotondravao, & Wegener, 2013, p. 30)

> Dans la proposition déclarative (tout comme dans la proposition interrogative en W-), le verbe conjugué est toujours à la deuxième place. La première place n'est pas obligatoirement occupée par le sujet ! (Goldmann, Jacqueroud, & Robert, 2013, p. 32).

Pour simple qu'elle soit dans sa formulation, la règle relative au positionnement verbal second et à la réalisation de l'Inversion l'est moins dans son application par des apprenants de L2 débutant l'apprentissage de la langue et dotés d'un système linguistique dans lequel prévalent d'autres préférences : le français permet une accumulation de constituants avant le verbe et réserve généralement au sujet la position préverbale.

A la suite des travaux de Pienemann et de l'hypothèse qu'il formule quant à « l'enseignabilité » de certaines formes, des études menées dans différents contextes d'apprentissage guidé et à partir de différentes langues sources ont en effet montré les difficultés rencontrées par les apprenants pour acquérir la règle de l'Inversion dans l'ordre prévu par la séquence d'enseignement. A celle-ci se substitue en effet un ordre naturel d'acquisition dans lequel chaque stade conditionne l'accession au stade supérieur.

Tableau 2. Hiérarchie des stades d'acquisition mis en évidence dans le cadre de l'étude ZISA – d'après Pienemann (1999, p. 45).

(1) (2) Stade x = ordre canonique *(Canonical Order)*	*die kinder spielen mim ball* [the children play with the ball][4]
(3) Stade x + 1 = positionnement adverbial devant le verbe *(Adverb Preposing)* (ADV)	***da*** *kinder spielen* [there children play]
(4) Stade x + 2 = séparation des éléments fléchis et non fléchis *(Verb Separation)* (SEP)	*alle kinder* ***muss*** *die pause* ***machen*** [all children must the break have]
(5) Stade x + 3 = Inversion *(Inversion)* (INV)	***dann hat*** *sie wieder die knoch gebringt* [then has she again the bone bringed]
(6) Stade x + 4 = verbe final dans la subordonnée *(Verb Final)* (V-END)	*er sagt, dass er nach hause* ***kommt*** [he says that he home comes]

[4] Nous avons laissé les exemples en anglais tels qu'ils sont donnés par Pienemann.

 DOI: 10.1051/shsconf/20173800003

Ces nombreuses études ont confirmé la séquence développementale illustrée dans le tableau 2, montrant par là la difficulté à faire coïncider séquence d'apprentissage (d'appropriation) et séquence d'enseignement (Véronique, 2009). Pienemann (1984, 1989) a montré que les apprentissages étaient contraints par des procédures de traitement syntaxiques sous-jacentes et que la hiérarchie des stades ne pouvait être modifiée par l'instruction formelle. Voulant comparer acquisition naturelle et scolaire, Ellis (1989) aboutit au même constat, à savoir que l'acquisition de l'ordre des mots est soumise à des mécanismes internes qui ne se laissent pas infléchir par l'input grammatical fourni. Plus récemment, ces travaux ont été complétés par d'autres recherches (Ballestracci, 2010; Boss & Jansen, 2003; Cedden & Aydın, 2007) qui, en dépit de quelques nuances, rejoignent la hiérarchie des stades établie suite à ZISA et les prédictions de Pienemann quant à la disponibilité progressive de procédures nécessaires au traitement de structures syntaxiques particulières. La plus marquante de ces études est celle menée par Diehl et ses collègues au sein des écoles genevoises (projet *DiGS*[5]) (Diehl et al., 2000) et dont les conclusions ont remis en question les progressions d'enseignement institutionnellement établies.

Par ailleurs, d'autres travaux acquisitionnistes se sont penchés sur les productions d'apprenants avancés - voire très avancés - et ont souligné le fait que la correction morphosyntaxique ne constitue pas une condition suffisante pour atteindre un niveau de compétence proche de celui de locuteurs natifs. Les apprenants peuvent bien disposer de connaissances morphosyntaxiques qui garantissent la correction des énoncés qu'ils produisent, celles-ci ne leur permettent cependant pas de développer une compétence communicative jugée conforme par des germanophones. Dans le cas d'apprenants suédophones par exemple, dont la L1 est typologiquement proche de l'allemand, Bohnacker et Rosén (2008) relèvent le manque d'expressions adverbiales à l'ouverture, et notamment de formes pronominales spécifiques[6] qui jouent un rôle prépondérant dans le maintien de la référence au fil des énoncés successifs en leur conférant cohérence et cohésion. Dalmas (2005) fait un constat similaire face à des productions d'apprenants francophones, qui trahissent un manque de compétence textuelle à travers des choix arbitraires à l'ouverture et une absence de cohésion chronologique ou argumentative entre les énoncés.

Ces observations renvoient à deux niveaux de la production langagière[7] : au niveau de l'encodage d'une part, les formes langagières utiles au marquage des relations référentielles dans la linéarité des énoncés et du texte s'avèrent absentes des productions observées. En amont d'autre part, au niveau de la conceptualisation même du message, la mise en ordre des unités informationnelles ne correspond pas à un schéma informationnel pertinent en langue cible. Pour von Stutterheim et ses collègues, il manque à de telles productions le « bon accent cognitif » (von Stutterheim & Carroll, 2005) ; autrement dit, les écarts observables ne sont pas à rapporter à des problèmes d'encodage mais à une conceptualisation qui demeure influencée par les habitudes et les préférences de la L1.

---

[5] *Deutsch in Genfer Schulen*. [L'allemand dans les écoles genevoises.]

[6] Il s'agit d'expressions pronominales construites à partir d'un élément anaphorique « *da* » et d'une préposition : par exemple *danach* [après ça=le moment mentionné précédemment] ou encore *daneben* [à côté de ça=le repère posé en amont].

[7] Telle qu'elle est modélisée dans le modèle de Levelt (1989) qui décompose la production langagière en trois étapes successives : conceptualisation d'un message préverbal, encodage grammatical et phonologique destiné à la mise en mots de ce message conceptuel et articulation qui correspond à la réalisation phonétique du message préalablement encodé.

2.2 Au-delà des règles positionnelles : quels enjeux stratégiques à l'ouverture ?

Dans un article consacré à la prise en compte de la compétence textuelle dans les apprentissages, Dalmas (2005, p. 97) déplore la priorité trop souvent accordée aux règles, c'est-à-dire aux aspects conventionnels de la langue, aux dépens des paramètres stratégiques qui sous-tendent la production langagière. A l'ouverture, il n'y a en allemand de contrainte ni catégorielle, ni syntaxique – seule une accumulation de différents éléments qui ne constituent pas un ensemble informationnel homogène est impossible. Le *Vorfeld* ne pouvant, en tant qu'espace borné, accueillir qu'un constituant, il est nécessaire d'opérer une sélection entre les candidats potentiels à l'occupation du champ initial et la résolution de cette compétition se fonde sur des critères informationnels et textuels. C'est en ce sens que le *Vorfeld* représente une position stratégique dans l'énoncé et que le constituant initial remplit des fonctions essentielles, non seulement au sein de la phrase mais aussi du discours / texte. Nous retiendrons trois de ces fonctions pour la présente contribution, illustrées par les exemples suivants de (1) à (4) que nous empruntons à Poitou (2010) :

(1) *Ich bin gestern mit Maria ins Theater gegangen.* [Je suis allé au théâtre avec Maria.]

(2) *Gestern bin ich mit Maria ins Theater gegangen.* [Hier, je suis allé au théâtre avec Maria.]

(3) *Dieses Stück von Brecht habe ich schon zehnmal gesehen.* [Cette pièce de Brecht, je l'ai déjà vue 10 fois.]

(4) *Ins Theater bin ich gestern mit Maria gegangen, nicht ins Kino.* [Je suis allé au théâtre hier avec Maria, pas au cinéma.]

L'attaque de l'énoncé, c'est-à-dire l'élément mentionné en premier dans la chaîne linéaire, participe tout d'abord de la répartition et de la hiérarchisation des contenus informationnels véhiculés. Un élément connu ou donné, car mentionné en amont, ou encore un savoir préalablement activé sert de point de départ à l'énoncé ; il est ensuite complété par de nouvelles unités informationnelles qui sont apportées en fin de proposition. En allemand, la progression informationnelle qualifiée de non marquée est ainsi caractérisée par une progression de type topique – focus qui fait des éléments topicaux des amorces de l'énoncé. En tant qu'élément topical, le sujet apparait relativement fréquemment en position préverbale comme en (1), sans toutefois que cet espace ne lui soit réservé.

Si l'on considère en effet différentes expressions situatives (locatives ou temporelles notamment) comme relevant également du topique[8], il apparait qu'en allemand, ces expressions concurrencent le sujet dans l'occupation du *Vorfeld* (VF) comme en (2). L'échelle préférentielle établie par Speyer (2008) confirme la prévalence de cadratifs[9] à l'ouverture (*Scene-setting VF*) lorsque ceux-ci sont dotés d'une valeur informationnelle ou fonctionnelle supérieure à celle des autres candidats topicaux, qu'il s'agisse de topiques contrastifs (*Contrast VF*) - qui se comprennent dans une relation d'opposition, de restriction ou de rectification par rapport à des éléments mentionnés ou activés au préalable, comme en (4) - ou du topique, sujet de l'énoncé (*Topic VF*).

[8] Lahousse (2003, p. 121) rappelle notamment que Chafe adopte une définition large de la notion de topique qui lui reconnait la propriété de poser un cadre spatio-temporel dans lequel s'insère le contenu propositionnel.

[9] En référence ici à Charolles (2003) pour qui les adverbiaux cadratifs constituent des topiques scéniques.

SCENE-SETTING-VF >> CONTRAST-VF >> TOPIC-VF

Fig. 1. Hiérarchie des expressions candidates à l'occupation du *Vorfeld* (VF), selon Speyer (2008, p. 287).

Au sein d'un texte, considéré comme une suite d'énoncés, les expressions temporelles ou spatiales positionnées à l'ouverture peuvent par ailleurs marquer des transitions entre énoncés par le biais d'une succession d'intervalles repérés. Le déploiement informationnel est dès lors guidé par un décalage (temporel ou spatial) qui s'opère d'un intervalle repéré à un autre (von Stutterheim, 1997).

Enfin, les éléments positionnés en amont du verbe assurent le lien avec le pré-texte à travers la reprise d'un contenu propositionnel activé dans l'énoncé qui précède, en (3); une continuité propositionnelle est ainsi explicitement marquée à travers des phénomènes de reprise anaphorique et la cohésion inter-phrastique est d'autant plus grande qu'elle s'accompagne d'une proximité topologique entre les éléments mis de la sorte en relation (Vinckel-Roisin, 2012).

Si ces fonctions associées au *Vorfeld* sont désormais bien connues des linguistes, elles n'ont cependant pas su pénétrer les connaissances destinées aux apprenants. Moins univoques, et par conséquent en apparence moins simples que la règle du placement verbal second, elles nécessitent de dépasser le cadre de la phrase et n'ont pas la rigidité de la règle prescriptive. Elles se recomposent au contraire selon le contexte et les intentions communicatives du locuteur ; dans la mesure néanmoins où elles participent de l'agencement, de la hiérarchisation et de la progression informationnelle, elles sont liées à des usages et à des préférences auxquels il est nécessaire de familiariser les apprenants.

A cette fin, et en accord avec l'arrière-plan théorique mentionné, l'usage apparait comme une notion dont il convient de réévaluer la valeur épistémologique (Legallois & François, 2011) et à partir de laquelle peuvent se développer d'autres connaissances sur la langue. Celles-ci permettent de prendre la mesure des paramètres cognitifs liés au traitement d'unités informationnelles plus ou moins complexes, et de comprendre les aspects discursifs, conversationnels ou textuels à travers lesquels s'actualisent différents usages de la langue. Ces apports théoriques pluriels nourrissent aussi bien les recherches linguistiques que celles sur l'acquisition des langues secondes (RAL) ou de la didactique des langues. François et Legallois font remarquer à juste titre le caractère fédérateur du terme usage, autour duquel s'agrègent différents domaines théoriques, et qui, nous le pensons, offre également une passerelle vers les pratiques de terrain et la conception d'activités d'apprentissage en accord avec la perspective actionnelle mise en avant par le Cadre Européen Commun de Référence pour les Langues (CECRL). Dans le travail que nous avons mené, aussi bien en tant qu'enseignante qu'en tant que chercheuse, l'usage peut être convoqué dans les deux acceptions que Legallois et François (2011) attribuent au terme, à savoir l'usage-emploi d'une part, qui désigne la pratique, l'utilisation de la langue dans des contextes et des situations variées et que l'on peut également rapporter à la pratique langagière en classe de langue (*output practice*) ; et l'usage-habitude d'autre part, qui fait plus largement référence aux usages compris comme préférences ou routines et qui sont majoritairement observables dans les productions des locuteurs d'une langue donnée.

2.3 Des usages de la langue comme soutien à l'appropriation

La reconnaissance de cette double acception associée au terme d'usage est d'importance pour l'enseignement des langues qui fait de la pratique un vecteur privilégié de l'apprentissage (Muranoi, 2007), et plus spécifiquement dans le cadre de l'approche par tâches (Ellis, 2003; Skehan, 2007) et des orientations du CECRL qui fait de l'apprenant un locuteur / usager de L2 à part entière.

Dans le contexte institutionnel, de surcroit exolingue, le travail sur l'input et la production langagière en langue cible s'inscrivent dans le cadre de la classe de langue. C'est dans cet espace que prennent place les activités de repérage de constructions particulières dans les données langagières fournies, ainsi que les activités de production plus ou moins guidée ou contrôlée, destinées à favoriser la manipulation de schémas spécifiques – et, au-delà, leur fixation mémorielle et leur routinisation. Chaque séquence pédagogique est ainsi conçue comme un ensemble organisé de micro-tâches, déclinées en activités de réception et de production et visant le repérage (*noticing*), la production contrôlée (*controlled output practice*), la fixation en mémoire de constructions spécifiques et enfin leur rappel dans une production plus libre permettant le réinvestissement de ces mêmes constructions ou de variantes inédites. La répétition comme la fréquence de certaines associations contribuent à banaliser l'usage des associations produites tout en favorisant leur rappel dans des situations similaires.

Dans une telle organisation des activités, l'usage est d'abord compris comme emploi et manipulation des moyens langagiers déjà acquis et de ceux mis à disposition ; ce travail de mise en œuvre doit conduire à la mise en place d'habitudes ou de préférences spécifiques à la L2 chez les apprenants. Préférences qui font que, de l'usage-emploi, émerge un usage plus routinier de constructions distinctes de celles de leur L1.

Nous avons cherché à reformuler des objectifs d'apprentissage pour en faire des questions liées à des enjeux qui nous semblent cruciaux pour des apprenants débutant l'apprentissage de l'allemand. Il s'agit entre autres de :

- la hiérarchisation informationnelle et des variations à l'attaque en fonction des questions sous-jacentes,
- la chronologie temporelle des événements,
- l'établissement de la cohésion entre énoncés successifs.

Il s'agit là d'aspects susceptibles d'intervenir dans différentes tâches pouvant être proposées en début d'apprentissage, comme par exemple l'échange d'informations sur les activités extra-scolaires, ou encore le récit d'une journée d'école. Ces aspects ne sont par ailleurs pas dissociables les uns des autres, la hiérarchie des places dans l'énoncé, comme la succession des éléments chronologiques, participent toutes deux de la cohésion interphrastique. Et cette dernière, à travers l'occupation du champ initial, garantit en retour la cohérence de l'ensemble. On voit là que se posent des questions qui n'entrent pas dans le cadre de la grammaire traditionnelle et qu'il s'agit de faire comprendre aux apprenants, au-delà d'une terminologie bien souvent abstraite, par quels moyens des formes langagières permettent la restitution d'un événement à partir des fonctions précises : la focalisation vers l'information nouvelle, la chronologie ou encore le maintien au fil du discours / texte de différents contenus activés.

3 Constitution du corpus

3.1 Participants et type de tâches recueillies

Les apprenants que nous avions en charge en tant qu'enseignante étaient des élèves scolarisés dans le secondaire, dans un collège de la proche banlieue parisienne sans classement particulier. Ils ont débuté en 6ème leur apprentissage de l'allemand dans un dispositif dit bilangue[10] qui leur permettait de poursuivre l'apprentissage de l'anglais -

[10] Dans un tel dispositif, les élèves de 6ème apprennent deux langues dès la première année du collège.

langue que la majorité des élèves avaient suivie durant 3 ans à l'école élémentaire - tout en débutant une autre langue, en l'occurrence l'allemand. Seuls 5 élèves avaient pu bénéficier en CM2 d'une initiation à l'allemand en plus des habituels cours d'anglais. Enfin, un seul élève avait quant à lui suivi exclusivement un enseignement d'allemand du CE2 au CM2.

Tableau 3. Données synthétiques sur les participants.

	1ère année de recueil - classe de 6ème	**2ème année de recueil - classe de 5ème**
Composition du groupe classe	- 25 élèves - âgés de 10 à 12 ans - 8 garçons / 17 filles	- 24 élèves - âgés de 11 à 13 ans - 7 garçons / 17 filles

Les productions de ces participants ont été recueillies durant les deux premières années d'apprentissage, en 6ème et en 5ème, à partir de tâches intégrées dans les séquences d'enseignement et destinées à évaluer les acquis, généralement en fin de séquence. Dans les premières années d'apprentissage, le développement des compétences langagières correspondant aux niveaux A1 et A2 se fait à travers des activités liées à l'environnement immédiat des apprenants : l'école, la famille, les loisirs, entre autres thèmes. En relation avec ces thématiques, nous avons orienté notre intervention enseignante en classe de telle sorte que les apprenants aient à manipuler des schémas pertinents pour la réalisation de tâches relevant des domaines cités.

Les données[11] présentées dans cette contribution sont issues de trois tâches : deux d'entre elles ont été proposées en classe de 6ème (*wochenplan* et *kino*) et la troisième en cours d'année de 5ème (*tagesablauf*). Il est important de souligner que ces tâches, décrites dans le tableau 4, n'ont pas spécialement été élaborées à des fins de recherche mais qu'elles ont fait partie des activités normalement menées en classe. Elles ont été effectuées dans le cadre de la classe pendant les horaires de cours et n'ont demandé ni travail supplémentaire, ni présence de la part des apprenants en dehors des horaires habituels. Elles ont enfin été proposées à l'issue de différentes séquences d'enseignement / apprentissage et ont permis de mesurer la manière dont étaient réinvesties des constructions ayant fait l'objet de repérage, d'explications ou d'entraînements au sein d'activités préalablement menées dans les séquences d'enseignement proposées.

Tableau 4. Synthèse des tâches sélectionnées pour la présente contribution.

	Caractéristiques	**Nombre d'énoncés**
wochenplan	Chaque partenaire a constitué au préalable un emploi du temps de ses loisirs de la semaine à partir duquel les échanges vont avoir lieu. **Objectif communicatif**[12]: Interroger son partenaire sur son emploi du temps de manière à compléter un planning vierge et reconstituer l'emploi du temps de ses activités hebdomadaires à partir des informations recueillies. - Tâche d'entraînement ciblée sous forme d'interaction orale en binôme. - Enregistrement audio effectué par les apprenants pendant leur interaction.	**183**

[11] Ce corpus de productions d'apprenants a été constitué dans le cadre de notre thèse de doctorat (Felce, 2015).

[12] Il s'agit ici du résultat communicatif auquel la tâche doit aboutir. Ellis (2003) distingue en effet le résultat opérationnel auquel une tâche doit aboutir (*outcome*) de l'objectif d'apprentissage visé par l'enseignant par le biais de la réalisation de la tâche (*aim*).

kino	Chaque partenaire dispose d'un emploi du temps élaboré par l'enseignante avec différentes activités. **Objectif communicatif** : Trouver un créneau commun pour aller au cinéma et expliquer pourquoi certains créneaux ne conviennent pas. - Tâche d'évaluation de la production orale en interaction. - Enregistrement audio effectué par les apprenants pendant leur interaction.	**154**
tagesablauf	Les apprenants disposent de vignettes pour différents adolescents dans lesquelles des horaires et des activités sont mis en regard[13]. Ils choisissent une vignette et doivent produire un texte qui décrit le quotidien de la personne choisie. **Objectif communicatif** : Ecrire un article (pour un blog, journal) qui décrit le quotidien de jeunes adolescents dans d'autres pays. - Evaluation intermédiaire de la production écrite d'un récit chronologique.	**305**

3.2 Opérationnaliser de nouveaux savoirs dans des séquences d'enseignement

3.2.1 Place et statut des constituants à travers la progression informationnelle

En amont des tâches *wochenplan* et *kino*, il est nécessaire d'avoir mis en place un certain nombre de prérequis. Les apprenants ont notamment assimilé le lexique relatif à différentes activités sous forme de syntagmes nominaux (*Fußball* – [le foot]) ou verbaux (*Fußball spielen* – [jouer au foot]) ; ils sont capables d'indiquer les jours de la semaine, des horaires et de formuler des questions. Les activités qui préparent à la tâche consistent tout d'abord à repérer des attaques différentes de l'énoncé dans un input oral indiquant quand ont lieu les clubs proposés à l'école. Tantôt l'énoncé s'ouvre sur une indication temporelle, tantôt c'est l'activité qui est donnée en premier. Ces choix ne sont pas arbitraires et les apprenants les associent très vite à deux types de question qui conditionnent deux linéarisations distinctes : dans un cas une attaque de type S-V-ADV, dans l'autre une construction au sein de laquelle se réalise l'Inversion ADV-V-S.

Suite à ce premier repérage et à de premières explications, différentes micro-tâches sont effectuées de manière à faire manipuler cette alternance de choix à l'ouverture et à lui donner une motivation fonctionnelle : pourquoi une information doit-elle de préférence apparaitre en fin d'énoncé ? Des activités qui associent le faire au dire, comme par exemple compléter un tableau vierge à partir d'informations entendues, permettent de saisir cette nécessité. Ces activités semi-guidées laissent ensuite la place à des activités plus personnelles : faire choisir des activités de clubs au sein de l'école et décrire ses choix, organiser des jeux de rôle avec des emplois du temps d'élèves allemands ou imaginer l'emploi du temps idéal lors d'une semaine de vacances, entre autres exemples.

L'enjeu ici réside dans le fait de faire saisir aux apprenants cette variation dans l'organisation des constituants et de leur faire manipuler les variations entre les deux options de linéarisation en fonction de la progression informationnelle : attaque par une expression temporelle *vs* ouverture par le sujet. Le choix de l'élément préverbal ne varie en effet pas sans raison : une ouverture qui pose d'abord l'indication temporelle permet à l'information attendue (l'activité) d'être énoncée en dernier et d'être ainsi retenue pour être inscrite aux horaires repérés dans le planning : *Was machst du am Donnerstag?* [Qu'est-ce que tu fais le jeudi ?]. A l'inverse, la question *Um wie viel Uhr ist Computerkurs?*[Quand

[13] Le document support, extrait du manuel *Team Deutsch NEU 1*, est reproduit plus loin.

est-ce que c'est le cours d'informatique ?] ne sera utile que pour vérifier que l'activité a été reportée dans le bon créneau. Il s'agit d'illustrer dans un premier temps la pertinence de ce choix, en lien avec la tâche à réaliser, à savoir compléter un tableau vierge. Mais il est aussi important de sensibiliser les apprenants au fait que des formes semblables n'ont pas la même valeur informationnelle, selon qu'elles apparaissent dans le *Vorfeld* ou en fin d'énoncé. Ainsi, un schéma de type Adverbial temporel-Verbe-Sujet pose-t-il un cadre à l'énoncé, alors que le positionnement final de cette même expression temporelle marque sa qualité d'information nouvelle. A l'explication grammaticale positionnelle se substitue donc une description fondée sur la manière de distribuer l'information dans l'énoncé en fonction des attentes formulées dans la question.

3.2.2 Le décalage à l'ouverture et construction textuelle

Dans la tâche *tagesablauf*, les apprenants ont à décrire le déroulement d'une journée d'école en inscrivant la succession des événements dans un cadre chronologique approprié. Cette tâche est l'occasion d'aborder la construction spécifique du récit chronologique et d'explorer avec les apprenants la manière dont s'enchainent en allemand les différents intervalles mentionnés.

Pour que les apprenants soient en mesure d'investir le champ initial de manière conforme, Dalmas (2005) préconise un travail à partir d'exemples de textes authentiques. Le site *Kaleidoskop*[14], dédié au partage de courts récits du quotidien, rassemble des productions postées par des locuteurs natifs sur différents thèmes, dont la description des activités routinières durant une journée. Différentes contributions de locuteurs natifs ont été utilisées comme input en début de séquence et ont permis le repérage, non seulement des formes utiles à l'établissement de la succession chronologique, mais également de la manière particulière dont la succession se réalise.

Si on observe la production postée ici par un jeune allemand[15] pour décrire sa journée d'école, on constate que le récit est découpé en intervalles temporels successifs et que l'information se déploie à l'intérieur de cette succession d'intervalles.

(5) *Hallo Nikolas,*
Am Montag morgen gehe ich in die Schule. Manchmal gehe ich gern in die Schule aber manchmal auch nicht. Um 10.20 Uhr ist dann große Pause. Die Pause dauert ungefähr 20 min. Meistens spiele ich dort dann Fußball. Dort bekomme ich dann im Dreck eine dreckige Hose. <u>Nach der Schule</u> laufe ich nach Hause und Esse zum Beispiel Kartoffeln mit Fleisch. <u>Danach</u> mach ich sofort die Hausaufgaben am Esstisch. <u>Nach den Hausaufgaben</u> muss ich zur Ensembleprobe. Dort spielen wir dann auf der Posaune und andere auf der Tuba. <u>Wenn wir fertig gespielt haben</u> laufe ich mit der Posaune nach hause. <u>Zu Hause</u> Esse ich was und danach gehe ich zu Bett. Das war mein Montag der ich dir sagen will.
Viele Grüße Valentin
[Salut Nikolas,

---

[14] Il s'agit d'un site géré par Wolfgang Hieber et qui propose d'échanger en allemand à partir de contributions qui décrivent des événements ou des faits du quotidien : habitudes, rituels, fêtes (*Alltagstelegramme*) ou qui prennent position sur différents thèmes. Les lecteurs peuvent réagir et poster en commentaires des contributions sur le sujet choisi. Le site est accessible à l'adresse suivante : http://www.kaleidos.de/

[15] Cette contribution et les réponses qui y sont associées sont consultables en ligne à l'adresse: www.kaleidos.de/category/alltagstelegramme/mein-tag/. Le texte est reproduit tel qu'il apparait sur le site.

> Le lundi matin, je vais à l'école. Parfois j'aime bien aller à l'école mais parfois pas non plus. A 10h20 c'est la récré. La récré dure environ 20 min. La plupart du temps je joue pendant ce temps au foot. Là il m'arrive alors d'avoir un pantalon tout sale dans la saleté. Après l'école, je rentre à pied à la maison et je mange par exemple des pommes de terre et de la viande. Après ça je fais tout de suite mes devoirs sur la table à manger. Après les devoirs je dois aller aux répétitions de l'ensemble. Là-bas on joue alors du trombone et d'autres jouent du tuba. Quand nous avons fini de jouer, je rentre à la maison avec mon trombone. A la maison, je mange un truc et après ça je vais au lit. C'était mon lundi, que je veux (voulais) te dire (raconter).
> Amitiés Valentin]

En relevant les expressions à l'ouverture (éléments soulignés), on peut constater que chaque transition présente à l'ouverture se réfère à un élément de l'énoncé précédent qui lui sert de point de repère.

à l'école > après l'école – le repas > après ça (le repas) – les devoirs > après les devoirs – répétions > là-bas – jouer des instruments > quand nous avons fini de jouer - maison > à la maison – manger et se coucher

Fig. 2. Etablissement du décalage temporel dans le récit chronologique de Valentin.

Von Stutterheim parle de décalage (*Verschiebung*) pour caractériser ce mouvement particulier qui permet un déploiement de l'information dans la structure chronologique ainsi créée.

> Lorsqu'un nouveau référent est introduit en établissant une relation explicite avec un référent déjà mentionné. C'est typiquement le cas dans les domaines conceptuels du temps et de l'espace, et notamment dans des expressions telles que « *danach, davor* » [avant ça / après ça] ou « *darauf*, *dahinter* » [là-dessus , là-derrière] ». L'usage de ces expressions permet dans le même temps de maintenir un référent (par le biais de l'élément anaphorique *da(r)-*) (von Stutterheim, 1997, p. 63)[16].

Sur le même thème, des contributions ont été postées en réponse au message de Valentin par des apprenants francophones. Plusieurs d'entre elles ont été postées un même jour, ce qui nous conduit à penser qu'il s'agit de productions effectuées dans le cadre d'un cours de langue. Confrontées au texte de Valentin, les réponses de ces apprenants francophones frappent par l'absence de structuration, qui transparait également dans la mise en page comme le montrent les exemples (6) et (7). Les énoncés produits se réduisent à des phrases isolées, ils sont certes corrects sur le plan syntaxique mais ne permettent pas à l'information de se déployer à l'intérieur d'une chronologie qui répond aux critères de textualité qui auraient pu être attendus. Il est dommage que les aspects textuels présents dans le document initial n'aient pas été exploités : c'est-à-dire que les schémas présents n'aient été ni repérés, ni n'aient fait l'objet d'explicitations. Ces différentes productions peuvent pourtant fournir aux apprenants l'occasion de mener une réflexion contrastive sur l'élaboration textuelle afin de dégager des critères généraux et spécifiques à la langue pour l'élaboration d'un texte. Au lieu de cela, des énoncés isolés sont produits et construits de manière arbitraire et mécanique. Même si les énoncés produits ci-dessous par L. commencent par un élément distinct du sujet *ich* [je], ce choix n'est pas nécessairement

[16] La citation est traduite par nos soins.

motivé et la continuité chronologique que l'on pouvait observer dans le texte source n'est pas reproduite.

(6) *Hallo*
ich bin O.
ich wohne in Frankreich,
MEIN TAG:
Ich stehe um 7.00 auf
Ich frühstücke um 7.30
Ich gehe in die Kirche um 10.00
Ich sehe fern um 14.00.
Ich besuche die Familie am Sonntag.
Ich schlafe um 21.00
Also Tschüss und bis Bald!
O.

[Salut
je suis O.
j'habite en France
MA JOURNEE:
Je me lève à 7h.
Je prends mon petit déjeuner à 7h 30
Je vais à l'église à 10h.
Je regarde la télé à 14 h
Je rends visite à la famille le dimanche.
Je dors à 21 h.
Alors salut et à bientôt
O.]

(7) *Am Montag*
Ich bin L. Ich wohne in G. in Frankreich.
Um 7.00 Uhr stehe ich auf.
Um 7.10 Uhr frühstücke ich.
Um 7.15 Uhr nehme ich den Bus.
Um 7.45 Uhr habe ich Schule.
Um 10.00 Uhr mache ich Pause.
Um 12.00 Uhr esse ich zu Mittag.
Um 13.00 Uhr male ich .
Um 15. 00 Uhr schreibe ich.
Um 16. 00 Uhr trinke ich Kakao
Um 17. 00 Uhr gehe ich schlafen.
Also Tschüss und bis Bald!
L.

[Le lundi
je suis L. et j'habite en France.
A 7h je me lève
A 7h10 je prends mon petit-déjeuner
A 7h15 je prends le bus.
A 7h45 j'ai école.
A 10h je fais une pause
A 12h. je mange le repas de midi
A 13 h. je peins
1 14h. j'écris
A 16h. je bois un chocolat chaud
A 17h je vais me coucher
Alors salut et à bientôt
L.]

En amont de la réalisation de la tâche *tagesablauf*, les apprenants ont donc effectué des activités destinées à préparer un traitement cognitif adéquat de la tâche finale : des moyens langagiers spécifiques et des schémas d'usage ont été repérés au sein des contributions tirées du site *Kaleidoskop*, notamment les adverbes prépositionnels tels que *dann* et *danach* [ensuite, après ça], dont le fonctionnement anaphorique et la fonction de raccord ont été explicités. Les apprenants ont ensuite procédé à une restitution orale des textes ayant servi d'exemples, puis ont produit des textes personnels dans lesquels ils ont été invités à varier les formulations et à prêter attention à la construction globale de leur production écrite. La tâche finale *tagesablauf* a servi à évaluer la prise en compte de ces aspects.

Pour réaliser cette tâche, les apprenants disposent d'un input volontairement homogène. Il s'agit d'un extrait du manuel *Team Deutsch 1* (Esterl, Körner, & Einhorn, 2008, p. 58) reproduit dans le document 1. Pour trois adolescents de pays différents, une liste d'activités quotidiennes est associée à des horaires.

Document 1. Document support fourni pour la tâche *tagesablauf*.

La tâche consiste à rédiger, à partir de ces informations, un article (pour un journal ou un blog interculturel) racontant le quotidien d'un adolescent vivant dans un autre pays. Il est attendu des apprenants qu'ils produisent un texte construit et réinvestissent des moyens langagiers découverts et manipulés en amont de manière à ce que leur production écrite se rapproche plus de celle de Valentin que des phrases postées sur le site *Kaleidoskop* par leurs homologues francophones.

3.3 Traitement des données et analyse

Une fois les tâches effectuées, les données recueillies ont été transcrites, et ce faisant des erreurs morphosyntaxiques qui n'affectaient pas l'ouverture ont été corrigées afin de faciliter la compréhension des énoncés (il s'agit des rajouts entre crochets en (8) et (9) par exemple).

(8) (NEI_PIE_wochenplan)
173. PIE: Am Mittwoch um eins / von eins [ein] Uhr bist [bis] 3 Uhr spielt ich / spiele ich Basket [Basketball] und um 5 Uhr habe ich Bibliothek.
174. NEI: Danke. Was [wann] machst du deine Hausaufgaben?

(9) (JUL_tagesablauf)

67. Um fünf Uhr trefft [trifft] sie [sich] mit ihr [en] Freunde [n] und eine Stunde nach [danach]isst sie zu Abend, sie ruft Freundin [nen] an und sie siehst [sieht] fern. Um halb 10 geht sie schlafen. Das ist Laura's [Lauras] Tag!

Les transcriptions ont été ensuite segmentées à l'aide de l'outil *Partitur Editor*[17] de EXMARaLDA (Schmidt & Wörner, 2009), de manière à annoter les constituants occupant le *Vorfeld* à plusieurs niveaux : syntaxique, informationnel et textuel.

Ces annotations ont livré des résultats quantitatifs sur le taux de réalisation correcte et incorrecte du *Vorfeld*, à savoir sur la réussite du positionnement verbal second, qui a été rapportée aux catégories de constituants choisis pour l'ouverture. Sur le plan informationnel et textuel, elles ont mis en évidence la pertinence des choix faits à l'ouverture en fonction des énoncés adjacents ou de la structure globale du texte. Les données chiffrées ont par conséquent toujours été confrontées à des réalisations particulières, considérées dans leur contexte d'insertion. Les résultats obtenus, ainsi que l'observation des productions, livrent des informations quant à la manière dont les apprenants réinvestissent des formes langagières dans une production personnelle suite aux différentes séquences d'enseignement présentées plus haut. Ils permettent de déterminer si certaines procédures paraissent plus accessibles, lesquelles au contraire peuvent s'avérer plus exigeantes en termes de traitement dans une situation de production moins guidée.

4 Résultats

4.1 La gestion interactive de la progression informationnelle

La tâche recueillie *wochenplan* se déroule selon un schéma interactif simple : chaque tour de parole se décompose en une question relative aux activités et une réponse apportant l'information demandée. La réalisation de la tâche s'accompagne de la confection d'un planning qui contraint le type d'informations à recueillir et les questions pouvant être posées. Deux linéarisations distinctes attribuent un statut différent à l'élément temporel et ont fait l'objet de manipulation et d'explications en amont. Il est ainsi possible soit de demander quelles activités se déroulent à différents moments (*Welche sind deine Aktivitäten in der Woche? Was hast /machst du am Montag?* [Qu'est-ce que tu fais comme activités dans la semaine ? Tu as / fais quoi le lundi ?]), soit de se renseigner sur le jour et l'heure de différentes activités (*Wann ist Fußball?* [Le foot, c'est quand ?]). Ces deux types de questions déterminent l'organisation des constituants dans l'énoncé selon la distribution des rôles informationnels de topique et de focus et sont bien présentes dans les productions recueillies.

(10) (ULY_ART_wochenplan)

251. ART: OK. Und am Donnerstag / <u>was</u> machst du am Donnerstag?
[OK. Et le jeudi / qu'est-ce que tu fais le jeudi?]

252. ULY: Am Donnerstag habe ich <u>Computerkurs</u>. (ja) Und um 4 Uhr spiele ich Flöte.
[Le jeudi j'ai cours d'informatique. Et à 4 heures je joue de la flûte.]

253. ART: Computerkurs? <u>Um wieviel Uhr</u> ist Computerkurs?

[17] Documentation, logiciels et tutoriels sont disponibles à l'adresse suivante : http://www.exmaralda.org/

[Cours d'informatique? A quelle heure c'est le cours d'informatique ?]

254. ULY: Computerkurs ist <u>am Donnerstag um 2 Uhr.</u>
[Le cours d'informatique est le jeudi à 2 heures.]

On peut, dans un premier temps, faire remarquer que dans de nombreuses productions recueillies, les choix d'organisation informationnelle sont pertinents[18] et correspondent à l'organisation informationnelle induite par la question. L'élément donné (le topique) sur lequel porte la question est repris à l'ouverture et l'information attendue (le focus) apparait bien en fin d'énoncé.

(11) (MARN_CLAR_wochenplan)
156. CLAR: Wann ist / Entschuldigung / was machst du am Mittwoch?
[C'est quand / pardon / qu'est-ce que tu fais le mercredi ?]

157. MARN: <u>Am Mittwoch um 2 Uhr</u> habe ich Schulorchester und am 3 Uhr / um 3 Uhr spiele ich Flöte und um 17 Uhr habe ich Tanzen und du?
[Mercredi à deux heures j'ai orchestre et à trois heures je joue de la flûte et à 5 heures j'ai danse et toi ?]

158. CLAR : Wann ist Flöte ?
[C'est quand la flûte ?]

159. MARN: Flöte ist <u>am Mittwoch um 3 Uhr</u>.
[La flûte, c'est le mercredi à trois heures.]

La séquence (11) met en évidence le changement de statut de l'information temporelle entre les énoncés (157) et (159). Si les formes (catégorie et fonction syntaxiques) sont similaires, les éléments temporels constituent une information nouvelle en (159) qui correspond au focus, c'est-à-dire à un contenu informationnel apporté en réponse à la question *Wann?*[Quand ?]) ; alors qu'en (157), l'intervalle temporel représente une donnée informationnelle préalablement donnée par le locuteur et qui fait figure de cadre dans lequel est circonscrite l'information demandée par la question *Was?* [Quoi / Que ?]. Ces choix de linéarisation semblent bien conscients chez certains apprenants, comme en témoigne l'échange (12) entre TEO et MARC dans lequel ce dernier n'hésite pas à souffler[19] à son partenaire l'option qui lui semble le mieux convenir.

(12) (TEO_MARC_wochenplan)
213. TEO: Was machst du am Freitag?
[Tu fais quoi le vendredi ?]

214. MARC: Am Freitag um 3 Uhr spiele ich Tischtennis und am Freitag um 4 Uhr habe ich Schokofondüe bei Yohan, meine best Freundin [meinem besten Freund]. Und du am Montag, spiele / spielst du Handball am Montag?
[Vendredi à 3 heures, je joue au ping-pong et vendredi à 4 heures j'ai une fondue au chocolat chez Yohan, mon meilleur copain. Et toi le lundi, est-ce que tu joues au hand le lundi ?]

215. TEO: Nein, am (Handball) / Handball (ist) ist am Mittwoch um 4 Uhr.

[18] Les résultats indiquent un taux d'inadéquation plus grand pour la tâche *kino* (22,1%) que pour la tâche *wochenplan* (4,9%).
[19] Les rajouts entre parenthèses en (215) indiquent une intervention du partenaire dans la production du locuteur.

 DOI: 10.1051/shsconf/20173800003

[Non, lun (le hand) / le hand (c'est) c'est le mercredi à 4 heures.]

4. 2 Les réalisations du positionnement verbal second

Pour les deux tâches *wochenplan* et *kino*, les réalisations correctes du *Vorfeld* , c'est-à-dire le positionnement verbal second correct, excèdent 80% sur l'ensemble des énoncés pris en compte. Pourtant, l'analyse catégorielle des constituants en position préverbale (partie droite de la Fig.3) montre dans ces cas de réussite une occupation privilégiée de l'ouverture par des éléments distincts du sujet (ici principalement des adverbiaux temporels plus ou moins complexes) ; il est intéressant de noter qu'en dépit de cette préférence, qui nécessite de réaliser l'Inversion, le placement verbal s'avère majoritairement correct chez un grand nombre d'apprenants.

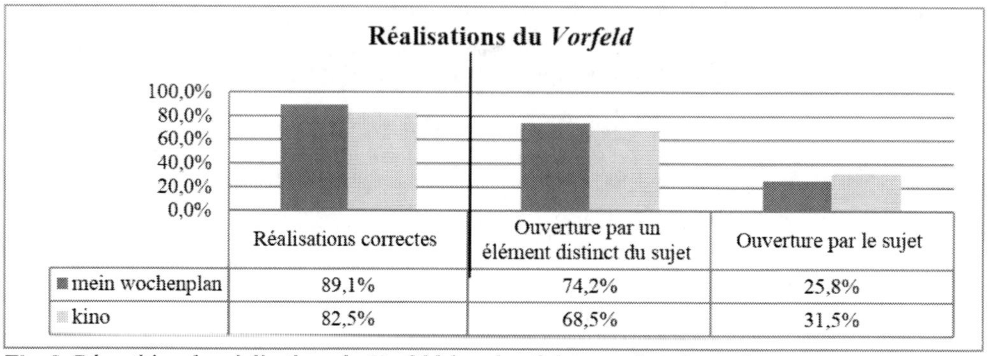

	Réalisations correctes	Ouverture par un élément distinct du sujet	Ouverture par le sujet
mein wochenplan	89,1%	74,2%	25,8%
kino	82,5%	68,5%	31,5%

Fig. 3. Répartition des réalisations du *Vorfeld* dans les tâches *wochenplan* et *kino*.

Si l'on va plus loin dans l'observation et que l'on rapporte les réalisations correctes aux bases verbales employées (partie gauche de la Fig.4), on constate que les apprenants ont recours dans la tâche *wochenplan* à une plus grande variété de bases verbales, notamment *spielen* et *machen* [jouer, faire] pour les plus fréquentes à côté de *sein* et *haben* [être (c'est), avoir (il y a)], alors que dans la tâche *kino*, ils privilégient des constructions formées à partir des seules bases verbales *sein* et *haben*. Des énoncés de type *Am Montag um 2* ***ist / habe ich*** *Theater* [Le lundi à 2 heures il y a / j'ai théâtre] sont ainsi privilégiés par rapport à *Am Montag um 2 spiele ich Theater* [Le lundi à 2 heures je joue au théâtre.] La variété que l'on peut observer dans les exemples (13) et (14) ne se retrouve plus dans la tâche *kino*.

Les erreurs relatives au positionnement verbal second (partie droite dans la Fig.4) sont quantitativement comparables dans les deux tâches, mais rapportées à la variété des bases verbales, on constate une moindre réussite dans la réalisation de l'Inversion dans la tâche *kino* qui laisse supposer un recours à un fonctionnement calqué sur les structures de la L1.

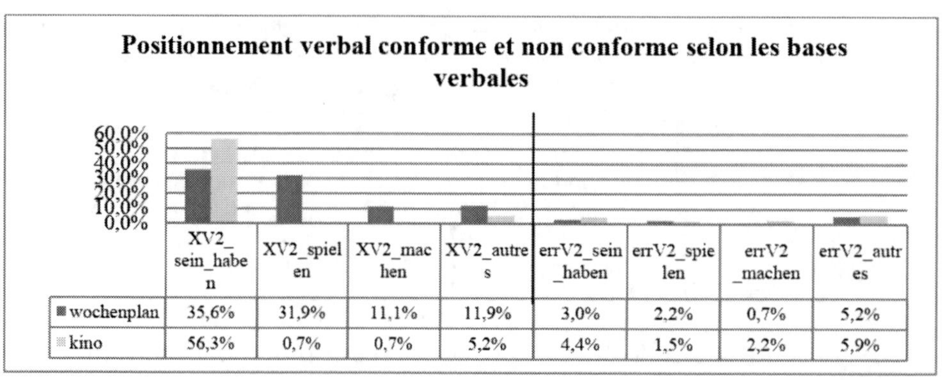

	XV2_sein_haben	XV2_spielen	XV2_machen	XV2_autres	errV2_sein_haben	errV2_spielen	errV2_machen	errV2_autres
wochenplan	35,6%	31,9%	11,1%	11,9%	3,0%	2,2%	0,7%	5,2%
kino	56,3%	0,7%	0,7%	5,2%	4,4%	1,5%	2,2%	5,9%

Fig. 4. Distribution du positionnement verbal second dans les tâches *wochenplan* et *kino* selon les verbes utilisés.

(13) (IFI_MAU_wochenplan)
89. IFI: Und du was machst du am Freitag?
[Et le vendredi, qu'est-ce que tu fais ?]

*90. MAU: Am Freitag um 2 Uhr **habe** ich Musiktheorie, am Freitag um 3 Uhr **spiele** ich Theater und um 4 Uhr nein und um 5 Uhr **spiele** ich Fußball und um 6 Uhr **habe** ich Naturprojekt.*
[Le vendredi à 2 heures j'ai solfège, le vendredi à 3 heures je fais du théâtre et à 5 heures je joue au foot et à 6 heures j'ai le projet nature.]

91. IFI: Gut, wann gehst du schwimmen?
[Bien, et quand est-ce que tu vas nager ?]

*92. MAU: Ich **spiele** [gehe] schwimmen am Montag um 4 Uhr.*
[Je joue (je vais) nager le lundi à 4 heures.]

(14) (ELE_CLAI_wochenplan)
*29. CLAI: Am Montag um 3 **mache** ich Fossilienclub und um 5 **mache** ich Ballett mit Elke. Und du, was machst du am Montag?*
[Le lundi à 3 heures je fais club fossile et à 5 heures je fais de la danse classique avec Elke. Et toi, qu'est-ce que tu fais le lundi ?]

*30. ELE: Am Montag um 2 **tanze** ich, um 4 **spiele** ich Klavier und um 5 Hausauf / **mache** ich Hausaufgaben.*
[Le lundi à 2 heures je danse, à 4 heures je joue du piano et à 5 heures je fais mes devoirs.]

La tâche *wochenplan* s'assimile à une tâche formative, mettant en jeu un schéma de question/réponse prévisible qui rend possible un contrôle et par delà une réussite du positionnement verbal malgré l'utilisation d'occurrences verbales, certes limitées mais cependant variées. La gestion de la tâche *kino,* dont le déroulement est quant à lui moins répétitif, semble en revanche requérir plus de ressources attentionnelles. Cette nécessaire mobilisation attentionnelle au service de la gestion d'une interaction moins mécanique peut expliquer les erreurs et le besoin de recourir à des préférences de la L1 ou à des constructions en L2 plus directement accessibles, telles que les associations formées à partir de la base verbale *sein* [c'est / il y a]: *Am Montag ist...* [Le lundi, c'est / il y a…] ou à partir du bloc *habe ich* [j'ai]: *Am Montag habe ich* ...[Le lundi, j'ai] comme dans les exemples (15) et (16).

(15) (ANT_YOH_kino)
*9. ANT: Am Mittwoch um 2 Uhr **ist** Computerkurs und am Mittwoch um 4 Uhr **ist** Hausaufgaben. Und du, was machst du am Dienstag?*
[Le mercredi à 2 heures il y a cours d'informatique et le mercredi à 4 heures il y a les devoirs. Et toi, qu'est-ce que tu fais mardi ?]

(16) (ROM_EVA_kino)

51. ROM: Am Montag um 2 Uhr ***ist*** *Theater-AG und am Montag um vier* ***ist*** *Schwimmen. Und du ?*
[Le lundi à 2 heures c'est club théâtre et le lundi à 4 heures c'est natation. Et toi ?]

52. EVA: Am Montag mach / habe ich / am Montag habe ich Street-dance [es] ist 3 Uhr und Hausaufgaben ***ist*** *[um] 5 Uhr. Es geht nicht am Montag.*
[Lundi, j'ai club Street Dance est à 3 heures et les devoirs, c'est 5 heures. Ça ne va pas lundi.]

On constate par ailleurs que certains groupes verbaux, initialement formés avec *spielen* ou *machen* [jouer, faire], sont recomposés à partir de *haben : Hausaufgaben haben* [avoir les devoirs] *vs Hausaufgaben machen* [faire les devoirs]. Cette tendance est encore plus frappante dans l'exemple (17) avec l'énoncé (202): *Schwimmen haben* [avoir natation] *vs schwimmen gehen* [aller nager] ou encore en (18) dans les énoncés (117) et (118) avec *Sport haben* [avoir sport] *vs Tennis spielen / Fußball spielen* [jouer au tennis / au foot].

(17) (PIE_NEIG_kino)
200. NEI: Hast du Zeit am Montag?
[Est-ce que tu as du temps lundi ?]

201. PIE: Nein, am / am 3 Uhr / um 3 Uhr ***habe ich*** *Street Dance und am[um] 5 Uhr* ***habe ich*** *Hausaufgaben. Und du, hast du Zeit am Montag?*
[Non, à 3 heures j'ai Street Dance et à 5 heures j'ai les devoirs. Et toi, est-ce que tu as le temps lundi ?]

202. NEI: Ich / Nein, es geht nicht. Am / am / um 2 Uhr ***habe ich*** *Theater-AG und um 4 Uhr* ***habe ich Schwimmen****. Und am Dienstag, hast du Zeit?*
[Non, ça ne va pas. A deux heures, j'ai club théâtre et à 4 heures j'ai natation. Et mardi, est-ce que tu as le temps ?]

(18) (TEO_MARC_kino)
116. TEO: (…) Und am / um 17 Uhr ***habe ich*** *Hausaufgaben.*
[Et à 5 heures j'ai les devoirs.]

117. MARC: Ah OK. Unmöglich. Am Donnerstag ***habe ich*** *Sport: Tennis und du?*
[Ah, OK, impossible. Jeudi j'ai sport : tennis et toi ?]

118. TEO: Am Montag um 16 Uhr ***habe ich*** *Sport: Fußball.*
[Lundi à 4 heures j'ai sport : foot.]

Cette recomposition à partir de « *ist* » [c'est / il y a] ou de « *habe ich* » [j'ai] permet d'utiliser des groupes nominaux (*Fußball, Sport, Hausaufgaben* [le foot, le sport, les devoirs]) à la place des groupes verbaux, c'est-à-dire des constructions qui nécessitent le rappel et l'intégration d'un seul item lexical au sein d'un bloc et non le réagencement de plusieurs constituants. De telles constructions ont été les plus fréquemment utilisées dans les activités préparatoires et on peut considérer que leur rappel se trouve facilité par leur degré d'automatisation. L'utilisation de tels blocs évite le recours à une élaboration plus analytique et nécessairement moins accessible, car moins automatisée, telle que : *Am Montag + spiele + ich* [Le lundi + joue + je]. Un traitement nominal se substitue ainsi à des opérations syntaxiques plus complexes et nécessairement plus couteuses sur le plan attentionnel.

traitement nominal : **ADV** ***ist*** **+ NP** ou **ADV** ***habe ich*** **+ NP** *vs* traitement syntaxique : **ADV + V + S + NP**

Fig. 5. Substitution d'un traitement nominal à un traitement syntaxique.

Dans les deux tâches, le schéma interactionnel et la progression informationnelle ont favorisé la répétition de très nombreuses séquences dans lesquelles un élément, mentionné dans la question, est repris comme amorce de l'énoncé suivant. Il est particulièrement intéressant d'observer que l'entrainement à cette reprise systématique a pu faire émerger, dans un usage spontané, une structure spécifique de la L2, à savoir une construction de type Objet-Verbe-Sujet caractérisée par le positionnement d'un complément à l'accusatif dans le *Vorfeld,* comme dans l'énoncé (140) de l'exemple (19).

(19) (MEL_MAR_wochenplan)

139. MARI: Am Dienstag um 3 Uhr habe ich / spiele ich Flöte und am 5 habe ich Schulorchester. Wann ist / wann ist ***Florettfechten****?*
[Mardi à 3 heures j'ai / je joue de la flûte et à 5 heures j'ai orchestre. C'est quand le fleuret ?]

140. MEL: ***Florettfechten spiele [mache] ich*** *am Mittwoch um 4 Uhr. Wann ist Klavier?*
[Le fleuret, j'en fais le mercredi à 4 heures. Le piano, c'est quand ?]

L'énoncé est non seulement pertinent sur le plan de la progression informationnelle - il y a bien reprise du connu en attaque et apport informationnel par la suite ; il est également correct d'un point de vue syntaxique, malgré la spécificité de cette construction qui, en français, serait rendue par une thématisation, telle qu'elle est exprimée dans la traduction correspondante.

4.3 De la phrase isolée à une construction textuelle spécifique

La consigne donnée pour la tâche *tagesablauf* invite les apprenants à décrire le déroulement de la journée d'un adolescent. Dans la majorité des productions recueillies (67,4%), le choix est fait d'organiser la trame du récit à partir des intervalles temporels plutôt que d'adopter une perspective centrée sur le protagoniste (27,6%). Cette perspective correspond en effet à la question sous-jacente, qui est de savoir quelles activités s'échelonnent dans la journée et non d'apporter des informations sur une personne particulière. La confrontation des exemples (20) et (21) illustre deux options distinctes dans les choix d'organisation textuelle et dans le déploiement informationnel au sein des énoncés et du texte produit. Le texte de MARI se présente en effet comme une juxtaposition d'informations sur le personnage choisi, alors que IFI préfère présenter le déroulement de la journée de Laura dans une chronologie d'intervalles.

(20) (MARI_tagesablauf)

89. Morgens stehe [steht] sie um zwanzig nach sechs auf und dann frühstückt sie, es ist viertel vor sieben. Sie geht in die Schule um halb acht. Der Unterricht enden [endet] um Viertel vor eins und sie isst um eins. Nach dem Essen macht sie seine [ihre] Hausaufgagen und übt Klavier. Sie kann Freunde treffen um fünf. Sie isst um sechs und sie ruft eine Freundin an und sehe [sieht] sich fern. Sie geht schlafen um halb zehn.

[Le matin, elle se lève à six heures vingt et ensuite elle prend son petit-déjeuner, il est sept heures moins le quart. Elle va à l'école à sept heures et demie. Les cours se terminent à une heure moins le quart et elle mange à une heure. Après manger, elle fait ses devoirs et travaille son piano. Elle peut retrouver des amis à cinq heures. Elle mange à six heures et elle téléphone à une amie et regarde la télé. Elle va se coucher à neuf heures et demie.]

(21) (IFI_tagesablauf)

55. Einen [Ein] deutsch[er] Tagesablauf
Hallo ! Heute beschreibe ich Lauras Tagesablauf.
Also, ***Laura*** *steht um 6:20 auf und zwanzig Minuten danach frühstückt sie. Um halb acht fangt [fängt] die Schule an und um eins isst sie zu Mittag. Eine Stunde danach macht sie Hausaufgaben und spielt sie Klavier bis um fünf, da trefft [trifft] sie Freunde aber um sechs soll sie zu Hause sein. Da isst sie nämlich zu Abend, dann ruft sie Freundin[nen] an und sieht* ***sie*** *fern vor schlafen gehen* ***um halb zehn.***
[Le déroulement d'une journée en Allemagne
Salut ! Aujourd'hui je décris la journée de Laura. Donc, Laura se lève à 6h20 et 20 minutes après elle prend son petit déjeuner. A 7 heures et demi, l'école commence et à une heure elle a le repas de midi. Une heure plus tard elle fait ses devoirs et elle joue du piano jusqu'à 5 heures. Là elle retrouve des amis mais à 6 heures elle doit être à la maison. C'est à cette heure en effet qu'elle mange le repas du soir, ensuite elle téléphone à des amis et elle regarde la télé avant d'aller dormir à 9 heures et demi.]

Le texte produit par IFI n'est pas sans rappeler celui de Valentin cité plus haut. Il y est instauré non seulement une continuité temporelle, dans la mesure où la borne d'un segment sert de repère pour le segment suivant, mais également une continuité propositionnelle à travers les nombreuses reprises anaphoriques dont elle fait usage. Il est également pertinent que le décalage temporel ne se mette en place qu'une fois le topique *Laura* introduit dans la première phrase.

Ce qui est frappant, c'est la très grande variété des formes produites pour établir la chronologie temporelle et le décalage que l'on peut recenser dans les productions. Par rapport au document support fourni pour la tâche (Doc. 1), aucun apprenant ne choisit la facilité en se contentant de répéter les horaires donnés. Au lieu de cela, tous créent une trame originale en utilisant des formes connues, en les recomposant ou encore en fabriquant des tournures idiosyncrasiques, comme en témoignent les occurrences relevées dans le tableau 5.

Tableau 5. Variété des expressions temporelles pour la délimitation d'intervalles successifs.

Groupes prépositionnels	*um halb acht* [à sept heures et demie] *von siebzehn Uhr bis etwa achtzehn Uhr* [de 17 jusqu'à environ 18 heures] *nach dem Frühstück* [après le petit-déjeuner] *nach dem Essen* [après le repas] *nach den Hausaufgaben* [après les devoirs] *nach dem Basketball spielen* [après avoir joué au basket] *nach [dem]*[20] *Klavier üben* [après les exercices au piano] *nach der [dem]Unterricht* [après les cours] *nach der [dem] Schulschluss* [après la fin des cours]
Groupes adverbiaux	*zuerst* [d'abord] , *dann* [ensuite] , *morgens* [le matin]
Groupes nominaux avec expansion	*eine Stunde nach dem Essen* [une heure après manger] *etwa 45 Minuten später* [environ 45 minutes plus tard] *ungefähr eine halbe Stunde später* [à peu près une demi-heure plus tard] *[Eine]Viertelstunde später* [un quart d'heure plus tard]
Subordonnées	*wenn die Schule aus ist,* [quand l'école est finie] *before [Bevor] sie ins Bett geht* [avant qu'elle aille se coucher]
Expressions complexes	*dann, um sechs Uhr* [ensuite à six heures] *nach dem Abendessen, wenn sie ihre Freundin an nicht ruft [nicht anruft]* [après le repas, si elle ne téléphone pas à ses amies] *erst dann* [c'est seulement ensuite que]
Formes idiosyncrasiques	*nach ihre Freunde treffen* [après avoir retrouvé ses amis] *vor dem Freunde treffe* [avant de retrouver les amis] *drei Stunden früher [vor dem] schlafen gehen* [trois heures avant d'aller se coucher] *nach [danach]* [après (adverbial)] *eine Stunde nach [danach]* [une heure après (adverbial)]

Ce qui peut également paraitre surprenant est que la proportion de réalisations correctes du *Vorfeld* est assez importante malgré la complexité des constituants initiaux et la variété des formes verbales employées, comme le montrent les exemples (22) à (24) et les résultats chiffrés du graphique de la Fig. 6.

(22) (CLAR_tagesablauf)

22. ***Wenn die Schule zu Ende ist,*** *geht sie nach Hause und ein [e] Viertelstunde später isst sie zu Mittag.*

[Quand l'école est finie, elle rentre à la maison et un quart d'heure plus tard elle mange.]

(23) (EMA_tagesablauf)

37. (...) ***um sechs Uhr nach dem zu Abend essen [Abendessen]*** *ruft sie seine [ihre] Freundin [an].*

[(...) à six heures après le repas du soir, elle téléphone à son amie.]

(24) (NEI_tagesabalauf)

[20] Les termes en allemand entre crochets indiquent les corrections que nous avons apportées. A noter que les formes idiosyncrasiques n'ont pas été rectifiées quand la forme correcte nécessite la reformulation d'une tournure prépositionnelle en une subordonnée.

121. (...) ***nach dem Abendessen wenn sie ihre Freundin an nicht ruft [nicht anruft],*** *sieht sie fern.*
[(...) après le repas du soir, si elle n'appelle pas son amie, elle regarde la télé.]

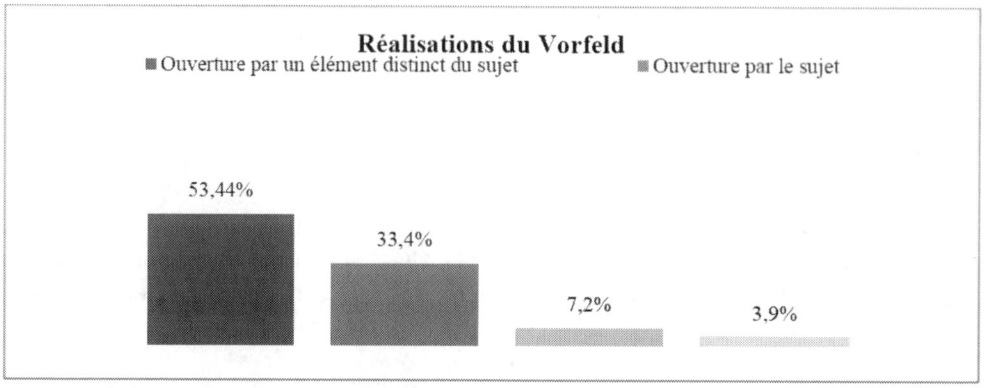

Fig. 6. Différentes réalisations du *Vorfeld* dans la tâche *tagesablauf.*

On peut supposer que la modalité écrite de la tâche favorise un positionnement verbal second correct, qui peut le cas échéant être contrôlé a posteriori. Il se peut aussi que la répétition d'associations Verbe-Sujet lors de la réalisation des tâches antérieures influence durablement l'ordre d'apparition du complexe V-S et conduise à des erreurs de surgénéralisation. Les cas de non-occupation du *Vorfeld* relevés (3,9%) concernent principalement les énoncés coordonnés avec *und* ou *oder* [et , ou] et dans lesquels le sujet apparait de manière non conforme en position postverbale et vont selon nous dans le sens de cette interprétation.

(25) (IFI_tagesablauf)
58. Eine Stunde danach macht sie Hausaufgaben und spielt sie Klavier bis um fünf.
[Une heure après, elle fait ses devoirs et joue elle du piano jusqu'à cinq heures.]

(26) (LOU_tagesbalauf)
75. Danach isst sie zu Abend und ruft sie seine [ihre] Freundin an oder sieht sie fern. Um 21:30 geht sie ins Bett.
[Après ça, elle mange le repas du soir et téléphone elle à sa copine ou regarde elle la télé. A 21h30 elle va se coucher.]

La succession des intervalles temporels à l'ouverture fait partie de la construction textuelle spécifique dont la mise en place est visée ici, mais un deuxième aspect ressort également des observations menées, à savoir l'usage des éléments cohésifs qui participent également de la textualité en allemand. En effet, les expressions temporelles en position préverbale établissent un lien avec l'énoncé précédent en se référant à un contenu préalablement introduit. Dans le cas de *später* [plus tard], la reprise anaphorique est implicite (le point de référence précédent demeure activé sans être repris), elle est en revanche explicite avec des expressions telles que *da, dann* et *danach* [là, ensuite, après ça] dans lesquelles l'élément anaphorique *da* matérialise la portion d'espace – temporel ou local – préalablement construit (Marschall, 2012).

5 Discussion

5.1 Reprise, mémorisation et réalisation de structures syntaxiques spécifiques

Plusieurs remarques importantes peuvent être formulées au vu des résultats relatifs aux tâches interactives *wochenplan* et *kino*. Ceux-ci livrent des pistes pour la mise en place d'activités susceptibles d'accompagner les mécanismes d'appropriation chez des apprenants en tout début d'apprentissage.

Le travail mené avec les apprenants sur le statut informationnel des constituants (donné, connu *vs* nouveau) permet tout d'abord de poser la question de la pertinence des catégorisations grammaticales traditionnelles. Positionnée à l'ouverture ou en fin d'énoncé, une expression adverbiale temporelle a certes la même forme mais pas le même statut et la catégorie « complément de temps » ne permet pas de distinguer ces valeurs informationnelles différentes, essentielles pour la réception des messages. La capacité à apprécier le statut informationnel des constituants nous semble, plus encore que des règles abstraites, devoir être introduite dans l'apprentissage afin de mettre en place des associations formes-fonctions qui soient ancrées dans un contexte communicatif qui les rende pertinentes.

Il apparait ensuite qu'en début d'apprentissage, un fonctionnement mémoriel et l'usage répété de constructions prototypiques, telles que celles employées pour décrire ces activités de la semaine et de type ADV-V-S, contribuent à rendre routinières des attaques de l'énoncé par un élément distinct du sujet tout en favorisant la fixation mémorielle des associations Verbe-Sujet. Une majorité d'apprenants n'a pas eu de difficulté à gérer la distribution de l'information en faisant alterner attaques cadratives et sujet (mention de l'activité) à l'ouverture ; la plupart des énoncés produits s'avèrent corrects sur le plan syntaxique dans la mesure où le placement verbal second et l'Inversion sont réalisés quand un adverbial occupe la position préverbale. Il parait difficile de rapporter cette réussite au fait que les apprenants auraient déjà atteint le stade développement correspondant à une telle réalisation (stade x+3 : Inversion). Les résultats montrent en effet que la réussite est moindre avec des bases verbales moins fréquentes et lorsque le schéma interactif s'avère moins prévisible. Selon nous, la correction syntaxique observée est liée en partie au format de la tâche mais aussi à la disponibilité de certaines associations de type Adverbial+ist+SN ou encore Verbe-Sujet, notamment *habe ich* voire spiele ich) dont l'usage repéré et répété dans les activités préalables, et durant la tâche elle-même, favorise la mémorisation et le rappel.

La comparaison des deux tâches *wochenplan* et *kino* montre cependant qu'il semble raisonnable de ne pas viser dès le début la réalisation de V2 avec une trop grande variété de bases verbales, comme les enseignants peuvent avoir tendance à le faire une fois abordée la règle du positionnement verbal second. Durant la tâche formative (*wochenplan*), de courtes séquences en question / réponse portant sur un nombre relativement limité d'occurrences verbales ont fait l'objet d'un usage répété. La fréquence d'emploi, la répétition soutenue par l'interaction ainsi que le guidage opéré durant les phases préparatoires contribuent à fixer en mémoire un certain nombre de constructions de type Adverbial-Verbe-Sujet, ainsi que des associations Verbe-Sujet qui seront rappelées de manière privilégiée dans un contexte similaire. Les associations les plus fréquentes (*habe ich* / *spiele ich* ou *ist*), puis des bases verbales qui attestent également d'une assez grande fréquence d'emploi (*machen*, *gehen*), peuvent par conséquent constituer un premier palier avant l'introduction de verbes plus diversifiés.

Le caractère interactif des échanges s'avère également être ici un dispositif de soutien à l'expression. Le fait d'effectuer la tâche en binôme permet non seulement à l'interlocuteur d'être attentif à l'*input* fourni par le partenaire et, le cas échéant, d'ajuster sa propre production en fonction de l'input reçu. La reprise quasi-systématisée d'un élément temporel à l'ouverture, quand celui-ci est donné dans la question, facilite le positionnement frontal de cet élément et le choix d'une attaque cadrative. De la même façon, c'est par le biais de ce schéma récurrent qu'une apprenante (énoncé 140 dans l'exemple (19)) parvient à produire spontanément, dans l'usage, une construction spécifique de l'allemand avec un positionnement préverbal d'un complément à l'accusatif (ordre OVS). Dalmas fait remarquer à ce sujet :

> Si un élément thématique, identifié syntaxiquement comme complément est positionné dans le Vorfeld, sa topicalisation est alors interprétée à tort lors de la réception du texte comme mise en valeur. Et à la suite de cela, en production, des compléments sont rarement, voire trop rarement topicalisés ce qui, en définitive, a des répercussions négatives sur la textualité (c'est-à-dire sur la continuité du contenu)[21](Dalmas, 2005, p. 102).

Dans la production observée, la progression informationnelle est mise en place à travers l'attaque de l'énoncé par l'élément déjà donné ; seul le statut informationnel explique le positionnement et celui-ci se substitue à des explications grammaticales. L'ordre OVS est favorisé ici par la répétition du même schéma récurrent et la reprise de l'élément donné dans l'énoncé précédent est plus économique en termes de ressources que le repérage conscient du placement verbal. Cette réalisation témoigne de la possibilité qu'ont des locuteurs débutants de produire des énoncés spécifiques à la L2 - énoncés dont le traitement syntaxique relève d'un stade avancé mais qui peuvent néanmoins être accessibles par le biais de schémas éprouvés dans l'usage.

5.2 Une compétence textuelle à développer dès les débuts de l'apprentissage

Les énoncés des francophones publiés ur le site *Kaleidoskop* et que nous avons reproduits plus haut trahissent un enseignement qui privilégie la construction correcte de la phrase, c'est-à-dire la morphologie verbale et le positionnement verbal second sans chercher à interroger la mise en texte des phrases produites. Py (2002) déplore que le contexte scolaire institutionnel[22] privilégie une approche micro-syntaxique de la langue, axée sur la présence des marques morphosyntaxiques voulues par la norme et accorde peu d'attention à la dimension macro-syntaxique du déploiement informationnel. Dans la tâche *tagesablauf*, les textes que les apprenants s'avèrent capables de produire à partir d'un input langagier volontairement pauvre témoignent bien d'une planification particulière en amont de la verbalisation - planification qui conduit les apprenants à choisir une organisation informationnelle spécifique en fonction des formes langagières qui sont à leur disposition. La découverte, le repérage et l'usage de ces formes, des schémas dans lesquels elles apparaissent ainsi que du fonctionnement de l'ouverture dans le marquage du décalage constituent dès lors un préalable.

En tant qu'enseignante, nous avons volontairement encouragé les phénomènes de reprise dans les tâches interactives. Elles ont favorisé des linéarisations conformes à la progression informationnelle, mais ont également permis de créer une continuité propositionnelle explicite entre des énoncés successifs qui a pu être exploitée ultérieurement, notamment dans la mise en place de la trame chronologique d'un récit. En effet, au lieu de répéter les adverbiaux temporels donnés dans un énoncé précédent en amorce de l'énoncé suivant, il est possible d'avoir recours à l'expression anaphorique *da* [là

[21] La citation est traduite par nos soins.

[22] Pour des raisons qu'il attribue à une orientation normative de l'école, à la culture grammaticale française et au manque de ressources à disposition des enseignants pour développer une approche macro-syntaxique du discours (Py, 2002, p. 53).

/ à ce moment-là]. De son origine spatiale, ce corrélat a gardé une valeur situative générale qui en fait un élément polyfonctionnel, dont le sens s'interprète différemment en fonction du contexte. Il peut en effet renvoyer à une portion temporelle, spatiale ou encore à un domaine, un avis, des conditions évoquées dans le prétexte. Dans les tâches proposées en première année, cet élément est susceptible d'être introduit à la place d'un adverbial temporel et permet ainsi non seulement de varier les formulations mais aussi de remplir le *Vorfeld* avec une association Verbe-Sujet automatisée :

(27) (EMA_TAM_kino)
79. EMA: OK. Hast du Zeit am Donnerstag um 4?
[OK. Tu as du temps jeudi à 4 heures ?]

80. TAM: Unmöglich, [da] ***habe ich*** *Fußball.*
[Impossible, [à ce moment-là] j'ai foot.]

Dans des tâches ultérieures, il est alors utile de rappeler la fonction de *da,* pour expliquer par exemple le fonctionnement du décalage temporel et des intervalles successifs dans la tâche *tagesablauf.* Dans l'exemple (12), rappelé ci-dessous, IFI utilise cet élément par deux fois avec des sémantismes qui peuvent s'avérer différents, ce que nous interprétons en faveur d'une sensibilité à la fonction de raccord assumée par les constituants du *Vorfeld.*

(12) (IFI_tagesablauf)
58. (...) Eine Stunde danach macht sie Hausaufgaben und spielt sie Klavier bis um fünf, da trefft [trifft] sie Freunde aber um sechs soll sie zu Hause sein. Da isst sie nämlich zu Abend, (...)
[(...) Une heure après (ça) elle fait ses devoirs et elle joue du piano jusqu'à 5 heures. Là elle retrouve des amis mais à 6 heures elle doit être à la maison. C'est à cette heure en effet / c'est à la maison en effet qu'elle mange le repas du soir (...)]

Ce qui est plus intéressant encore, c'est qu'une utilisation précoce de cet élément prépare à l'usage de *dann*[23][ensuite] et des composés prépositionnels formés à partir de *da* tels que *da+nach* ou *da+vor* [après ça, avant ça] et quand il s'agira d'abord la description spatiale, *dar+auf, da+neben*, [là-dessus, à côté de ça], etc... Toutes ces expressions fonctionnent à la fois vers l'amont : la composante *da* assurant le raccord avec le prétexte et la continuité de sens entre les énoncés, et vers l'aval : la composante prépositionnelle déterminant un repère qui oriente les informations à venir.

A travers l'utilisation de l'ouverture au service la progression informationnelle peuvent se mettre en place des habitudes organisationnelles qui justifient la sélection du constituant préverbal et donnent du sens au positionnement verbal second. Le rôle que jouent les reprises et l'usage des expressions anaphoriques dans l'établissement de la continuité interphrastique est primordial en allemand. Cette fonction spécifique dévolue au *Vorfeld* recouvre une réalité complexe du fonctionnement de la langue, mais sa mise en œuvre dans des situations d'usage telle que celle décrite ici permet aux apprenants de s'approprier des préférences propres à la L2 qui rendent les énoncés produits « cognitivement » plus proches de ceux produits par des locuteurs natifs.

6 Conclusion

Les pratiques langagières au sein de la classe de langue ne sauraient se limiter à formuler des phrases sur la base de prescriptions apprises en amont. Il ne s'agit pas d'actualiser un

[23] Nous considérons avec Blühdorn (2008, p. 20) que le connecteur adverbial *dann* [ensuite] contient également une dimension anaphorique.

système dont on aurait acquis les règles de fonctionnement au préalable et les productions d'apprenants, quel que soit leur niveau, témoignent bien souvent de la difficulté à convertir des connaissances déclaratives en connaissances procédurales.

Cortès (2012) souligne le regain d'intérêt pour la question de l'ouverture en allemand suscité par l'ouverture des recherches linguistiques à de nouveaux champs d'investigation. Elle fait notamment référence à des notions relevant de la structure informationnelle des énoncés et de la construction des textes. Ces connaissances théoriques qui décrivent des phénomènes langagiers dans leur fonctionnement ou qui soulignent le rôle de l'usage dans l'appropriation durable de constructions langagières offrent de nouvelles pistes pour la didactique des langues. Ces pistes ont été mises en œuvre dans notre intervention en tant qu'enseignante sur le terrain, et nous avons cherché à en analyser la portée sur les productions des apprenants. Les observations que nous avons menées nous conduisent à considérer la classe de langue comme un lieu d'exploration et d'expérimentation des usages de la langue dans des conditions plus ou moins guidées et contrôlées. Dans ce contexte, l'usage, c'est-à-dire la pratique répétée, contrôlée et explicitée de constructions prototypiques pertinentes dans des situations de communication données, favorise non seulement la mise en place de préférences et d'habitudes plus proches des usages effectifs de la langue cible, mais peut conduire également à l'émergence et à l'appropriation de constructions syntaxiques spécifiques de l'allemand.

Nous remercions le Pr. Dr. Wolfgang Hielber de nous avoir autorisée à reproduire certains extraits issus de contributions postées sur le site *Kaleidoskop - Unser Alltag in Deutschland – Und wie ist euer Alltag in ... ?*

Références

Ballestracci, S. (2010). Der Erwerb von Verbzweitsätzen mit Subjekt im Mittelfeld bei italophonen DaF-Studierenden. Erwerbsphasen, Lernschwierigkeiten und didaktische Implikationen. *Linguistik online*, *41*(1/10), 25-39.

Blühdorn, H. (2008). Syntax und Semantik der Konnektoren. Ein Überblick. *Mannheim: Institut für deutsche Sprache, Manuskript.* Consulté à l'adresse http://www1.ids-mannheim.de/fileadmin/gra/texte/blu_ueberblick.pdf

Bohnacker, U., & Rosén, C. (2008). The clause-initial position in L2 German declaratives: Transfer of information structure. In *Studies in Second Language Acquisition* (Vol. 30). 511–538.

Boss, B., & Jansen, L. (2003). Do Our Students Learn What We Teach Them? *Babel*, *38*(2), 26-30.

Cedden, G., & Aydın, Ö. (2007). „Meistens ich weiß nicht, wo ich muss das Verb gebrauchen ". Die Problematik des V2 Phänomens bei türkischen Lernenden der deutschen Sprache. *Zeitschrift für Interkulturellen Fremdsprachenunterricht*, *12*(3). 1-15.

Charolles, M. (2003). De la topicalité des adverbiaux détachés en tête de phrase. *Travaux de linguistique*, *47*(2), 11–49.

Cortès, C. (Éd.). (2012). *Satzeröffnung: Formen, Funktionen, Strategien*. Tübingen: Stauffenburg Verlag.

Dalmas, M. (2005). Dringend nötig: der « Blick über den Satzrand ». Zu den Schwierigkeiten von französischen Studierenden bei der Texterzeugung. In K. Adamzik & W.-D. Krause (Éd.), *Text-Arbeiten. Textsorten im fremd-und muttersprachlichen Unterricht an Schule und Hochschule.* Tübingen: Gunter Narr Verlag. 97-109.

DOI: 10.1051/shsconf/20173800003

Diehl, E., Christen, H., Leuenberger, S., Pelvat, I., & Studer, T. (2000). *Grammatikunterricht: Alles für der Katz?: Untersuchungen zum Zweitsprachenerwerb Deutsch*. Tübingen: Niemeyer.

Ellis, R. (1989). Are classroom and naturalistic acquisition the same? *Studies in Second Language Acquisition*, *11*(03), 305–328.

Ellis, R. (2003). *Task-based Language Learning and Teaching*. Oxford: Oxford University Press.

Fabricius-Hansen, C. (2010). Syntax. In H.-J. Krumm, C. Fandrych, B. Hufeisen, & C. Riemer (Éd.), *Deutsch als Fremd- und Zweitsprache. Ein internationales Handbuch* (Vol. 1). Berlin, New York: De Gruyter Mouton. 216-226.

Felce, C. (2015, novembre 30). *L'ouverture de l'énoncé en allemand L2 : de la compréhension d'un phénomène à son appropriation et à son enseignement. Perspectives en didactique des langues* (Thèse de doctorat en sciences du langage, sous la direction de D. Macaire et de D. Véronique). Paris 3 - Sorbonne Nouvelle, Paris.

Lahousse, K. (2003). La complexité de la notion de topique et l'inversion du sujet nominal. *Travaux de linguistique, n°47*(2), 111-136.

Legallois, D., & François, J. (2011). La Linguistique fondée sur l'usage : parcours critique. *Travaux de linguistique*, *62*(1), 7-7.

Levelt, W. J. M. (1989). *Speaking: From Intention to Articulation*. Cambridge: MIT Press.

Marschall, G., R. (2012). Einstieg, Fortführung, Neuorientierung - Satzanfänge als Indizien für Diskurskonstruktion. In C. Cortès (Éd.), *Satzeröffnung: Formen, Funktionen, Strategien*. Tübingen: Stauffenburg Verlag. 157-180.

Meisel, J. M., Clahsen, H., & Pienemann, M. (1981). On determining developmental stages in natural second language acquisition. *Studies in Second Language Acquisition*, *3*(02), 109 -135.

Muranoi, H. (2007). Output Practice in the L2 classroom. In R. DeKeyser M. (Éd.), *Practice in a Second Language: Perspectives from Applied Linguistics and Cognitive Psychology*. Cambridge University Press. 51-84.

Pienemann, M. (1984). Psychological Constraints on the Teachability of Languages. *Studies in Second Language Acquisition*, *6*(02), 186-214.

Pienemann, M. (1989). Is language teachable? Psycholinguistic experiments and hypotheses. *Applied Linguistics*, *10*(1), 52-79.

Pienemann, M. (1999). *Language processing and second language development: processability theory* (Vol. 1–1). Amsterdam: J. Benjamins.

Pienemann, M., Keßler, J.-U., & Itani-Adams, Y. (2011). Comparing levels of processability across languages. *International Journal of Bilingualism*, *15*(2), 128-146.

Poitou, J. (2010). Fiches de grammaire allemande. Consulté 7 mai 2013, à l'adresse http://j.poitou.free.fr/pro/html/div/fiches.html

Py, B. (2002). Acquisition d'une langue seconde, organisation macrosyntaxique et émergence d'une microsyntaxe. *Marges linguistiques*, *1*(4), 48-55.

Schmidt, T., & Wörner, K. (2009). EXMARaLDA - Creating, analysing and sharing spoken language corpora for pragmatic research. *Pragmatics*, *19*(4), 565-582.

Skehan, P. (2007). Language Instruction Through Tasks. In J. Cummins & C. Davison (Éd.), *International Handbook of English Language Teaching* (Vol. 15)). Springer US. 289 - 301.

Speyer, A. (2008). German Vorfeld-filling as constraint interaction. In A. Benz & Peter Kühnlein (Éd.), *Constraints in Discourse* . John Benjamins Publishing Company. 267 - 290.

Véronique, D. (Éd.). (2009). *L'acquisition de la grammaire du français, langue étrangère* (Didier). Paris.

Vinckel-Roisin, H. (2012). Von Anfang bis Ende: Referenzketten, Textgliederung und Syntax im Online-Journalismus. In C. Cortès (Éd.), *Satzeröffnung: Formen, Funktionen, Strategien*. Stauffenburg Verlag. 221 - 233.

von Stutterheim, C. (1997). *Einige Prinzipien des Textaufbaus: Empirische Untersuchungen zur Produktion mündlicher Texte*. Tübingen: Niemeyer.

von Stutterheim, C., & Carroll, M. (2005). Subjektwahl und Topikkontinuität im Deutschen und im Englischen. *Zeitschrift für Literaturwissenschaft und Linguistik, 139*, 7 - 27.

Manuels scolaires cités

Esterl, U., Körner, E., & Einhorn, A. (2008). *Team Deutsch 1*. Maison des langues.

Goldmann, K., Jacqueroud, U., & Robert, J. (2013). *Kreativ. Allemand. palier 1. Année 1*. Hachette Education.

Haldenwang, N., Lozachmeur, F., Pavan, C., & Suissa, P. (2009). *Gute Fahrt. Allemand 1ère année. Nouveaux programmes*. Nathan.

Faure-Paschal, N., Hoock-Douilly, M., Rakotondravao, C., & Wegener, A. (2013). *Spontan 1neu, palier 1, 1re année*. Didier.

 DOI: 10.1051/shsconf/20173800004

« Passe-moi le sel » *vs* « Pourriez-vous me passer le sel, s'il vous plaît ? » – Le développement des stratégies de requête chez les apprenants finnophones de FLE

Tuuli Holttinen[1]

[1] Université de Helsinki, Finlande

Résumé. Cet article examine la manière dont les apprenants finnophones de FLE produisent des requêtes. Plus spécifiquement, nous étudions les stratégies de requête et les modificateurs internes chez des apprenants de langue à trois niveaux différents d'acquisition et chez des locuteurs francophones natifs. Les données ont été rassemblées au moyen d'un *Discourse Completion Test* écrit contenant six situations de requête différentes. Les résultats confirment partiellement ce que les études antérieures sur la production de requêtes en interlangue ont révélé : les apprenants de langues étrangères utilisent des stratégies de requête plus directes que les locuteurs natifs. Quant à la modification interne, les apprenants débutants de FLE modifient leurs requêtes nettement moins que les apprenants plus avancés et les locuteurs natifs. Contrairement à certaines études antérieures, les apprenants étudiés n'emploient pas à l'excès le marqueur de politesse *s'il vous plaît* et les apprenants avancés modifient plus leurs requêtes que les locuteurs natifs. Ces différences de résultats devraient être étudiées plus en détail dans l'avenir et il serait particulièrement important de les comparer également avec la façon dont les apprenants finlandais produisent des requêtes dans leur langue maternelle.

Abstract. 'Pass me the salt' vs. 'Could you pass me the salt please?' – the development of request strategies among Finnish learners of French. This paper focuses on the request production by Finnish learners of French. More specifically, the study compares the strategy choice and the internal modification of requests among learners at three different proficiency levels versus native speakers of French. The data were collected by using a written Discourse Completion Test which included six different request scenarios. The results partially confirm what previous studies on request production in interlanguage have found: foreign language learners produce more direct strategies than native speakers. As to internal modification, the beginner-level speakers of French modify their requests clearly less than the more advanced learners and the native speakers. Contrary to some previous studies, the learners in this study do not overuse the politeness marker *s'il vous plait* and the advanced learners modify their requests more than the native speakers. These differences in the results should be studied in more detail in the future, and it would be particularly important to compare the results also with the request production in the mother tongue of the learners, namely Finnish.

1 Introduction

Les requêtes sont des actes de langage (Austin 1962, Searle 1969) présents dans tous les secteurs de notre vie quotidienne : elles sont utilisées, par exemple, pour faire les courses, pour négocier ou encore pour demander de l'aide à la maison et au travail. Ainsi, il n'est pas surprenant que Drew et Couper-Kuhlen (2014 : 1) décrivent l'acte de requête comme « l'activité la plus fondamentale et la plus répandue de l'interaction sociale ». La fréquence des requêtes est l'une des raisons pour lesquelles elles ont été étudiées par bien des chercheurs (p. ex. Blum-Kulka, House & Kasper [éds] 1989, Van Mulken 1996, Fukushima 2000, Kerbrat-Orecchioni 2001a, 2001b, 2005, Ogiermann 2009, Peterson 2010, Drew & Couper-Kuhlen [éds] 2014). Une autre raison à l'origine de ces études est que la requête a traditionnellement été considérée comme un acte menaçant pour la face (*Face Threatening Act*) : selon la théorie de la politesse de Brown et Levinson (1987), quand nous demandons quelque chose à quelqu'un, nous menaçons la liberté d'action de l'autre. Par conséquent, les requêtes sont souvent adoucies de différentes manières (Brown & Levinson 1987, Kerbrat-Orecchioni 2001a). Par exemple, au lieu de dire « passe-moi le sel », on peut dire « passe-moi le sel *s'il te plaît* » et au lieu de dire « peux-tu m'aider », on peut avoir recours à « *pourrais*-tu m'aider *un peu* ». Il est essentiel de savoir ajuster ses requêtes de manière appropriée pour ne pas sembler impoli.

Les formulations de requête typiques varient pourtant d'une langue, d'une culture et d'une situation à l'autre, ce qui peut poser des problèmes pour les apprenants de langues étrangères. Pour pouvoir choisir une formulation appropriée à chaque situation de requête particulière, l'apprenant d'une langue étrangère a besoin de compétences pragmatiques (voir, p. ex., Kasper & Rose 2002). Les erreurs pragmatiques peuvent être plus « dangereuses » que les erreurs morphosyntaxiques ou phonologiques car dans le cas des premières, l'interlocuteur ne comprend pas forcément qu'il s'agit d'un défaut de compétences langagières et, par conséquent, il peut considérer le locuteur non-natif comme impoli ou curieux (Thomas 1983 : 96–97, Yates 2010 : 288). Ces types de situations peuvent même aboutir à des stéréotypes associés à certaines cultures ou langues (Thomas 1983 : 97). On ne peut donc pas négliger l'importance de l'étude et de l'enseignement des compétences pragmatiques en langue étrangère. C'est le domaine de la pragmatique de l'interlangue (PIL) qui s'intéresse aux phénomènes pragmatiques chez les apprenants de langues étrangères. Pourtant, selon Warga (2007 : 185), les études en PIL ont jusqu'ici été trop uniformes : la plupart d'entre elles se concentrent sur l'anglais langue étrangère, sur l'usage de la langue au lieu de son développement et sur les contextes en langue seconde, laissant de côté les contextes en langue étrangère. La présente étude aspire à contribuer à l'extension du domaine de la PIL en se focalisant sur le développement des stratégies de requête chez les apprenants finnophones de français langue étrangère (FLE).

Les recherches antérieures (p. ex. House & Kasper 1987, Warga 2005, Félix-Brasdefer 2007, Woodfield 2008) ont montré que les apprenants de langues étrangères ont tendance à utiliser des stratégies plus directes et moins de modificateurs internes (voir sections 4.1 et 4.2) que les locuteurs natifs. Dans cet article, nous vérifierons si cette tendance existe également chez les apprenants finnophones de FLE. Nous nous intéresserons en particulier à la manière dont les stratégies de requête se développent chez ces apprenants. Ainsi, les questions de recherche que nous posons sont les suivantes :

1. Comment les stratégies de requête et la modification interne se développent-elles chez les apprenants finnophones de FLE ?

2. Quelles différences y a-t-il entre les requêtes formulées par les locuteurs non-natifs et celles des locuteurs natifs de français ?

Nous examinerons d'abord les requêtes en interlangue et ce qu'on en sait sur la base des études antérieures (section 2). Nous présenterons ensuite la méthode et les données utilisées pour l'analyse (section 3) ainsi que les critères sur la base desquels les requêtes seront analysées (section 4). La section 5 sera consacrée à la présentation des résultats de l'analyse. Nous conclurons par la récapitulation des principaux résultats et une brève discussion dans laquelle nous évaluerons les résultats obtenus à la lumière des études antérieures réalisées sur le même sujet (section 6).

2 Requêtes en interlangue

Les stratégies de requête sont en général divisées en *stratégies directes* (p. ex. « Passe-moi le sel », « Je veux du sel »), *stratégies indirectes conventionnelles* (p. ex. « Est-ce que tu peux me passer le sel ? ») et *stratégies indirectes non-conventionnelles* (p. ex. « Ce plat manque de sel ») selon le modèle de Blum-Kulka, House et Kasper (éds. 1989) (voir également la section 4.1). La littérature sur les requêtes en interlangue s'intéresse surtout à la question de savoir si le taux d'emploi des stratégies varie entre la langue maternelle (L1), la langue cible (L2) et l'interlangue des apprenants, mais de plus en plus d'études se concentrent également sur la modification interne et externe des requêtes (p. ex. Trosborg 1995, Hassall 2001, Schauer 2009, Woodfield & Economidou-Kogetsidis 2010, Economidou-Kogetsidis & Woodfield [éds] 2012). *La modification interne* renvoie aux éléments qui atténuent ou renforcent la force menaçante de *l'acte principal* (*head act*) de requête par des moyens morphosyntaxiques et/ou lexicaux, tandis que *les modificateurs externes* (*supportive moves*) précèdent ou suivent l'acte principal (Blum-Kulka, House & Kasper [éds] 1989 : 281–289). Illustrons cela par un exemple tiré du corpus :

> « Bonsoir! excusez-moi d'interrompre votre soirée, mais j'ai un examen très très important demain. Est-ce que vous pourriez faire un tout petit peu moins de bruit? Ce serait vraiment sympa. » (nat9)[1]

Dans cette production, l'acte principal de requête est « Est-ce que vous pourriez faire un tout petit peu moins de bruit ? » car c'est la partie qui exprime le plus explicitement la force illocutoire et l'énoncé pourrait être utilisé seul pour réaliser l'acte de requête (Blum-Kulka, House & Kasper 1989 : 17). Le conditionnel ainsi que l'expression « un tout petit peu » sont des éléments non-obligatoires et donc considérés comme des modificateurs internes (Blum-Kulka, House & Kasper [éds] 1989 : 281). L'acte principal est précédé de deux modificateurs externes – une excuse (« excusez-moi d'interrompre votre soirée ») et une justification (« j'ai un examen très très important demain ») – et il est suivi d'un troisième modificateur externe, un élément appréciatif (« Ce serait vraiment sympa. »). Les études réalisées sur les requêtes en interlangue cherchent à découvrir dans quelle mesure ces éléments correspondent à l'usage natif, s'il y a des instances de transfert et comment la production des requêtes se développe avec la compétence langagière générale. La comparaison des apprenants de différentes langues sources et cibles devrait permettre de distinguer les éléments qui sont universels.

Les requêtes en interlangue ont certes déjà fait l'objet d'examens, cependant le développement de la production de requêtes chez les apprenants de langue étrangère a été bien moins examiné. On peut diviser les études développementales en études longitudinales

[1] Les exemples sont tirés du corpus tels quels ; ils peuvent donc contenir des erreurs d'orthographe, de grammaire etc. Les abréviations indiquent le niveau de l'informateur : déb=débutant, inter=intermédiaire, av=avancé, nat=natif.

DOI: 10.1051/shsconf/20173800004

et transversales. La plupart des études développementales sur les requêtes sont transversales (p. ex. Warga 2005, Félix-Brasdefer 2007, Göy, Zeyrek & Otcu 2012), ce qui est le cas aussi de la présente étude. Cela s'explique par le fait que les études transversales sont plus rapides et faciles à mener que les études longitudinales et qu'elles permettent de rassembler des données plus vastes que les études longitudinales (voir Kasper & Rose 2002 : 75–79).

Les recherches antérieures ont montré qu'en général, les apprenants de langues étrangères utilisent plus de stratégies directes (p. ex. House & Kasper 1987, Warga 2005, Félix-Brasdefer 2007, Woodfield 2008) et moins de modificateurs que les locuteurs natifs (p. ex. House & Kasper 1987, Trosborg 1995, Woodfield & Economidou-Kogetsidis 2010, Göy, Zeyrek & Otcu 2012, Woodfield 2012). En général, ces stratégies se développent avec la compétence langagière générale de sorte que les apprenants plus avancés utilisent moins de stratégies directes et plus de modificateurs que les apprenants moins avancés. Quant à la modification de requêtes, les études antérieures ont révélé que les locuteurs non-natifs modifient plus leurs requêtes de façon externe qu'interne (Faerch & Kasper 1989, Economidou-Kogetsidis 2012) et qu'ils ont généralement tendance à utiliser de manière excessive les marqueurs de politesse comme 'please' et 'por favor' (Faerch & Kasper 1989, Félix-Brasdefer 2007, Göy, Zeyrek & Otcu 2012).

Ces tendances n'ont pourtant pas été attestées dans toutes les études : dans celle de Trosborg (1995), les apprenants débutants d'anglais utilisent moins de stratégies directes que les apprenants plus avancés et dans l'étude de Faerch et Kasper (1989), les apprenants danois d'allemand emploient les modificateurs internes à l'excès en comparaison des locuteurs natifs d'allemand. De plus, Woodfield et Economidou-Kogetsidis (2010) ont trouvé une sous-utilisation de 'please' chez les apprenants avancés d'anglais. Les résultats des études antérieures ne sont donc pas complètement univoques, mais ils montrent certaines tendances générales. Il sera intéressant de voir si ces tendances sont également attestées chez les apprenants finnophones de FLE, dont la production de requêtes n'a pas été étudiée auparavant.

3 Méthode et données

Pour étudier le développement des stratégies de requête chez les apprenants finnophones de FLE, nous avons utilisé un *Discourse Completion Test* (DCT) écrit[2]. Il s'agit d'un formulaire présentant des situations de requête que les informateurs complètent à l'écrit. En voici deux exemples :

> *Vous entrez dans une boulangerie pour acheter une baguette. Vous dites :*
>
> *Un soir, vous êtes en train de vous préparer pour un examen difficile, mais vous ne pouvez pas vous concentrer parce que les habitants de l'appartement au-dessus du vôtre font du bruit. Vous allez frapper à leur porte et vous dites :*

Le questionnaire utilisé pour la présente étude comprend 6 situations de requête différentes (voir l'appendice 1 pour l'inventaire des situations) qui représentent des situations où les informateurs peuvent facilement se retrouver et dans lesquelles les variables sociales (la distance sociale, la dominance entre le locuteur et son interlocuteur ainsi que le « poids » de la requête, cf. Brown & Levinson 1987, Kerbrat-Orecchioni 2001a, Peterson 2010) varient. Les descriptions de situations ont été présentées en français aux locuteurs natifs et en finnois aux locuteurs non-natifs pour éviter tout malentendu. Le questionnaire destiné aux apprenants précisait que les participants devaient s'imaginer être

[2] Cet outil, en Appendice 1 ci-dessous, est aussi disponible dans IRIS (iris-database.org).

en France dans le cadre d'un échange universitaire. Les participants ont répondu au questionnaire soit sur papier (les groupes débutant et intermédiaire), soit sous forme électronique (les groupes avancé et natif).

Cette méthode a été critiquée par un certain nombre de chercheurs car le format écrit ne garantit pas une corrélation entre les réponses et le langage oral dans des situations naturelles et les informateurs peuvent produire des réponses plus « polies » qu'ils ne le feraient en réalité (Watts 2003 : 71–72). Selon Kerbrat-Orecchioni (2005 : 29), c'est le cas surtout en France où la pression de se conformer aux exigences de la langue standard est grande. En dépit de ce biais méthodologique, les DCTs ont souvent été utilisés pour étudier la production d'actes de langage car ils présentent également des avantages importants. Beebe et Cummings (1996 : 80–81), par exemple, défendent l'utilisation des DCTs parce qu'ils permettent de recueillir un grand corpus en peu de temps et qu'il est possible, grâce à cette méthode, d'étudier ce que les locuteurs d'une langue considèrent comme socialement acceptable. De plus, la méthode des DCTs permet de comparer différents groupes d'informateurs dans des situations identiques, ce qui serait impossible en observant des situations authentiques. Les DCTs conviennent ainsi particulièrement bien à l'étude interculturelle de phénomènes de politesse ainsi qu'à l'étude de ces phénomènes en interlangue (Ogiermann 2009 : 195). En outre, étant donné l'objectif de la présente étude, il serait quasiment impossible de recueillir des requêtes produites par des apprenants finlandais de français dans des situations naturelles.

Les groupes étudiés comprennent trois niveaux d'apprenants de français et un groupe de locuteurs natifs de français – il s'agit donc d'une étude transversale (voir p. ex. Kasper & Rose 2002). Pour assurer la comparabilité des groupes, tous les informateurs étaient des étudiants universitaires au moment de la collecte des données. Voici un tableau présentant les caractéristiques de chaque groupe :

Tableau 1. Groupes étudiés.

	Débutants	**Intermédiaires**	**Avancés**	**Natifs**
Participants (n)	15	22	14	32
Description	Étudiants d'un cours de français au Centre de langues à l'Université de Helsinki	Étudiants de 1ère année en philologie française à l'Université de Helsinki	Étudiants de philologie française suivant un séminaire de master à l'Université de Helsinki	Étudiants de différentes matières dans des universités françaises
Années d'études de français (médiane)	3,5	7	9,5	
Séjour de 3 mois ou plus dans un pays francophone	13 % (2/15)	59 % (13/22)	79 % (11/14)	
Niveau du CECRL	~A2	~B1	~C1	

Comme le montre le tableau 1, il y a au total 51 participants non-natifs et 32 participants natifs. Les trois groupes non-natifs diffèrent l'un de l'autre en ce qui concerne la médiane d'années d'études de français, la proportion des personnes ayant passé un séjour prolongé dans un pays francophone et le niveau selon du découpage du CECRL estimé[3] des participants. Notons que les dénominations données aux groupes – « débutants », « intermédiaires » et « avancés » – ne se basent pas sur une échelle extérieure mais sont utilisées pour faire une distinction entre les groupes étudiés au sein de la présente étude. Ainsi, les « débutants » sont des débutants surtout par rapport aux autres groupes étudiés.

Le questionnaire DCT contenant six situations de requête a permis de rassembler 495 requêtes dont 305 produites par des non-natifs et 190 par des natifs. Dans la section suivante, nous introduisons les critères d'analyse pour ces requêtes.

4 Critères d'analyse

Les requêtes obtenues par le DCT sont classées selon leur stratégie et leur modification interne. Cette classification se fonde sur la taxonomie développée par Blum-Kulka, House et Kasper (éds, 1989), mais nous y avons introduit quelques modifications partiellement inspirées de Van Mulken (1996). Dans les sous-sections suivantes, nous présentons les différents éléments à analyser.

4.1 Stratégie de requête

Blum-Kulka, House et Kasper (1989 : 18) divisent les stratégies de requête en 9 catégories en fonction de leur caractère plus ou moins direct (*degree of directness*). Selon elles, la force illocutoire de requête est plus clairement visible dans les stratégies directes (comme dans l'emploi de l'impératif ou d'affirmations d'un désir) que dans les stratégies indirectes. Cette classification a été employée comme modèle dans de nombreuses études postérieures, mais elle a souvent été modifiée (voir p. ex. Van Mulken 1996, Pinto 2005, Félix-Brasdefer 2007, Schauer 2009) pour qu'elle puisse correspondre aux données recueillies. Pour notre part, nous utilisons également la classification de Blum-Kulka, House et Kasper comme base mais avec quelques modifications. Nous nous basons sur leur classification classique entre les stratégies directes, indirectes conventionnelles et indirectes non-conventionnelles bien que tous les chercheurs ne soient pas d'accord avec cette répartition des stratégies au sein de cette division[4]. De plus, Van Mulken (1996 : 692) critique l'idée d'un continuum allant des stratégies directes aux stratégies indirectes :

> « The authors of the Coding Manual claim that this scheme was guided by the level of indirectness of the requests. The criteria for indirectness, however, remain implicit or seem to emerge from the imposed hierarchy of the listed classes. This way the proceeding runs the risk of resulting in circular reasoning. »

La classification de Blum-Kulka, House et Kasper est néanmoins si répandue que nous garderons la répartition originale des stratégies afin de pouvoir faire des comparaisons avec les études antérieures.

---

[3] Nous utilisons le signe diacritique marquant l'approximation (~) pour indiquer l'échelle de niveau du CECRL parce qu'en réalité, nous ne connaissons pas le niveau exact de chaque participant. Les niveaux indiqués ici se fondent sur le programme du Centre de langues de l'Université de Helsinki ainsi que sur celui de la section de philologie française de l'Université de Helsinki. Il ne s'agit par ailleurs que d'estimations de niveaux : en réalité, il y a très certainement dans chaque groupe des participants qui se trouvent au-dessous ou au-dessus du niveau indiqué. Toutefois, malgré l'hétérogénéité naturelle au sein des groupes, les niveaux de compétence globaux des groupes se différencient suffisamment les uns des autres pour pouvoir établir une comparaison.

[4] Par exemple, Blum-Kulka, House et Kasper considèrent l'affirmation d'un désir et les locutions dérivables comme des stratégies directes, tandis que Kerbrat-Orecchioni (2001b : 10) les interprète comme des stratégies indirectes.

Les stratégies directes comprennent les sous-catégories suivantes : le mode impératif (qui contient l'emploi de l'impératif et des formes elliptiques)[5], le performatif explicite, le performatif avec un verbe semi-auxiliaire, la locution dérivable et l'affirmation d'un désir (voir également l'appendice 2). Voici quelques exemples d'emploi de stratégies directes pour chaque sous-catégorie (l'acte principal est souligné) :

Mode impératif :

(1) Passez-moi le sel, s'il vous plaît (inter22, 'Sel')

(2) Excusez-moi. J'habite dans ce même batiment, au-dessus. Je suis en train d'étudier pour un examen mais je suis pas capable de me concentrer à cause du bruit qui vient d'ici. Donc, s'il vous plaît, diminuez la volume de la musique, merci beaucoup! (av3, 'Musique')

(3) Bonjour, une baguette pas trop cuite s'il vous plaît. (nat22, 'Baguette')

Performatif explicite :

(4) Bonjour monsieur le professeur, à propos d'un essai qu'on doit écrire...uuhh...si possible je vous demanderait un peu plus de temps pour le rendre. C'est pour ca que je veux le bien faire et malheuresement mon emploi du temps n'a pas été idéal. (av5, 'Prolongement')

Performatif avec verbe semi-auxiliaire :

(5) Bonsoir! Je suis désolée mais je dois vous demander être un peu plus silent, j'ai un examen et je suis en train de liser pour cet examen. (déb6, 'Musique')

Locution dérivable :

(6) Monsieur Dupont ? J'aurais besoin d'un délai pour rendre la rédaction parce que j'ai des choses très importantes déjà prévues. Si ça ne vous dérange pas. (nat19, 'Prolongement')

(7) Excuse-moi, mais je besoin de plus temp pour finisse mon essait. (déb8, 'Prolongement')

Affirmation d'un désir :

(8) Salut. J'aimerais bien que vous pouviez baisser le volume. Je dois étudier. Merci beaucoup! (inter15, 'Musique')

On trouve ainsi dans cette série d'énoncés l'emploi de l'impératif (exemples 1 et 2), d'expressions elliptiques (exemple 3), de verbes performatifs comme *prier* ou *demander* (avec ou sans verbe semi-auxiliaire, exemples 4 et 5), de différentes locutions dérivables comme les expressions *il faut que* et *avoir besoin de quelque chose* (exemples 6 et 7) et de verbes qui indiquent un désir (exemple 8). Comme le montrent les exemples, nous ne tenons pas compte des fautes d'orthographe ou de grammaire dans le choix de la stratégie : ainsi, malgré l'absence du verbe 'avoir' dans la requête en (7) produite par un débutant, il est clair que l'apprenant vise l'expression 'avoir besoin de quelque chose' et sa requête est donc considérée comme directe.

Les stratégies indirectes conventionnelles sont des requêtes sous forme de questions. L'avantage des requêtes indirectes conventionnelles est qu'elles sont interprétables à deux niveaux (littéralement ou comme des requêtes, ou bien les deux en même temps) : cela garantit l'efficacité et la sécurité interactionnelle, c'est-à-dire que cette stratégie n'est pas aussi risquée que d'autres (Blum-Kulka 1989). Selon la théorie des actes de langage (Austin 1962, Searle 1969), la différence entre les actes directs et indirects repose sur le fait que ces derniers sont des « acte[s] de langage[s] formulé[s] indirectement, sous le couvert d'un autre acte de langage » (Kerbrat-Orecchioni 2001a : 35), ce qui vaut pour les requêtes

[5] Blum-Kulka, House et Kasper (éds. 1989 : 279) incluent les formes elliptiques telles que « La carte, s'il vous plaît » dans le mode impératif. Nous admettons que cette interprétation n'est pas sans poser problème, car, comme le remarque Kerbrat-Orecchioni (2001b : 10), « faut-il supposer élidé un « Donnez-moi… », un « Je veux… » ou un « Je voudrais… » ? ». Dans cette étude, nous gardons pourtant le classement original de Blum-Kulka *et al.* en ce qui concerne cette sous-catégorie.

sous forme de questions. Par conséquent, nous considérons toutes les requêtes interrogatives comme indirectes[6]. Voici des exemples de stratégie indirecte conventionnelle pour les deux sous-stratégies (l'acte principal est souligné) :

Question directe :
(9) Oh, pardon. Est-ce que quelque-un a un mouchoir en papier? (déb11, 'Mouchoir')
(10) Excusez-moi, auriez-vous un mouchoir en papier, s'il vous plaît? (inter21, 'Mouchoir')
(11) Excusez-moi, madame, vous n'auriez pas par hasard un mouchoir en papier sur vous? J'ai eu un petit accident avec le café! (av1, 'Mouchoir')

Question sur une condition de réussite :
(12) Excusez-moi, monsieur Dupont. Je suis très désolé, mais j'ai eu beaucoup de choses de faire, donc je n'ai pas eu du temps de ecrir l'exercise. Est-ce que c'est possible de gagner une ou deux journées plus de ce faire? (déb3, 'Prolongement')
(13) Aurelie, j'aurais besoin de ton aide. J'ai écrit une dissertation, mais je dois l'encore faire controler. Est'ce que tu voudrais m'aider? (inter2, 'Dissertation')
(14) Excusez-moi monsieur mais j'ai pas encore fini mon essaie. Est-ce que je pourrais avoir un peu plus de temps? (av10, 'Prolongement')
(15) Salut Aurélie, je suis désolée de te demander ça, mais j'ai entendu dire que tu étais douée dans la rédaction de dissert, est-ce que ça te dérangerai de m'aider? (nat22, 'Dissertation')
(16) Hey Aurélie, tu as 5 minutes ? Aurais tu le temps de relire ma dissertation ? (nat15, 'Dissertation')

Nous faisons une distinction entre les questions directes (exemples 9 à 11), qui portent sur l'action ou la possession liée directement à l'objectif de la requête (du type « avez-vous X » ou « faites-vous X »), et les questions sur une condition de réussite (exemples 12 à 16) (voir également l'appendice 2). Ces dernières peuvent porter, entre autres, sur la possibilité (exemple 12), la volonté (exemple 13), la capacité (exemple 14) et la disponibilité (exemple 16) (cf. Warga 2005 : 151).

Les stratégies indirectes non-conventionnelles sont des requêtes sous forme d'allusions. Blum-Kulka, House et Kasper (éds. 1989 : 280–281) font une distinction entre les allusions faibles et fortes, mais comme la différence entre les unes et les autres n'est pas très claire et que la plupart des études antérieures utilisent une seule sous-catégorie pour les requêtes indirectes non-conventionnelles, nous nous contentons d'y inclure toutes les allusions. En voici des exemples :

Allusion :
(17) Excusez-moi. Je suis desolé mais je ne suis pas fini. (déb9, 'Prolongement')
(18) Excusez-moi. J'habite ici et j'ai un examen demain. C'est impossible étudier quand vous joyez cette musique! (déb12, 'Musique')
(19) Bonsoir. Je ne voudrais pas vous déranger, mais la musique que vous écoutez est trop fort pour moi, je n'arrive pas à travailler. (inter9, 'Musique')
(20) Ca vous dérange pas de faire du bruit comme ca? Je veux dormir! (av10, 'Musique')
(21) Hmm c'est bon! Ca serait peut être mieux avec un peu plus de sel mais sinon c'est très bien. (nat17, 'Sel')

Comme le montrent ces exemples, cette stratégie est surtout utilisée dans la situation 'Musique' : les requêtes indirectes non-conventionnelles décrivent le problème (le voisin écoute sa musique trop fort, le locuteur doit étudier) mais ne mentionnent pas l'acte désiré de la part du destinataire (couper/baisser le son). Dans ces exemples, l'acte principal n'est

[6] Notre choix ne correspond pas à la taxonomie originale de Blum-Kulka, House et Kasper (éds, 1989 : 281) dans laquelle certaines requêtes interrogatives, comme « Vous m'amenez ? » sont considérées comme des stratégies directes modifiées de façon interne.

pas souligné car il est très difficile de dire où il se trouve – c'est plutôt tout l'énoncé qui crée l'acte de requête. L'avantage de cette stratégie est qu'il est facultatif d'interpréter l'énoncé comme une requête. Cela veut dire que si le destinataire ne veut pas accomplir la requête, il lui est plus facile de la refuser. De plus, le locuteur peut nier avoir fait une requête. Comme le dit Weizman (1989 : 71), cette stratégie « leaves both the requester and the requestee the opportunity to legitimately opt out at some stage of the interaction. »

La différence entre les stratégies indirectes conventionnelles et non-conventionnelles est que les dernières restent ouvertes à l'interprétation du récepteur : par exemple, l'énoncé (21) peut être interprété comme une requête de sel ou comme l'expression d'une opinion. Les requêtes indirectes conventionnelles, quant à elles, sont automatiquement interprétées comme des requêtes : si le destinataire traite une requête du type « Peux-tu me passer le sel ? » comme une simple question et y répond par « oui » sans accomplir la requête, « il sera considéré comme un provocateur, ou comme quelqu'un qui ne maîtrise pas bien les règles de la langue française » (Kerbrat-Orecchioni 2001a : 39).

4.2 Modification interne

Si choisir une stratégie de requête appropriée est important, ce n'est pas le seul moyen à mettre en œuvre pour ajuster l'effet d'une requête : celle-ci peut en effet faire l'objet de diverses modifications internes qui permettent de diminuer sa portée menaçante. La modification interne de l'acte principal peut se réaliser dans l'emploi de moyens morphosyntaxiques et lexicaux. Nous présentons dans ce qui suit les modificateurs internes trouvés dans les données (voir également l'appendice 3). Dans les exemples ci-dessous, seul l'acte principal est présenté – le reste de la production a été omis pour des raisons d'économie d'espace.

Modification morphosyntaxique :

<u>Conditionnel</u>
(22) est-ce que tu *pourrais* donner la sal? (déb13, 'Sel')

<u>Temps verbal</u>
(23) je *voulais* te demander si tu veux bien m'aider le corriger? (inter19, 'Dissertation')

<u>Négation</u>
(24) est-ce que vous pouvez *pas*... S'il vous plaît. (inter7, 'Musique')

<u>Proposition conditionnelle</u>
(25) *j'aimerais savoir s*'il est possible de décaler la date limite pour rendre notre rédaction (nat23, 'Prolongement')

<u>Combinaison de deux ou plusieurs modificateurs morphosyntaxiques</u>
(26) tu *ne voudrais pas* jeter un coup d'oeil sur ma dissertation s'il te plait? (nat4, 'Dissertation')
(27) *je voudrais savoir s*'il *était* possible d'avoir un peu plus de temps pour rédiger l'essaie. (inter13, 'Prolongement')

Modification lexicale :

<u>Marqueur de politesse</u>
(28) tu peux me passer le sel *s'il te plaît* ? (av8, 'Sel')

<u>Minimisation</u>
(29) Est-ce que c'est possible d'avoir *un peu* plus de temps? (déb4, 'Prolongement')

(30) Est ce que je peux te demander un service *rapidement* ? (nat2, 'Dissertation')[7]

Adoucisseur
(31) Est-ce que tu pourrait m'aider avec un texte que j'ai écris, *peut-être*? (inter17, 'Dissertation')

Outil consultatif
(32) *est-ce que vous pensez* que ce serait possible? (inter7, 'Prolongement')

Combinaison de deux ou plusieurs modificateurs lexicaux
(33) Est-ce que vous pourriez baisser *un peu* la musique, *s'il vous plaît* (av2)
(34) *Est-ce que vous croyez* qu'il serait possible d'avoir *un peu* plus de temps? (av1)

L'optionalité est la propriété qui définit si un élément est considéré comme un modificateur ou non (cf. Blum-Kulka, House & Kasper [éds] 1989 : 281) : par exemple, la requête dans l'exemple (22) pourrait être formulée sans conditionnel, « est-ce que tu *peux* me donner le sel », et la requête de l'exemple (23) pourrait être formulée au présent, « je *veux* te demander si tu veux bien m'aider » (même si, dans ce cas, l'emploi du conditionnel serait plus naturel en français). Comme le montrent les exemples 26, 27, 33 et 34, plusieurs modificateurs peuvent être présents dans un seul acte principal.

Le plus grand changement par rapport à la classification de Blum-Kulka, House et Kasper (éds, 1989) est le fait que nous n'avons pas compté l'interrogation comme un modificateur morphosyntaxique. Cela s'explique par le fait que les questions sont déjà incluses dans les stratégies et nous ne considérons donc pas l'interrogation comme un modificateur mais comme faisant partie du choix de la stratégie (voir la section précédente). De plus, le subjonctif est exclu car il n'est pas optionnel en français – au moins selon les grammaires prescriptives. Ces modifications correspondent au classement de Van Mulken (1996 : 697).

5 Résultats globaux

Les critères d'analyse, c'est-à-dire les stratégies de requête ainsi que les modificateurs internes, ont été présentées dans la section précédente (et dans les appendices). Dans ce qui suit, nous introduirons les résultats de l'analyse. Comme le nombre d'informateurs par groupe varie, nous présentons ces résultats en pourcentages.

5.1 Stratégies de requête chez les apprenants finnophones de FLE

Comme nous l'avons expliqué plus haut, les stratégies de requête se divisent en stratégies directes, indirectes conventionnelles et indirectes non-conventionnelles. Nous avons analysé les 495 requêtes selon les critères exposés dans la section 4.1, ce qui donne les résultats suivants :

[7] « Rapidement » peut ici porter soit sur la requête, soit sur le service demandé. Dans une situation réelle, il est possible que le locuteur continue avec une requête proprement dite, et que l'énoncé comme celui de l'exemple (30) serve comme une pré-requête. Toutefois l'informateur n'a produit que l'énoncé « Est-ce que je peux te demander un service rapidement ? », et nous sommes donc obligée de l'interpréter comme un acte principal qui est minimisé par l'utilisation de l'adverbe « rapidement ».

Tableau 2. Distribution des stratégies de requête.

Stratégie de requête		**Débutants**	**Intermédiaires**	**Avancés**	**Natifs**
Directe	n	22	30	19	35
	%	**24,7**	**22,7**	**22,6**	**18,4**
Indirecte conventionnelle	n	62	96	63	154
	%	**69,7**	**72,7**	**75,0**	**81,1**
Indirecte non-conventionnelle	n	5	6	2	1
	%	**5,6**	**4,5**	**2,4**	**0,5**
Total	n	89	132	84	190
	%	**100,0**	**100,0**	**100,0**	**100,0**

Le tableau 2 regroupe les stratégies choisies par chaque groupe étudié. On observe que la stratégie indirecte conventionnelle est celle qui est la plus utilisée dans tous les groupes – cela n'est pas surprenant étant donné que cette stratégie est la plus répandue dans beaucoup de langues, même si son taux d'emploi varie entre les situations et les langues (p. ex. Blum-Kulka & House 1989, Ogiermann 2009). On remarque également que les locuteurs non-natifs utilisent moins la stratégie indirecte conventionnelle que les locuteurs natifs du français (entre 69,7 % et 75,0 % chez les non-natifs et 81,1 % chez les natifs). Il y a pourtant un développement graduel car les apprenants débutants emploient moins cette stratégie que les apprenants intermédiaires et avancés (69,7 % < 72,7 % < 75,0 %). Inversement, ce sont les débutants qui utilisent le plus la stratégie directe (24,7 %) et les natifs qui l'utilisent le moins (18,4 %). La stratégie indirecte non-conventionnelle est peu employée par l'ensemble des locuteurs, mais ce sont les apprenants débutants et intermédiaires qui l'utilisent le plus (5,6 % chez les débutants et 4,5 % chez les intermédiaires contre 0,5 % chez les natifs).

Ces résultats ressemblent à ceux obtenus dans des études antérieures (p. ex. Warga 2005, Félix-Brasdefer 2007) dans lesquelles les apprenants moins avancés utilisent plus de stratégies directes que les apprenants plus avancés, même si les différences entre les niveaux observées dans certaines études, comme celle de Félix-Brasdefer (2007), sont beaucoup plus importantes que celles constatées dans la présente étude.

5.2 Cas particulier : 'Baguette'

Avant de passer à la modification interne, nous présentons une situation de requête à part, celle relative à l'achat d'une baguette à la boulangerie. Cette situation de service paraît très simple et quotidienne : en effet, l'une des premières choses enseignées aux apprenants de langues étrangères est de faire des achats, et pour cause, on ne peut pas éviter ce type de situations en tant que touriste. On pourrait donc supposer que cette requête est familière à la plupart des participants et, de ce fait, assez facile à produire.

Dans la section 5.1, nous avons vu que les apprenants de français ont tendance à utiliser des stratégies plus directes que les locuteurs natifs et qu'il y a un développement graduel quant au choix de la stratégie. Les résultats présentés dans la section ont été regroupés sous les trois grandes catégories retenues jusqu'ici : stratégies directes, indirectes conventionnelles et indirectes non-conventionnelles. Pour obtenir une idée plus précise des requêtes dans cette situation particulière que nous nommons la 'Baguette', regardons la distribution des sous-catégories des stratégies de requête qui apparaissent, pour voir s'il y a des différences entre les groupes.

Tableau 3. Distribution des stratégies de requête dans la situation 'Baguette'[8].

Stratégie de requête			**Débutant**	**Intermédiaire**	**Avancé**	**Natif**
Stratégies directes	Mode impératif	n	1	6	10	25
		%	**6,7**	**27,3**	**71,4**	**80,6**
	Affirmation d'un désir	n	13	16	4	4
		%	**86,7**	**72,7**	**28,6**	**12,9**
	Locution dérivable	n	1	-	-	-
		%	**6,7**	-	-	-
Stratégies indirectes conventionnelles	Question sur une condition de réussite	n	-	-	-	2
		%	-	-	-	**6,5**
Total		n	15	22	14	31
		%	**100,0**	**100,0**	**100,0**	**100,0**

Le tableau 3 montre que tous les groupes privilégient la stratégie directe pour réaliser leur requête à la boulangerie. Néanmoins, ils se distinguent dans le choix des stratégies : les débutants et les intermédiaires préfèrent formuler la requête en utilisant l'affirmation d'un désir, ce qui donne « je voudrais (acheter) une baguette (s'il vous plaît) », tandis que les apprenants avancés et les locuteurs natifs ont une préférence affichée pour le mode impératif – et plus spécifiquement pour la forme elliptique (cf. Blum-Kulka, House & Kasper [éds.] 1989 : 279, Kerbrat-Orecchioni 2001b : 10), ce qui donne « une baguette s'il vous plaît ». On pourrait donc dire que les apprenants moins avancés préfèrent les formulations moins directes comparés aux apprenants avancés et aux locuteurs natifs (au moins si nous partons du principe de Blum-Kulka, House et Kasper [1989] selon lequel les différentes sous-catégories forment un continuum allant des stratégies directes aux indirectes). Cette idée est corroborée par les études portant sur l'analyse des situations de service authentiques, qui ont montré que dans les situations de service rapide, la majeure partie des requêtes consistent à nommer le produit désiré (p. ex. Sorjonen, Raevaara & Lappalainen 2009, Holttinen 2016). Cette stratégie courte et efficace peut être considérée comme une façon « polie » de réaliser une requête car elle constitue un gain de temps pour le vendeur et les autres clients (cf. Kerbrat-Orecchioni 2001b : 10), mais les apprenants de FLE n'ont apparemment pas compris qu'une formulation courte peut fonctionner comme

[8] Certaines sous-catégories et la catégorie *stratégie indirecte non-conventionnelle* ont été omises car il n'y avait pas de cas d'emploi dans ces catégories.

DOI: 10.1051/shsconf/20173800004

une requête appropriée. En effet, comme Faerch et Kasper (1989 : 245) l'observent, les requêtes en interlangue sont en général plus transparentes, complexes, explicites et longues que les requêtes natives parce que les locuteurs non-natifs veulent s'assurer que leur intention est comprise.

5.3 Modification interne des requêtes chez les apprenants finnophones de FLE

Les modificateurs internes peuvent être analysés dans tous les types de requêtes, mais pour pouvoir faire des comparaisons globales et obtenir des résultats valables, il faut comparer les modifications qui apparaissent dans une catégorie spécifique, et pour ce faire, il faut définir la stratégie de requête comme variable indépendante. Selon Faerch et Kasper (1989) et Hassall (2001), cela assure la validité de l'étude et c'est ce que nous avons aussi décidé de faire dans la présente étude. Étant donné que la question sur une condition de réussite (QCR), l'une des sous-catégories de la stratégie indirecte conventionnelle (cf. section 4.1), est la plus répandue dans les données (n=301, soit 61 % de toutes les requêtes), la solution la plus raisonnable est de comparer les modificateurs au sein de cette stratégie. Comme nous l'avons précisé dans la section 4.1, cette stratégie peut porter, parmi d'autres, sur la capacité, la volonté ou la disponibilité de l'interlocuteur (p. ex. « est-ce que tu peux/veux faire X », « est-ce que tu as le temps de faire X »). Dans ce qui suit, nous présenterons d'abord la distribution des modificateurs morphosyntaxiques (tableau 4) et ensuite celle des modificateurs lexicaux (tableau 5).

 DOI: 10.1051/shsconf/20173800004

Tableau 4. Distribution des modificateurs internes morphosyntaxiques dans les questions sur une condition de réussite (QCR).

Modificateur morphosyntaxique		**Débutants**	**Intermédiaires**	**Avancés**	**Natifs**
Conditionnel	n	9	43	42	76
	%	**18,8**	**55,8**	**80,8**	**61,3**
Temps verbal	n	3	3	1	2
	%	**6,3**	**3,9**	**1,9**	**1,6**
Négation	n	-	1	-	-
	%	-	**1,3**	-	-
Proposition conditionnelle	n	1	-	-	4
	%	**2,1**	-	-	**3,2**
Combinaison	n	1	4	-	7
	%	**2,1**	**5,2**	-	**5,6**
Pas de modification morphosyntaxique (*zero marking*)	n	34	26	9	35
	%	**70,8**	**33,8**	**17,3**	**28,2**
Total (questions sur une condition de réussite)	n	48	77	52	124
	%	**100,0**	**100,0**	**100,0**	**100,0**

Comme on peut l'observer dans le tableau 4, le conditionnel est le modificateur morphosyntaxique le plus utilisé dans tous les groupes étudiés. Il y a pourtant une grande différence entre les taux de son utilisation : les apprenants débutants l'utilisent seulement dans 18,8 % des QCRs, tandis que le taux correspondant pour les apprenants intermédiaires est de 55,8 % et pour les apprenants avancés de 80,8 %. Les natifs, quant à eux, modifient leurs QCRs dans 61,3 % des cas. Il y a donc une hausse dans l'emploi du conditionnel selon le niveau de compétence en langue, mais il est intéressant de noter que les apprenants avancés utilisent encore plus le conditionnel que les locuteurs natifs. Le faible taux d'emploi du conditionnel chez les débutants peut être dû au fait qu'ils n'ont pas encore appris suffisamment bien la morphologie verbale de ce mode nécessaire à l'atténuation de leurs requêtes. Nous ne commenterons pas les autres modificateurs puisque leur emploi reste marginal, mais si nous regardons les taux des QCRs qui n'ont pas été modifiées morphosyntaxiquement (= *zero marking*), nous remarquons que ce sont les débutants qui modifient le moins leurs requêtes et les avancés qui les modifient le plus – plus encore que les locuteurs natifs.

Tableau 5. Distribution des modificateurs internes lexicaux dans les questions sur une condition de réussite (QCR).

Modificateur lexical		**Débutants**	**Intermédiaires**	**Avancés**	**Natifs**
Marqueur de politesse	n	9	22	14	45
	%	**18,8**	**28,6**	**26,9**	**36,3**
Minimisation	n	8	21	15	16
	%	**16,7**	**27,3**	**28,8**	**12,9**
Adoucisseur	n	-	3	1	-
	%	-	**3,9**	**1,9**	-
Outil consultatif	n	-	1	-	-
	%	-	**1,3**	-	-
Combinaison	n	-	4	7	15
	%	-	**5,2**	**13,5**	**12,1**
Pas de modification lexicale (*zero marking*)	n	31	26	15	48
	%	**64,6**	**33,8**	**28,8**	**38,7**
Total (questions sur une condition de réussite)	n	48	77	52	124
	%	**100,0**	**100,0**	**100,0**	**100,0**

En ce qui concerne la modification interne lexicale, les éléments les plus utilisés dans tous les groupes sont le marqueur de politesse *s'il vous plaît* et la minimisation. Leur distribution varie néanmoins d'un groupe à l'autre : chez les locuteurs non-natifs, ces deux modificateurs sont globalement tout autant utilisés, tandis que chez les locuteurs natifs, on observe une nette préférence pour le marqueur de politesse (marqueur de politesse 36,3 % vs. minimisation 12,9 %). Ce sont les apprenants débutants qui emploient le moins ces deux éléments. En outre, ce sont les seuls modificateurs lexicaux qu'ils utilisent. Les taux d'emploi chez les apprenants intermédiaires et avancés sont très similaires, mais ces deux groupes utilisent moins le marqueur de politesse et davantage la minimisation comparativement aux locuteurs natifs. Si nous regardons le nombre de QCRs non-modifiées, on remarque que ceux qui modifient le moins leurs requêtes sont les débutants et ceux qui les modifient le plus sont les avancés. Ces derniers emploient même plus de modificateurs lexicaux que les locuteurs natifs : 28,8 % des QCRs produites par les apprenants avancés restent lexicalement non-modifiées, tandis que le taux correspondant pour les natifs est de 38,7 %.

Les études antérieures (p. ex. Faerch & Kasper 1989, Göy, Zeyrek & Otcu 2012) ont constaté un suremploi de marqueurs de politesse chez les locuteurs non-natifs. Selon Faerch et Kasper (1989 : 232–233), cette tendance peut être expliquée par la double fonction du marqueur de politesse : il exprime la force illocutoire et fonctionne comme un élément adoucissant à la fois. Dans la présente étude, le suremploi du marqueur de politesse n'a pourtant pas été attesté : les locuteurs non-natifs utilisent cet élément moins fréquemment que les locuteurs natifs. De plus, certaines études développementales (Félix-Brasdefer 2007 et Göy, Zeyrek & Otcu 2012) ont observé un suremploi plus important au niveau débutant qu'aux niveaux plus avancés, tandis que dans notre étude, on note un développement inverse.

Pour comprendre la modification interne dans sa totalité, regardons encore les deux types de modification ensemble.

Tableau 6. Distribution des modificateurs internes dans les questions sur une condition de réussite (QCR).

Type de modification		**Débutant**	**Intermédiaire**	**Avancé**	**Natif**
Modification morphosyntaxique	n	7	20	12	38
	%	**14,6**	**26,0**	**23,1**	**30,6**
Modification lexicale	n	10	20	6	25
	%	**20,8**	**26,0**	**11,5**	**20,2**
Modification morphosyntaxique + lexicale	n	7	31	31	51
	%	**14,6**	**40,3**	**59,6**	**41,1**
Pas de modification (*zero marking*)	n	24	6	3	10
	%	**50,0**	**7,8**	**5,8**	**8,1**
Total	n	48	77	52	124
	%	**100,0**	**100,0**	**100,0**	**100,0**

Le tableau 6 illustre la manière dont les QCRs sont modifiées en général : il nous montre que certains groupes ont une préférence pour les modificateurs morphosyntaxiques, et d'autres, pour les modificateurs lexicaux. En observant le tableau, on remarque que les apprenants débutants privilégient la modification lexicale, alors que les apprenants intermédiaires utilisent autant de modificateurs morphosyntaxiques que lexicaux. En ce qui concerne les apprenants avancés et les locuteurs natifs, c'est la modification morphosyntaxique qu'ils privilégient. Quant à la combinaison de la modification morphosyntaxique et lexicale, seulement 14,6 % des QCRs produites par les débutants sont modifiées des deux manières. Les intermédiaires et les natifs ont des pratiques comparables : les premiers emploient la combinaison de ces éléments dans 40,3 % des cas, tandis que les seconds, dans 41,1 % des cas. Ce sont cependant les apprenants avancés qui utilisent le plus souvent à la fois la modification morphosyntaxique et lexicale (59,6 % des cas). Si nous regardons les taux des requêtes non-modifiées, nous remarquons une grande différence entre le groupe débutant et les autres groupes : 50 % des QCRs produites par les débutants restent non-modifiées, alors que le taux correspondant pour les autres groupes varie entre 5,8 % (les avancés) et 8,1 % (les natifs). Cette analyse confirme donc les résultats observés respectivement pour la modification interne morphosyntaxique et pour la modification lexicale : les apprenants débutants modifient beaucoup moins leurs requêtes que les apprenants plus avancés et les apprenants avancés modifient plus encore leurs requêtes que les locuteurs natifs.

Ces résultats semblent indiquer que les modificateurs lexicaux sont acquis avant les modificateurs morphosyntaxiques et que la combinaison de plusieurs types de modificateurs n'apparaît qu'au niveau élevé de l'apprentissage. On ne peut pourtant pas séparer l'apprentissage des compétences pragmatiques de l'apprentissage de la syntaxe et du lexique : comme le fait remarquer Bardovi-Harlig (1999 : 677), « [a]lthough grammatical competence may not be a sufficient condition for pragmatic development, it may be a necessary condition. » Il est donc fort possible que les débutants ne modifient pas leurs requêtes parce qu'ils n'ont pas encore acquis les outils grammaticaux qui leur permettraient de le faire. Quant au suremploi des modificateurs chez les apprenants avancés, une explication possible peut être liée au fait qu'ils veulent se distinguer des apprenants débutants en montrant leurs connaissances linguistiques (Faerch & Kasper 1989 : 245).

7 Conclusion

L'objectif de la présente étude était d'examiner les formulations de requêtes par des apprenants finnophones de FLE en se focalisant sur le choix de la stratégie de requête et sur la modification interne de ces requêtes. L'étude ajoute ainsi, à la liste des études développementales sur l'acte de requête déjà réalisées, une nouvelle langue maternelle, le finnois. Nous nous sommes demandé en particulier quel type de développement on peut observer entre les niveaux dits « débutant » et « avancé » et quelles sont les différences les plus importantes entre les requêtes non-natives et natives. Les groupes étudiés consistaient en trois niveaux d'apprenants de FLE et un groupe de locuteurs natifs de français. Nous avons utilisé pour la collecte des données un *Discourse Completion Test* écrit qui incluait six situations de requête différentes. Ce questionnaire a produit au total 495 requêtes, qui ont été analysées sur la base des stratégies qu'elles contenaient. Les stratégies de requête se divisent en stratégies directes, indirectes conventionnelles et indirectes non-conventionnelles, avec leurs sous-catégories. Par ailleurs, des modifications peuvent apparaître au niveau interne. On distingue alors les modificateurs morphosyntaxiques des modificateurs lexicaux. Pour assurer la validité de l'étude, les deux types de modificateurs ont été analysés au sein d'une seule sous-stratégie spécifique, la question sur une condition de réussite.

Les résultats montrent que la stratégie la plus employée dans tous les groupes est la stratégie indirecte conventionnelle. Ce n'est pas surprenant car cette stratégie est couramment utilisée dans la majeure partie des langues et des situations étudiées (p. ex. Blum-Kulka & House 1989). Nous avons cependant pu observer que les apprenants utilisent en général plus de stratégies directes que les locuteurs natifs de français, ce qui correspond aux résultats obtenus dans d'autres études (p. ex. Warga 2005 sur l'apprentissage du français en L2, Félix-Brasdefer 2007 sur l'apprentissage de l'espagnol en L2). Même si les différences entre les groupes n'étaient pas très prononcées (comparées à celles observées dans l'étude de Félix-Brasdefer), nous avons pu constater un développement graduel vers un usage natif au fur et à mesure de la progression des apprenants dans leurs études universitaires de langue française.

Pour étudier le choix de la stratégie de requête plus en détail, nous avons analysé une situation de requête particulière : celle de l'achat d'une baguette à la boulangerie. Dans ce cas, nous avons tenu compte de toutes les sous-catégories des stratégies de requête pour voir s'il y avait des différences plus nuancées. Ainsi, un premier examen nous montre que tous les participants utilisent la stratégie directe pour réaliser leur requête, mais l'analyse

 DOI: 10.1051/shsconf/20173800004

des sous-stratégies révèle une différence importante entre l'usage des apprenants débutants et intermédiaires et celui des apprenants avancés et des locuteurs natifs : les apprenants moins avancés préfèrent en effet les formulations plus longues et moins directes du type « je voudrais (acheter) une baguette », alors qu'on note chez les apprenants avancés et les locuteurs natifs une nette préférence pour une stratégie courte et directe du type « une baguette s'il vous plaît ».

Qu'est-ce qui explique cette différence ? On peut trouver un premier élément de réponse dans le degré d'exposition des apprenants à la langue cible. Au moment de la collecte des données, les apprenants dits intermédiaires étaient des étudiants de première année en philologie française et les apprenants dits avancés des étudiants de master (5e année d'études ou plus). La plupart de ces derniers avaient eu l'occasion de passer un séjour prolongé en France, ce qui n'était pas le cas des étudiants de première année, parmi lesquels seule une petite partie était concernée (voir tableau 1, section 3). Il est donc possible que lors de leur séjour, les apprenants du groupe avancé aient acquis des compétences pragmatiques qui leur permettent un usage plus proche de celui des natifs. Une autre explication peut être à rattacher à l'influence des manuels : la plupart des étudiants de première année ont appris le français à l'école où le manuel est l'une des sources d'« input » les plus importantes. Selon Tanner (2012), les formulations de requête dans les manuels de finnois langue étrangère ne correspondent pas à l'usage authentique : dans les situations de service authentiques, les requêtes sous forme de syntagme nominal sont les plus courantes, tandis que dans les manuels, ce sont les requêtes affirmatives qui dominent. Si c'est le cas également dans les manuels de FLE, cela pourrait expliquer pourquoi les apprenants débutants et intermédiaires utilisent ces formulations plus que les natifs. Pour le moment, cependant, l'explication de la différence entre les requêtes des intermédiaires et des avancés reste de l'ordre de la spéculation, d'autres études doivent donc être menées à ce sujet.

En ce qui concerne la modification interne des requêtes, nous avons constaté une différence importante entre le groupe débutant et les autres groupes étudiés : les apprenants débutants utilisent considérablement moins de modificateurs morphosyntaxiques et lexicaux par rapport aux apprenants plus avancés et aux locuteurs natifs ; le taux d'emploi des modificateurs augmente toutefois avec le nombre d'années d'études. Les résultats montrent également que les apprenants avancés modifient davantage leurs requêtes que les locuteurs natifs. Ce résultat est surprenant étant donné que les études déjà effectuées sur ce phénomène (p. ex. Trosborg 1995 et Woodfield & Economidou-Kogetsidis 2010 qui ont étudié les apprenants d'anglais) montrent des tendances inverses : dans ces études, les apprenants avancés emploient en effet moins de modificateurs internes que les locuteurs natifs. Cette différence dans les résultats peut être expliquée par exemple par les écarts entre les langues cibles et sources des informateurs ou bien par le niveau de connaissances effectif des apprenants dits « avancés » d'après des critères hétérogènes. En général, une explication du suremploi des modificateurs internes chez les apprenants avancés pourrait être liée à la volonté qu'ils ont de mettre en avant leurs connaissances linguistiques et, ainsi, de se distinguer des apprenants débutants (Faerch & Kasper 1989 : 245).

Contrairement à certaines études antérieures sur l'apprentissage des requêtes (p. ex. Faerch & Kasper 1989 et Göy, Zeyrek & Otcu 2012 sur l'anglais L2 et Félix-Brasdefer 2007 sur l'espagnol L2), nous n'avons pas constaté de suremploi des marqueurs de politesse chez les apprenants finnophones de FLE. Nous nous demandons si l'influence de la langue maternelle peut expliquer ces différences de résultats, car il n'y a pas d'équivalent direct du marqueur de politesse *s'il vous plaît* en finnois ; la même valeur est exprimée de différentes manières (comme par exemple par l'emploi d'éléments lexicaux tels que *kiitos* 'merci', *ole/olkaa hyvä* 'je t'/vous en prie', du conditionnel, de l'emprunt pragmatique *pliis*, de l'enclitique *-han/-hän*) (Peterson 2008, Peterson & Vaattovaara 2014). On peut trouver un argument contre cette explication dans l'étude de Faerch et Kasper (1989) : le danois ne possède pas non plus d'équivalent direct pour *please/bitte*, mais dans leur étude, les locuteurs danois non-natifs de l'anglais et de l'allemand surutilisent tout de même ces marqueurs. L'explication des écarts de résultats observés reste donc encore à éclaircir.

Cette étude confirme ainsi partiellement ce que les analyses antérieures ont révélé sur le développement des stratégies de requête en interlangue, mais nous avons également trouvé quelques différences. Une des explications possibles de ces différences est l'influence de la L1 des apprenants, le finnois, dans lequel les modificateurs morpho-syntaxiques sont préférés aux modificateurs lexicaux (Yli-Vakkuri 2005). Comme les requêtes produites en finnois par des locuteurs natifs n'ont pas été examinées au sein de la présente étude, le corpus devrait être élargi à ce type de requêtes pour pouvoir mesurer l'effet du transfert.

Dans le cadre de la présente étude, nous n'avons pas pu examiner ce que les apprenants font de manière automatique et ce qu'ils font de manière productive. Par exemple, dans le cas de formules comme « est-ce que tu pourrais… » et « je voudrais… », il s'agit probablement de tournures que les apprenants ont acquises pour accomplir un certain objectif pragmatique, la requête. Ainsi, les apprenants débutants ne sont probablement pas capables d'interpréter ces formulations comme des stratégies particulières, mais s'en servent de manière automatique. Même aux niveaux plus développés de compétence, nous ne savons pas comment les apprenants interprètent les requêtes qu'ils ont produites et si les choix qu'ils font, par exemple entre le présent de l'indicatif et le conditionnel, sont conscients. Ces questions sont également liées à la manière dont les apprenants perçoivent la politesse en langue cible. Les futures études dans le domaine pourraient donc porter sur les jugements et les conceptions des apprenants de FLE, ce qui fournirait des informations importantes susceptibles d'être exploitées dans l'enseignement.

Références

Austin, J. L. (1962). *How to Do Things with Words*. Oxford: Oxford University Press.

Bardovi-Harlig, K. (1999). Exploring the Interlanguage of Interlanguage Pragmatics: A Research Agenda for Acquisitional Pragmatics. *Language Learning, 49 (4)*, 677-713.

Beebe, L. M. & Cummings, M. C. (1996). Natural speech act data versus written questionnaire data: How data collection method affects speech act performance. In Gass, S. M. & Neu, J., *Speech Acts Across Cultures*. Berlin/New York: Mouton de Gruyter. 65-86.

Blum-Kulka, S. (1989). Playing It Safe: The Role of Conventionality in Indirectness. In Blum-Kulka, S., House, J. & Kasper, G., *Cross-Cultural Pragmatics: Requests and Apologies*. Advances in discourse processes 31. Norwood: Ablex. 37-70.

Blum-Kulka, S. & House, J. (1989). Cross-Cultural and Situational Variation in Requesting Behavior. In Blum-Kulka, S., House, J. & Kasper, G., *Cross-Cultural Pragmatics: Requests and Apologies*. Advances in discourse processes 31. Norwood: Ablex. 123-154.

Blum-Kulka, S., House, J. & Kasper, G. (1989). Investigating Cross-Cultural Pragmatics: An Introductory Overview. In Blum-Kulka, S., House, J. & Kasper, G., *Cross-Cultural Pragmatics: Requests and Apologies*. Advances in discourse processes 31. Norwood: Ablex. 1-34.

Blum-Kulka, S., House, J. & Kasper, G. (éds) (1989). *Cross-Cultural Pragmatics: Requests and Apologies*. Advances in discourse processes 31. Norwood: Ablex.

Brown, P. & Levinson, S. (1987). *Politeness: Some Universals in Language Usage*. Cambridge: Cambridge University Press.

Drew, P. & Couper-Kuhlen, E. (2014). Requesting – from speech act to recruitment. In Drew, P. & Couper-Kuhlen, E., *Requesting in Social Interaction*. Studies in Social Interaction 26. Amsterdam: John Benjamins. 1-34.

Drew, P. & Couper-Kuhlen, E. (éds) (2014). *Requesting in Social Interaction*. Studies in Social Interaction 26. Amsterdam: John Benjamins.

Economidou-Kogetsidis, M. (2012). Modifying oral requests in a foreign language: The case of Greek Cypriot learners of English. In Economidou-Kogetsidis, M. & Woodfield, H., *Interlanguage Request Modification*. Pragmatics & Beyond 217. Amsterdam/Philadelphia: John Benjamins. 163-202.

Economidou-Kogetsidis, Maria & Woodfield, Helen (éds) (2012). *Interlanguage Request Modification*. Pragmatics & Beyond 217. Amsterdam/Philadelphia: John Benjamins.

Faerch, C. & Kasper, G. (1989). Internal and External Modification in Interlanguage Request Realization. In Blum-Kulka, S., House, J. & Kasper, G., *Cross-Cultural Pragmatics: Requests and Apologies*. Advances in discourse processes 31. Norwood: Ablex. 221-247.

Félix-Brasdefer, J. C. (2007). Pragmatic development in the Spanish as a FL classroom: A cross-sectional study of learner requests. *Intercultural Pragmatics, 4 (2)*, 253-286.

Fukushima, S. (2000). *Requests and Culture. Politeness in British English and Japanese*. Bern: Peter Lang.

Göy, E., Zeyrek, D. & Otcu, B. (2012). Developmental patterns in internal modification of requests: A quantitative study on Turkish learners of English. In Economidou-Kogetsidis, M. & Woodfield, H., *Interlanguage Request Modification*. Pragmatics & Beyond 217. Amsterdam/Philadelphia: John Benjamins. 51-86.

Hassall, T. (2001). Modifying requests in a second language. *IRAL, 39 (4)*, 259-283.

Holttinen, T. (2016). Stratégies de requête dans un bureau de tabac et dans son équivalent finlandais R-kioski. *CMLF 2016 – actes du 5ème Congrès Mondial de Linguistique Française*. EDP Sciences (www.linguistiquefrancaise.org).

House, J. & Kasper, G. (1987). Interlanguage Pragmatics: Requesting in a Foreign Language. In Lörscher, W. & Schulze, R., *Perspectives on Language in Performance: Studies in Linguistics, Literary Criticism, and Language Teaching and Learning*. Tübinger Beiträge zur Linguistik 137. Tübingen, Germany: Narr. 1250-1288.

Kasper, G. & Rose, K. R. (2002). *Pragmatic Development in a Second Language*. Language Learning Monograph Series. Malden (MA): Blackwell.

Kerbrat-Orecchioni, C. (2001a). *Les actes de langage dans le discours*. Paris: Nathan.

Kerbrat-Orecchioni, C. (2001b). Je voudrais un p'tit bifteck. *Les Carnets du Cediscor, 7* [en ligne, consulté le 1 mai 2017]. http://cediscor.revues.org/307

Kerbrat-Orecchioni, C. (2005). Politeness in France: How to Buy Bread Politely. In Hickey, L. & Stewart, M., *Politeness in Europe*. Clevedon: Multilingual Matters. 29-44.

Ogiermann, E. (2009). Politeness and in-directness across cultures: A comparison of English, German, Polish and Russian requests. *Journal of Politeness Research, 5*, 189-216.

Peterson, E. (2008). Pressure to please: the case of English and politeness in Finland. In Vergaro, C., *Dynamics of language contact in the twenty first century, 2 (1)*. Perugia, Italy: Guerra Edizioni. 161-177.

Peterson, E. (2010). Perspective and politeness in Finnish requests. *Pragmatics, 20 (3)*, 401-423.

Peterson, E. & Vaattovaara, J. (2014). *Kiitos* and *pliis*: The relationship of native and borrowed politeness markers in Finnish. *Journal of Politeness Research, 10 (2)*, 247-269.

Pinto, D. (2005). The acquisition of requests by second language learners of Spanish. *Spanish in Context, 2 (1)*, 1-27.

Schauer, G. A. (2009). *Interlanguage Pragmatic Development: The Study Abroad Context*. London: Continuum.

Searle, J. R. (1969). *Speech Acts: An Essay in the Philosophy of Language.* Cambridge: Cambridge University Press.

Sorjonen, M.-L., Raevaara, L. & Lappalainen, H. (2009). Mä otan tän. Käynnin syyn esittämisen tavat kioskilla. In Lappalainen, H. & Raevaara, L., *Kieli kioskilla: tutkimuksia kioskiaisioinnin rutiineista*. Kotimaisten kielten tutkimuskeskuksen julkaisuja. Helsinki: Suomalaisen Kirjallisuuden Seura. 90-119.

Tanner, J. (2012). *Rakenne, tilanne ja kohteliaisuus: pyynnöt S2-oppikirjoissa ja autenttisissa keskusteluissa*. Helsinki: Helsingin yliopisto.

Thomas, J. (1983). Cross-Cultural Pragmatic Failure. *Applied Linguistics, 4 (2)*, 91-112.

Trosborg, A. (1995). *Interlanguage Pragmatics: Requests, Complaints and Apologies*. Studies in Anthropological Linguistics 7. Berlin/New York: Mouton de Gruyter.

Van Mulken, M. (1996). Politeness Markers in French and Dutch Requests. *Language Sciences, 18 (3-4)*, 689-702.

Warga, M. (2005). 'Est-ce que tu pourrais m'aider?' vs. 'Je voudrais te demander si tu pourrais m'aider.' Les requêtes en français natif et en interlangue. *Vox Romanica: Annales Helvetici Explorandis Linguis Romanicis Destinati, 64*, 141-159.

Warga, M. (2007). Interlanguage pragmatics in L2 French. In Ayoun, D., *French Applied Linguistics*. Amsterdam: John Benjamins. 171-207.

Watts, R. J. (2003). *Politeness*. Cambridge: Cambridge University Press.

Weizman, E. (1989). Requestive Hints. In Blum-Kulka, S., House, J. & Kasper, G., *Cross-Cultural Pragmatics: Requests and Apologies*. Advances in discourse processes 31. Norwood: Ablex. 71-95.

Woodfield, H. (2008). Interlanguage requests: A contrastive study. In Pütz, M. & Neff-van Aertselaer, J., *Developing Contrastive Pragmatics: Interlanguage and Cross-Cultural Perspectives*. Berlin: Mouton de Gruyter. 231-264.

Woodfield, H. (2012). 'I think maybe I want to lend the notes from you': Development of request modification in graduate learners. In Economidou-Kogetsidis, M. & Woodfield, H., *Interlanguage Request Modification*. Pragmatics & Beyond 217. Amsterdam/Philadelphia: John Benjamins. 9-49.

Woodfield, H. & Economidou-Kogetsidis, M. (2010). 'I just need more time': A study of native and non-native students' requests to faculty for an extension. *Multilingua, 29 (1)*, 77-118.

Yates, L. (2010). Pragmatic challenges for second language learners. In Trosborg, A., *Pragmatics across Languages and Cultures*. Berlin/New York: De Gruyter Mouton. 287-308.

Yli-Vakkuri, V. (2005). Politeness in Finland: evasion at all costs. In Hickey, L. & Stewart, M., *Politeness in Europe*. Clevedon: Multilingual Matters. 189-202.

Appendice 1 : Situations de requête (DCT)

1. 'Baguette' – Vous entrez dans une boulangerie pour acheter une baguette. Vous dites :

2. 'Prolongement' – Vous devez faire une rédaction pour le cours du professeur Frédéric Dupont, mais vous auriez besoin de prolonger la date limite. Vous ne le connaissez pas bien puisque vous suivez son cours depuis peu de temps. Vous dites :

3. 'Sel' – Vous dînez chez les parents de votre ami(e), que vous connaissez bien. Votre plat manque de sel. Le pot à sel se trouve à côté de Marie, la mère de votre ami(e). Vous dites :

4. 'Dissertation' – Vous avez écrit une dissertation dont la langue devrait être révisée. Aurélie, une étudiante sympathique qui suit le même cours avec vous est connue pour ses dissertations bien rédigées. Vous la connaissez un peu, puisque vous avez échangé quelques mots lors de soirées pour étudiants. Un jour, vous vous retrouvez en salle de cours à côté d'Aurélie et vous avez l'idée de profiter de la situation. Vous dites :

5. 'Musique' – Un soir, vous êtes en train de vous préparer pour un examen difficile, mais vous ne pouvez pas vous concentrer parce que les habitants de l'appartement au-dessus du vôtre font du bruit. Vous allez frapper à leur porte et vous dites :

6. 'Mouchoir' – Vous avez acheté un café à emporter et vous le buvez dans le métro. Tout à coup, le métro s'arrête et vous faites tomber le gobelet en carton. Heureusement, le café ne salit pas les vêtements de la dame assise à côté de vous, mais vous auriez besoin d'un mouchoir en papier pour vous nettoyer. Vous lui dites :

DOI: 10.1051/shsconf/20173800004

Appendice 2 : Stratégies de requête

Les dénominations françaises des sous-catégories viennent de l'étude de Warga (2005), sauf pour la question directe qui est une sous-catégorie ajoutée par nous-même. Les titres anglais viennent de Blum-Kulka, House et Kasper (éds. 1989).

Stratégies directes	Mode impératif (*Mood derivable*)	« *Passe-moi* le sel s'il te plaît » (inter22) ; « Une baguette s'il vous plaît » (plusieurs exemples, tous les niveaux) ; « Le sal, s'il vous plaît ! » (inter2)
	Performatif explicite (*Explicit performatif*)	« *je vous prie* de baisser le volume un petit peu, si possible » (av5)
	Performatif avec verbe semi-auxiliaire (*Hedged performatif*)	« *Je voudrais te demander* le faire si tu as le temps. » (déb6)
	Locution dérivable (*Locution derivable*)	« *il faut que* quelqu'un corrige mon texte » (inter8) ; « *j'aurais besoin* de quelqu'un à lire et éventuellement à corriger mes fautes » (av3)
	Affirmation d'un désir (*Want statement*)	« *je voudrais* une baguette, s'il vous plaît » (plusieurs exemples, niveaux intermédiaire et avancé)
Stratégies indirectes conventionnelles	Question directe	« auriez-vous un mouchoir en papier, s'il vous plaît? » (inter21)
	Question sur une condition de réussite (*Preparatory*)	« *serait-il possible* d'avoir un peu plus de temps pour le devoir ? » (av4) ; « *Aurais-tu* peut-être *du temps* pour le faire? » (inter5) ; « *Vous pouvez* donner le sal, s'il vous plaît? » (déb14)
Stratégies indirectes non-conventionnelles	Allusion *(Hint)*	« Ca vous dérange pas de faire du bruit comme ca? Je veux dormir! » (av10) ; « Hmm c'est bon! Ca serait peut être mieux avec un peu plus de sel mais sinon c'est très bien. » (nat17)

 DOI: 10.1051/shsconf/20173800004

Appendice 3 : Stratégies de requête

Les titres français des sous-catégories ont été traduits par nous-même car il n'existe pas, à notre connaissance, de termes établis en français. Les titres anglais viennent de Blum-Kulka, House et Kasper (éds. 1989).

Modification morphosyntaxique	Conditionnel (*Conditional*)	« *pourriez* vous me passer le sel, s'il-vous-plaît? » (av3)
	Temps verbal (*Tense*)	« je *voulais* te demander si tu veux bien m'aider le corriger? » (inter19)
	Négation (*Negation*)	« est-ce que vous pouvez *pas*... S'il vous plaît. » (inter7)
	Proposition conditionnelle (*Conditional clause*)	« *j'aimerais savoir* s'il est possible de décaler la date limite pour rendre notre rédaction » (nat23)
	Combinaison	« tu *ne voudrais pas* jeter un coup d'oeil sur ma dissertation s'il te plait? » (nat4) ; « *je voudrais savoir* s'il *était* possible d'avoir un peu plus de temps pour rédiger l'essaie. » (inter13)
Modification lexicale	Marqueur de politesse (*Politeness marker*)	« tu peux me passer le sel *s'il te plaît* ? » (av8)
	Minimisation (*Understater*)	« Est-ce que c'est possible d'avoir *un peu* plus de temps? » (déb4) ; « Est ce que je peux te demander un service *rapidement* ? » (nat2)
	Adoucisseur (*Downtoner*)	« Est-ce que tu pourrait m'aider avec un texte que j'ai écris, *peut-être*? » (inter17)
	Outil consultatif (*Consultative device*)	« *est-ce que vous pensez* que ce serait possible? » (inter7)
	Combinaison	« Est-ce que vous pourriez baisser *un peu* la musique, *s'il vous plaît* » (av2) ; « *Est-ce que vous croyez* qu'il serait possible d'avoir *un peu* plus de temps? » (av1)

 DOI: 10.1051/shsconf/20173800005

L'impact de l'apprentissage d'une langue seconde sur les capacités pragmatiques : le cas des implicatures scalaires[1]

Ludivine Dupuy[2], *Penka* Stateva[1], *Sara* Andreetta[1], *Anne* Cheylus[1], *Jean-Baptiste* van der Henst[2], *Jacques* Jayez[2], *Arthur* Stepanov[2], *Anne* Reboul[2]

[1] Center for Cognitive Science of Language, University of Nova Gorica, Slovenia
[2] CNRS - L2C2, France

Abstract. There is a vast amount of studies on some forms of implicit communication such as scalar implicatures by monolingual speakers, but few studies have been carried out on the pragmatic capacities of second language learners. The only available data have been collected in Slabakova (2010). This study has shown that L2 learners are more pragmatic than L1 speakers by interpreting a scalar term in their L2. However the replicability of the results has been called into question because of methodological issues and conclusions ignoring empirical data on cognitive processing of scalar implicatures. We therefore used the same experimental material as Slabakova (2010) but improved the methodology and asked two groups of L2 French learners to make a sentence verification task. After a short context, they had to judge an underinformative sentence based on the scalar terms *<quelques, tous>*, (*<some, all>*). The L2 learners have been tested in their two languages and compared to a sample of French monolinguals. The results of Slabakova (2010) have been replicated since the L2 learners make more inferences in French as monolinguals do. Our results also show that the L2 learners more often derive implicatures in their L1 than monolinguals in the same L1. This suggests that learning a second language has an impact on the way to communicate not only in the L2 but also in the L1.

Résumé. Si certaines formes de communication implicite comme les implicatures scalaires ont été l'objet d'un nombre considérable d'études chez les monolingues, peu d'études ont été menées sur les capacités pragmatiques des apprenants de langue seconde (L2). Les seules données disponibles proviennent de l'étude de Slabakova (2010) qui a montré qu'ils sont plus pragmatiques lorsqu'ils interprètent un terme scalaire dans leur L2 que des monolingues. Cependant, des problèmes méthodologiques couplés à des conclusions qui ignorent les données empiriques sur le traitement cognitif des implicatures scalaires remettent en question la réplicabilité des résultats. Nous avons utilisé le même paradigme expérimental que Slabakova (2010) mais en le rendant méthodologiquement plus satisfaisant

[1] Etude financée dans le cadre du projet européen AThEME (7° programme cadre de l'UE, agrément n° 613465).

et nous avons demandé à deux groupes d'apprenants L2 de langue maternelle française d'accomplir une tâche de vérification de phrase. Après un court contexte ils devaient juger une phrase sous-informative basée sur l'échelle scalaire <*quelques, tous*>. Les apprenants de L2 ont été testés dans leurs deux langues et comparés à une population de monolingues français. Les résultats de Slabakova (2010) ont été répliqués puisque nos apprenants de L2 font plus l'inférence dans leur L2 que les monolingues. Nos résultats montrent également que les apprenants de L2 font plus d'implicatures dans leur L1 que des monolingues de même L1. Il semblerait donc que le fait d'apprendre une langue étrangère ait un impact sur notre manière de communiquer, non seulement en L2 mais également en L1.

Dans la communication linguistique, ce qui est communiqué implicitement est aussi important que ce qui est communiqué explicitement. La maîtrise des aspects formels du langage - tels que le vocabulaire ou la syntaxe - ne fournit donc qu'une vision partielle des capacités langagières d'un individu. Si l'on s'intéresse aux apprenants L2 il est donc crucial de s'intéresser à leurs capacités pragmatiques. Pourtant, relativement peu d'études ont été menées sur les capacités pragmatiques des apprenants de L2. La présente étude entend combler ce manque et est centrée sur les implicatures scalaires (IS).

Les IS sont des implicatures conversationnelles. Grice (1989) parle d'implicatures conversationnelles pour faire référence à des inférences qui découlent de l'interaction entre le sens littéral de la phrase et les hypothèses que le destinataire de la phrase fait à propos de l'état mental du locuteur qui la prononce. Prenons la phrase

(1) Je vais voir un spectacle ou un opéra.

Pour Grice (1989), la conjonction de coordination *ou* a forcément un sens exclusif puisque le destinataire va faire le raisonnement suivant : le locuteur me dit quelque chose qu'il croit être vrai (Maxime de Qualité) et il m'a donné l'information la plus pertinente possible (Maxime de Quantité). S'il pensait qu'il allait voir un spectacle et un opéra alors il aurait utilisé le terme *et*. Par conséquent le locuteur ne croit pas qu'il va aller voir à la fois un spectacle et un opéra. Cette analyse repose sur deux idées : (1) que la phrase « Je vais voir un spectacle et un opéra » est plus informative que la phrase « Je vais voir un spectacle ou un opéra » et (2) que la phrase prononcée doit être comparée non pas à toutes les phrases pertinentes possibles, mais seulement à ce que l'on appelle des « compétiteurs naturels ». Afin de trouver les compétiteurs naturels d'une phrase, les néo-gricéens (en particulier Horn 1972, 1984) ont introduit la notion d'échelle. Une échelle est un ensemble de termes qui sont ordonnés en fonction de leur « force logique » par exemple <et,ou>, <tous, quelques>. Ainsi, en substituant un terme scalaire à un terme de la même échelle on obtient les compétiteurs naturels (ou alternatives scalaires) d'une phrase. Les IS sont donc des implicatures conversationnelles qui sont déclenchées par un terme scalaire.

Les IS ont également la particularité d'être à l'interface sémantique-pragmatique. La phrase (2a) par exemple peut donner lieu à l'interprétation (2b) ou (2c).

(2) a. Floriane a mangé quelques bonbons

b. Floriane a mangé quelques bonbons et peut être tous (interprétation sémantique)

c. Floriane a mangé quelques bonbons, mais pas tous (interprétation pragmatique)

C'est d'ailleurs parce qu'elles sont à l'interface sémantique-pragmatique qu'elles ont été l'objet d'étude privilégié des recherches expérimentales sur les capacités pragmatiques des individus. Les études qui ont été réalisées ont cherché à savoir si l'interprétation pragmatique est une interprétation « par défaut » comme l'affirment les néo-gricéens (e.g., Horn 2004, Levinson 2000) ou si, comme le pensent les post-gricéens (e.g., Sperber & Wilson 1995,

Noveck & Sperber 2007), l'inférence ne se fait au contraire que lorsque le contexte l'impose car elle est plus coûteuse que l'interprétation sémantique.

1 Implicatures scalaires et études expérimentales sur les capacités pragmatiques

1.1 Chez les populations monolingues

La plupart des études ont utilisé le même paradigme expérimental. Le plus souvent, on présente aux participants des phrases cibles sous-informatives (c'est à dire des phrases comportant un terme scalaire faible alors que le terme fort de l'échelle aurait été plus approprié) puis on demande aux participants s'ils sont d'accord ou non avec la phrase cible par rapport soit à leurs connaissances encyclopédiques soit à un contexte. Même si les deux réponses sont correctes, les participants vont favoriser l'une ou l'autre des interprétations.

Deux types d'études ont été réalisées : des études développementales et des études sur des populations adultes. Les résultats des études développementales, plutôt robustes car répliqués de nombreuses fois, (e.g., Noveck 2001, Chierchia et al. 2001, Pouscoulous et al. 2007), montrent l'existence d'une trajectoire développementale pour les capacités pragmatiques. En effet, les enfants de 5 ans font moins d'inférences que les enfants de 7 ans, qui eux en font moins que ceux de 9 ans et les enfants de 9 ans ne font toujours pas autant d'inférences que les adultes. Ces résultats ont été interprétés comme preuve que l'interprétation pragmatique est plus coûteuse cognitivement que l'interprétation sémantique. Une hypothèse alternative est qu'établir le lien entre le terme faible et l'interprétation pragmatique demande plus de temps (Blutner 2007). Les études réalisées sur des populations adultes basées sur les temps de réaction semblent cependant confirmer qu'accéder à l'interprétation pragmatique est plus difficile cognitivement parlant que d'accéder à l'interprétation sémantique (Bott & Noveck 2004, Huang & Snedeker 2009, Bott et al. 2012).

Ainsi, les données sur les populations monolingues semblent montrer que l'interprétation pragmatique n'est pas une interprétation « par défaut » comme le pensait Levinson (2000), mais qu'elle est en réalité le résultat d'un processus cognitif coûteux. Cet important ensemble de données constitue un atout non négligeable pour notre étude puisque d'une part nous avons une idée assez précise de la manière dont les IS sont traitées par la population générale et que d'autre part les paradigmes expérimentaux ont été validés.

1.2 Chez les populations d'apprenants L2

Comme nous l'avons signalé précédemment relativement peu d'études ont été réalisées sur les capacités pragmatiques des apprenants L2. A notre connaissance, un seul article a été publié sur le sujet : celui de Slabakova (2010). Son point de départ est l'hypothèse que les différences en terme de capacités pragmatiques persistent même lorsque les apprenants ont une compétence presque native en L2. Pour tester cette hypothèse, elle a réalisé deux expériences portant sur les IS. Dans la première, les participants voyaient une phrase sous-informative par rapport à leurs connaissances encyclopédiques (e.g., quelques éléphants ont des trompes) tandis que dans la deuxième, une phrase cible sous-informative leur était présentée après un court contexte qui racontait une histoire à l'aide d'images et de phrases (matériel expérimental inspiré de l'étude de Feeney et al. 2004) voir Figure 1.

Ces expériences ont été réalisées sur quatre groupes de participants : deux groupes de participants monolingues testés dans leur L1 (des Américains testés en anglais, et des Coréens testés en coréen) et deux groupes de Coréens apprenants l'anglais (un avec un niveau de

 DOI: 10.1051/shsconf/20173800005

compétence intermédiaire et l'autre avec un niveau de compétence avancé) qui ont été testés exclusivement dans leur L2 (l'anglais).

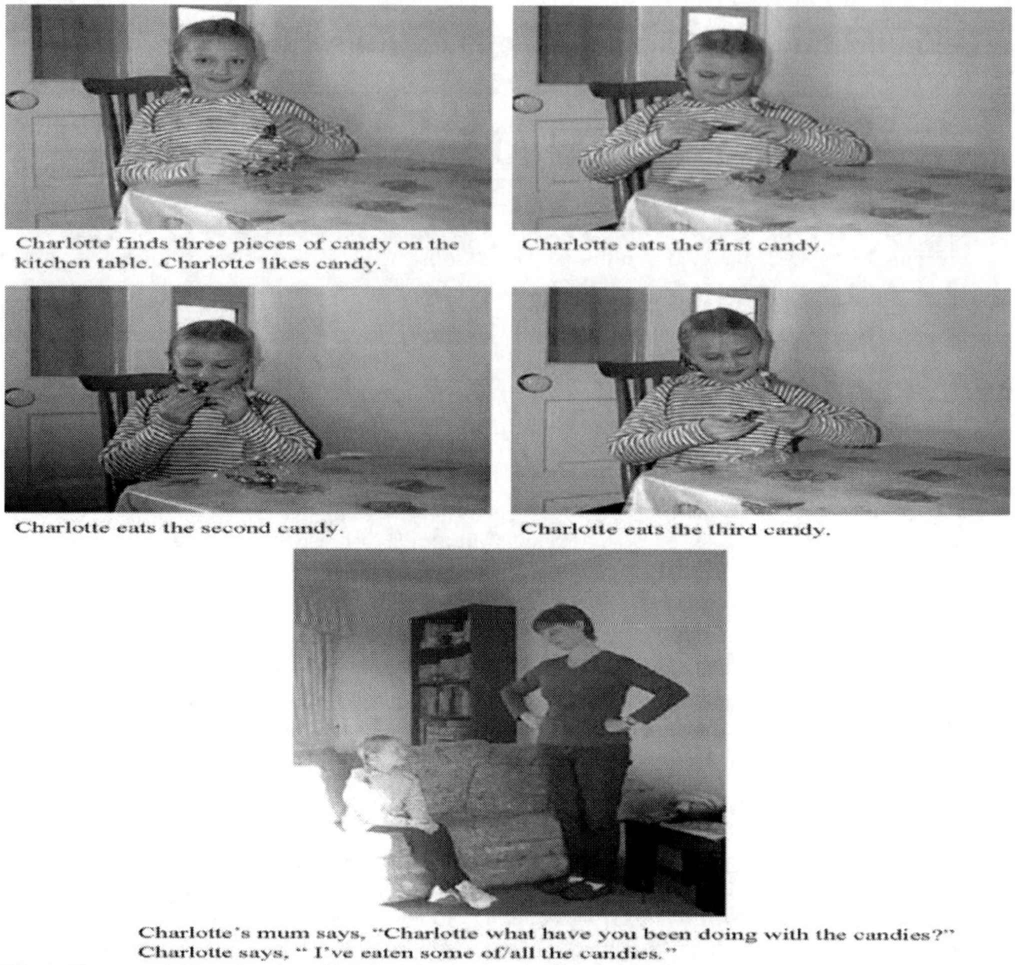

Fig.1. Un exemple de scénario utilisé dans l'Expérience 2 de Slabakova (2010).

Les données des deux expériences ont montré que les apprenants de L2 font plus d'interprétations pragmatiques que des monolingues, et ce, indépendamment de leur niveau de compétence en L2. Pour expliquer ces résultats, Slabakova (2010) a émis l'hypothèse selon laquelle les apprenants de L2 sont plus pragmatiques, car ils sont cognitivement handicapés par le fait d'être testés dans leur L2 et qu'ils vont donc vers la solution la plus simple. Cette conclusion est problématique, car elle ne prend pas en compte les données expérimentales chez les monolingues qui montrent que, contrairement à ce que Levinson (2000) pensait, l'interprétation pragmatique n'est pas l'interprétation « par défaut ». De plus, comme les apprenants de L2 n'ont pas été testés dans leur L1, il est difficile de tirer de telles conclusions.

On soulignera également quelques limites liées à la méthodologie utilisée par Slabakova (2010). En effet, sa première expérience fait appel aux connaissances encyclopédiques, un paradigme qui a été abandonné, car il y a trop de variabilité interpersonnelle et les scénarios de sa seconde expérience comportent un facteur confondant puisqu'il y a un aspect de tromperie (Charlotte pourrait par exemple répondre à sa mère qu'elle a mangé *quelques* bonbons et non pas *tous* pour ne pas se faire gronder).

Malgré des résultats intéressants et innovants sur les capacités pragmatiques des apprenants de L2, l'étude de Slabakova (2010) n'est donc pas vraiment convaincante. D'où la nécessité de nouvelles études sur le sujet.

2 Notre étude

L'objectif principal de ce travail de recherche était donc de vérifier la réplicabilité des résultats obtenus dans l'étude de Slabakova (2010) qui montre que l'apprentissage d'une L2 a un impact sur notre capacité à inférer des contenus communiqués de manière implicite.

Pour cela nous avons basé notre protocole expérimental sur celui de la deuxième expérience de Slabakova (2010) que nous avons légèrement modifié pour parer aux problèmes que nous avions relevés dans sa méthodologie. Premièrement, le contexte utilisé par Slabakova (2010) faisait référence à un ensemble de trois objets. Or, lorsqu'on emploi le quantificateur *quelques*, un ensemble de trois objets semble problématique puisque l'emploi de *quelques* peut être approprié pour un seul objet (ce qui peut entrer en conflit avec l'article indéfini ou avec le numéral cardinal *un* et donc entraîner le rejet de l'emploi du quantificateur) ou à deux objets (ce qui correspond à plus de la moitié de l'ensemble et pourrait être un usage incorrect de *quelques* dans les langues utilisées dans l'expérience, à part l'anglais, voir Stateva et al. en préparation). Nous avons donc décidé d'utiliser un ensemble de cinq objets. En ce qui concerne la phrase cible, nous avons enlevé la construction partitive *quelques-uns des,* car elle encode le fait que seule une partie de l'ensemble des objets est concernée (bien que la seconde expérience de Foppolo et al. 2012 semble montrer qu'il n'y a pas d'effet de la construction partitive). Enfin, nous avons éliminé l'aspect de tromperie dans nos scénarios.

2.1 Procédure

Pour notre expérience nous avons créé 4 conditions. Trois de ces conditions étaient des conditions contrôle : une dans laquelle le terme scalaire faible *quelques* était employé dans la phrase cible de manière appropriée, et deux dans lesquelles le terme scalaire fort *tous* était employé (de manière appropriée dans une des conditions et de manière inappropriée dans l'autre). Pour chacune des conditions contrôle, nous avions quatre histoires. La condition-test, quant à elle, était composée de huit histoires et la phrase cible comportait le terme scalaire faible *quelques* alors que le terme fort de l'échelle *tous* aurait été plus informatif. Les items expérimentaux étaient composés de sept paires images-phrases suivies d'une question comme montré ci-après :

Fig.2. Un exemple de scénario pour la condition-test.

Nous voulions tester les populations d'apprenants et les monolingues contrôles en utilisant le même protocole expérimental et surtout nous voulions, contrairement à Slabakova (2010), tester les apprenants dans leurs deux langues. Pour cela, nous avons présenté la totalité du matériel expérimental (vingt items) aux monolingues dans leur L1 et divisé le matériel expérimental en deux pour que les apprenants puissent voir la moitié des items dans leur L1 et l'autre moitié dans leur L2 en prenant soin de randomiser les items dans chaque bloc linguistique, ainsi que l'ordre des langues.

Étant donné que les apprenants de L2 sont généralement plus à l'aise à l'écrit, nous avons décidé de présenter l'expérience sur ordinateur. Les participants n'avaient pas de contrainte de temps (l'expérience durait en moyenne dix minutes) et pouvaient revenir en arrière.

2.2 Participants

Quatre-vingt-dix étudiants, tous locuteurs natifs du français et tous âgés de 19 à 26 ans (âge moyen 21,9) ont été recrutés pour cette étude et divisés en trois groupes : un groupe de Français monolingues (N=30, M=23; SD=2,0), un groupe de Français apprenant l'anglais (N=30, M=21,2; SD=0,59) et un groupe de Français apprenant l'espagnol (N=30, M=21,4; SD=1,3). Les monolingues Français ont été recrutés à Lyon et Bordeaux selon plusieurs critères relatifs à (1) leur capacité à comprendre et parler une langue étrangère (2) leur environnement langagier et (3) leur exposition à l'enseignement formel des langues secondes. Ceux qui ont été retenus pour l'étude avaient un mauvais niveau de compétence en langue étrangère et n'avaient pas été exposés à une langue étrangère au cours des six derniers mois que ce soit par le biais de cours de langues ou d'exposition naturelle. Les participants étaient majoritairement des étudiants en médecine.

Les apprenants L2 ont été recrutés dans une Grande École de Management située à Strasbourg (EM Strasbourg) dans laquelle l'apprentissage des langues est une composante clé de la formation. Les soixante participants qui ont passé l'expérience avaient un niveau B2 dans leur L2 (anglais ou espagnol), ce qui correspond au quatrième niveau sur l'échelle d'évaluation de la maîtrise d'une langue définie par le Cadre européen commun de référence pour les langues (CECRL). Cela signifie qu'ils étaient capables de communiquer avec aisance et spontanéité et de comprendre des contenus implicites et des notions abstraites dans leur L2. En outre, en tant qu'étudiants du programme « Grandes Écoles », ils avaient été recrutés par le biais d'un concours qui sanctionne le niveau de langue.

3 Résultats et discussion

3.1 Traitement des données et critères d'exclusion

Pour vérifier que l'expérience avait été réalisée correctement par les participants, nous avons calculé le nombre moyen de réponses correctes aux items contrôles par participant. Le taux de réussite était élevé et a montré peu de variation inter-groupes (voir Table 1). Néanmoins, quatre participants ont été retirés de l'analyse, car ils avaient fait trop d'erreurs dans les conditions contrôles (taux d'erreur ≥ 25%).

Tableau 1. Taux de bonne réponse par groupe de participant aux diverses conditions contrôles.

Groupes	Language	Tous Approprié	Tous Inapproprié	Quelques Approprié
L2 Anglais	Anglais	96,7 (18,1)	93,3 (25,2)	88,3 (32,4)
L2 Anglais	Français	91,7 (27,9)	96,7 (18,1)	95 (22)
L2 Espagnol	Français	98,3 (12,9)	93,3 (25,2)	93,3 (25,2)
L2 Espagnol	Espagnol	98,3 (12,9)	100 (0)	83,3 (37,6)
Monolingues	Français	100 (0)	90,8 (20)	98,3 (12,9)

3.2 Analyse des réponses

Quand les phrases sous-informatives étaient interprétées pragmatiquement, les participants répondaient « non » à la question « Est-ce que Pipo a raison ? ». La Figure 3 présente le pourcentage de réponses pragmatiques pour les trois groupes de participants.

DOI: 10.1051/shsconf/20173800005

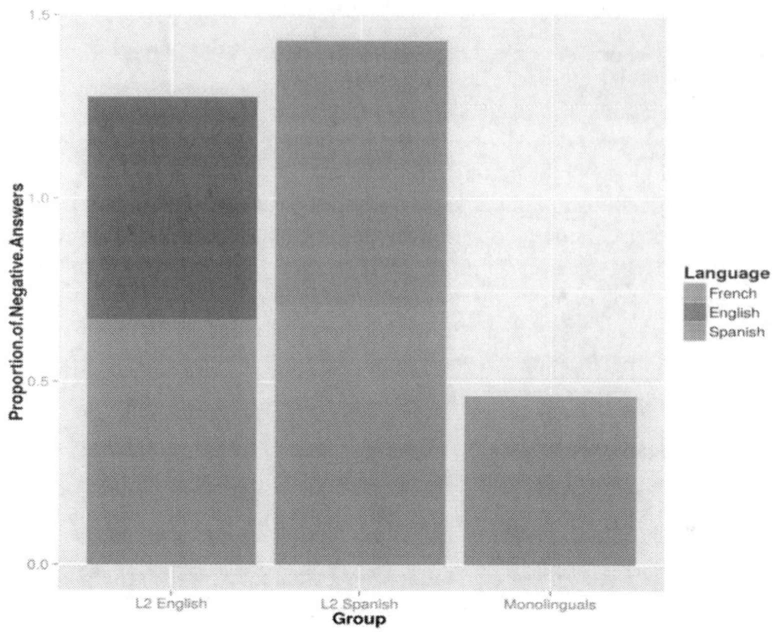

Fig.3. Proportion de réponses pragmatiques pour les trois groupes de participants.

L'analyse des résultats a révélé un taux faible de réponses pragmatiques pour les monolingues français (M=0,46), ce qui est en accord avec les résultats des recherches précédentes (voir Slabakova 2010). Nous avons analysé nos résultats à l'aide du logiciel R en utilisant un modèle mixte de régression logistique, une technique statistique appropriée pour les réponses binomiales qualitatives (réponses oui/non) (voir Hilbe 2009, pour une présentation détaillée). L'analyse a révélé une différence significative entre les Français monolingues et les Français apprenant une L2 ($p < .0001$ pour les deux groupes d'apprenants). Ces différences sont dues au fait que les apprenants de L2 font considérablement plus d'inférences en français que les monolingues. Les données montrent également que les apprenants donnent approximativement le même taux de réponses pragmatiques dans leurs deux langues ($p = .771$ pour le groupe d'apprenants espagnol en français versus espagnol et $p = .330$ pour le groupe d'apprenants de l'anglais en anglais versus français). Aucune différence n'a été observée entre les deux groupes d'apprenants que ce soit dans leur L2 (anglais contre espagnol, $p = .543$) ou dans leur L1 ($p = .814$).

Slabakova (2010) avait trouvé que les adultes coréens apprenant l'anglais faisaient plus d'inférences que des Anglais monolingues et des Coréens monolingues. Notre objectif était de vérifier la réplicabilité de ses résultats. Nous avons, à travers cette expérience, répliqué les résultats de Slabakova (2010) puisque dans notre étude les apprenants ont donné plus de réponses pragmatiques que les monolingues adultes. En plus de confirmer ses résultats, ces données nous amènent à penser que l'augmentation du taux de réponses pragmatiques lors de l'apprentissage d'une L2 est un phénomène solide à travers les langues puisque nous avons obtenu des résultats similaires avec des langues différentes.

4 Conclusion

Si nous avons répliqué les résultats de Slabakova (2010), nos résultats nous permettent en revanche de contredire sa conclusion. En effet, dans son article elle explique ses résultats en affirmant que les apprenants donnent une réponse pragmatique, car cette dernière est plus simple que l'interprétation sémantique et se place ainsi dans la vision Néo-Gricéenne (voir Levinson 2000). En plus de contredire les résultats expérimentaux obtenus sur les monolingues cette position est, comme nous l'avons précisé précédemment, difficilement défendable puisque ses apprenants de L2 n'ont pas été testés dans leur L1.

Si son interprétation des résultats était correcte, nous nous attendrions à ce que les apprenants fassent plus d'inférences dans leur L2 que dans leur L1. Or, nos résultats montrent le contraire. Nous n'avons pas trouvé de différence dans le taux de réponses pragmatiques des apprenants en L1 et en L2. Cela suggère que le fait d'apprendre une langue étrangère a un impact sur les capacités pragmatiques d'un individu dans cette L2, mais aussi dans sa L1. Comment expliquer ces résultats ?

On pourrait éventuellement être tenté de souligner que nos monolingues français ont donné un taux de réponses pragmatiques relativement bas (46%) ce qui pourrait expliquer la différence significative entre nos groupes d'apprenants et nos monolingues contrôles. Cependant, les résultats reportés dans les autres études sont sensiblement identiques aux nôtres : dans la première expérience de Slabakova (2010) par exemple le taux de réponses pragmatiques des monolingues anglais et coréen est de 44,6% et 38,8% respectivement. Il en est de même pour la première expérience de Pouscoulous et al. (2007) dans laquelle les natifs du français faisaient l'inférence 47% du temps. Cette explication ne tient donc pas. Cela signifie que la différence entre les monolingues et les apprenants doit être expliquée d'une autre manière. Plusieurs possibilités méritent d'être explorées.

On sait que lorsque des bilingues traitent le langage, leurs deux systèmes langagiers s'activent (voir par exemple Green 1986, 1993, Costa et al. 1999). Se pourrait-il, comme de nombreux auteurs le suggèrent, que le fait d'avoir à gérer deux systèmes langagiers améliore les fonctions exécutives telles que la résolution de conflits, l'attention ou l'inhibition ? Cette amélioration pourrait conférer un avantage aux multilingues dans les tâches comportementales et ainsi expliquer nos résultats (voir par exemple Bialystok et al. 2012). En outre, choisir entre une interprétation pragmatique et une alternative sémantique s'apparente à une tâche de résolution de conflits. L'amélioration des fonctions exécutives pourrait donc expliquer pourquoi les bilingues font plus l'inférence, qui est plus coûteuse cognitivement. L'hypothèse selon laquelle il y aurait une corrélation entre fonctions exécutives et capacités pragmatiques a déjà été testée par Antoniou et al. 2013 chez les enfants bilingues mais sans résultats. Une autre possibilité serait que l'apprentissage d'une L2 rend les personnes plus sensibles aux indices pragmatiques (peut être parce que les compétences pragmatiques sont plus souvent utilisées dans la L2 pour compenser des lacunes linguistiques ce qui conduit à une amélioration générale des capacités pragmatiques). Pour tester cette hypothèse, il faudrait se tourner vers les implicatures enchâssées. Les travaux qui ont été effectués sur les implicatures enchâssés (voir, e.g. Chemla & Spector 2011) ont permis de montrer qu'il existe deux stratégies de résolution des implicatures scalaires : l'implicature peut être résolue au moment où le déclencheur (terme scalaire) apparaît, ce qui correspond à une stratégie dite locale, ou elle peut être résolue à la fin de la phrase avec un mécanisme global de réflexion sur les intentions du locuteur (stratégie gricéenne). Si le recours à l'une ou l'autre des stratégies ne change pas l'interprétation des IS, ce n'est pas le cas pour les scalaires enchâssées. Si l'on applique une stratégie locale pour comprendre la phrase (3a) on obtient l'interprétation (3b) alors qu'en appliquant une stratégie globale on obtient l'interprétation (3c).

(3) a. Chaque garçon a quelques bonbons
b. Chaque garçon a au moins un bonbon et aucun garçon n'a tous les bonbons
c. Chaque garçon a au moins un bonbon et ce n'est pas vrai que chaque garçon a tous les bonbons.

Les implicatures enchâssées peuvent donc nous permettre de voir si les apprenants de L2 et les monolingues appliquent des stratégies de résolution des IS différentes. Si l'apprentissage d'une L2 développe réellement les capacités pragmatiques, on pourrait s'attendre à ce que les apprenants L2 utilisent davantage une stratégie globale dans leurs deux langues que les monolingues.Nous laissons ces questions à de futures recherches.

Références

Antoniou, K., Grohmann, K., Kambanaros, M., & Katsos, N. (2013). Does multilingualism confer an advantage for pragmatic abilities?. In S. Baiz, N. Goldman, and R. Hawkes (eds.), *Online Proceedings Supplement of the 37th Boston University Conference on Language Development*, http://www.bu.edu/bucld/supplementvol37/

Bialystok, E., Craik, F. & Luk, G. (2012). Bilingualism: consequences for the mind and brain. *Trends in Cognitive Science*,16(4), 240-250.

Blutner, R. (2007). Optimality theoretic pragmatics and the explicature/implicature distinction. In N. Burton-Roberts (Ed.), *Advances in Pragmatics* (pp. 67-89), Basingstoke: Palgrave.

Bott, L., Bailey, T.M., & Grodner, D. (2012). Distinguishing speed from accuracy in scalar implicatures. *Journal of Memory and Language* 66, 123-142.

Bott, L., & Noveck, I.A. (2004). Some utterances are underinformative: The onset and time course of scalar inferences. *Journal of memory and Language.* 51, 437-457.

Chemla, E., & Spector, B. (2011). Experimental evidence for embedded scalar implicatures. *Journal of Semantics* 28, 359-400.

Chierchia, G., Vrain, S., Guasti, M.T., Gualmini, A., & Meroni, L. (2001) The acquisition of disjunction: Evidence for a grammatical view of scalar implicatures. In A.H.J. Do, L. Dominguez, and A. Johansen (Ed.), *Proceedings of the 25th Boston University Conference on Language Development*. Sommerville, MA: Cascadilla Press.

Costa, A., Miozzo M., & Caramazza A. (1999). Lexical Selection in Bilinguals: Do Words in the Bilingual's Two Lexicons Compete for Selection? *Journal of Memory and Language,* 41, 365–397.

Feeney, A., Scrafton, S., Duckworth, A., & Handley, S.J. (2004). The story of *some*: Everyday pragmatic inference by children and adults. *Canadian Journal of Experimental Psychology*, 58(2), 121-132.

Foppolo, F., & Guasti, M.T. (2012). Scalar implicatures in child language: give children a chance. *Language Learning and Development* 8, 365-394.

Green, D.W. (1986). Control, activation and resource. *Brain & Language*, 27, 210-223.

Green, D.W. (1993). "Towards a model of L2 comprehension and production". In R.Schreuder and B. Weltens (Ed.), *The Bilingual Lexicon,* Amsterdam/Philadelphia: John Benjamins. 249-277.

Grice, P. (1989). *Studies in the Way of Words*. Cambridge, MA: Harvard University Press.

Hilbe, Joseph M. (2009). *Logistic Regression Models*. Chapman and Hall, CRC Texts in Statistical Science, Boca Raton.

Horn, L.R. (1972). *On the Semantic Properties of Logical Operators in English*. Ph.D. thesis, UCLA, Los Angeles.

Horn, L.R. (1984). Toward a new taxonomy for pragmatic inference: Q-based and R-based implicature. In Deborah Schiffrin (Ed.), *Meaning, Form, and Use in Context: Linguistic Applications* (pp. 11–42). Washington: Georgetown University Press.

Horn, L.R. (2004). Implicature. In L.R. Horn & G. Ward (Ed.), *The Handbook of Pragmatics* (pp. 3-28). Oxford: Blackwell Publishing.

Huang, Y.T., & Snedeker, J. (2009). Online interpretation of scalar quantifiers: Insight into the semantics-pragmatics interface. *Cognitive Psychology* 58, 376-415.

Levinson, S.C. (2000). *Presumptive Meanings: The Theory of Generalized Conversational Implicature. Language, Speech, and Communication*. Cambridge, MA: The MIT Press.

Noveck, I.A. (2001). When children are more logical than adults: Experimental investigations of scalar implicatures. *Cognition* 78, 165-188.

Noveck, I.A., & Sperber, D. (2007). The why and how of experimental pragmatics: The case of 'scalar inferences'. In N. Burton-Roberts (Ed.), *Advances in Pragmatics* (pp. 184-212). Basingstoke: Palgrave.

Pouscoulous, N., Noveck, I.A., Politzer, G., & Bastide, A. (2007). A developmental investigation of processing costs in implicature production. *Language Acquisition,* 14(4), 347-375.

Slabakova, R. (2010) Scalar implicatures in second language acquisition. *Lingua* 120, 2444-2462.

Sperber, D., & Wilson, D. (1995). *Relevance: Communication and Cognition*. Oxford: Basil Blackwell.

Stateva, P., Déprez, V., Dupuy, L., Reboul, A., & Stepanov, A. (submitted) Proportional modifiers and semantic universals.

SHS Web of Conferences **38**, 00006 (2017) DOI: 10.1051/shsconf/20173800006
COULS 2016

Counterfactual Conceptualizations in L2 French: From Cognitive Principles to Semantic and Lexical Realizations

Isabel Repiso[1]

[1] Institut de Langues et Littératures Européennes, EA 3437, Université de Haute Alsace, Mulhouse, France

Abstract. This preliminary survey examines how 30 native speakers and 30 Spanish learners of French evoke counterfactual scenarios from a semantic and a lexical perspective. Counterfactual thinking is a universal cognitive process in which reality is confronted with an imagined view of what might have been (Kahneman & Tversky 1982). The world as we know it is based on a set of enabling conditions that can be mutated, i.e., modified in order to evoke counterfactual worlds. This can be done by modifying various elements in a sentence. For example, speakers might produce counterfactual scenarios by replacing an accusative (1) or by changing some attribute of the subject (2).

(1) I should have had coffee at breakfast rather than tea.

(2) If I were a man, my life would have been quite different.

In each case, a specific language property is changed. Example (1) results from a modification operated on transitivity, and example (2) on affectedness. While counterfactual thinking is universal, its concrete form is only shaped in childhood together with the acquisition of the first language. Is this concrete form preserved or changed in second language acquisition? Earlier research has shown that speakers of different languages have different preferences to do that (Repiso 2013). This survey compares whether non-native speakers of French adopt the same preferences which native speakers have at the level of Verb-Argument Constructions (VACs).

Résumé. **Conceptualisations contrefactuelles en français L2: des principes cognitifs aux realisations sémantiques et lexicales**. Cette étude préliminaire explore la façon dont 30 locuteurs natifs et 30 locuteurs hispanophones du français relate des scénarios contrefactuels dans une perspective sémantique et lexicale. La pensée contrefactuelle est un processus cognitif dans lequel la réalité est confrontée à une vision imaginaire de ce qui aurait pu se passer (Kahnenan & Tversky 1982). Le monde tel que nous le connaissons repose sur un ensemble de conditions de possibilité qui peuvent être changées, c'est-à-dire modifiées afin d'évoquer des mondes contrefactuels. Par exemple, les locuteurs peuvent produire des scénarios contrefactuels en remplaçant un complément d'objet par un autre (1) ou en changeant un attribut du sujet (2).

(1) J'aurais dû avoir un café plutôt qu'un thé au petit déjeuner.
(2) Si j'étais un homme, ma vie aurait été assez différente.
A chaque fois, une propriété langagière spécifique est modifiée. L'exemple (1) témoigne d'une modification du ressort de la transitivité, et l'exemple (2) de l'ordre de l'*affectedness*. Alors que la pensée contrefactuelle est universelle, sa forme concrète est façonnée durant l'enfance lors de l'acquisition de la langue première. Cette forme concrète est-elle préservée ou changée dans l'acquisition de la langue seconde ? Des recherches antérieures ont montré que des locuteurs de langues différentes ont des préférences différentes pour le faire (Repiso 2013). Cette étude observe de façon contrastive si des locuteurs non natifs du français adoptent les mêmes préférences que les locuteurs natifs au niveau des constructions verbe-argument.

1 Introduction

Counterfactual thinking is a universal cognitive process in which reality is compared to an imagined view of what might have been (Kahneman & Tversky 1982). Studies in psychology have shown that mental simulation is governed by specific rules: (i) people tend to imagine how things could have turned out better (upward counterfactuals) rather than worse (downward counterfactuals) (Summerville & Roese 2008, Dray & Uphill 2009), and (ii) the most frequent way to make up upward counterfactuals is by restoring the normal value of a variable rather than introducing unlikely events (Kahneman & Tversky 1982). Are these principles the same for native and for non-native speakers? This will be examined in a 'mutation task', i.e., native and non-native speakers are confronted with a task in which they have to invent alternative scenarios. If both linguistic and non-linguistic knowledge are solicited during the acquisition process, then the question arises whether L1 speakers and L2 speakers' populations (a) behave the same from a procedural[1] viewpoint in such a task, and (b) combine language units in a similar way. Our results should contribute to explore the architectural structure of language, and more particularly should elucidate whether and to what extent semantics and lexical levels are permeable to L1 - L2 differences.

For each response, the following variables were described:

- Altered variable: is the modification based on the restoration of the normal value of a variable (*uphill change*, in Kahneman & Tversky's terminology) or on unlikely events (*downhill change*).
- Property: is the counterfactual scenario based on a role reversal in the agent (agentivity), a replacement of the direct objet (transitivity), or a neutralization of a subject's attribute (affectedness).
- Type of verb: dynamic or static.
- Type of assessment: negative or positive.

In Table 1, examples of counterfactual scenarios are given in italics. The segments between brackets refer to the information given in the stimulus, allowing a comparison between *what might have been* (W_1) and *the world as it is* (W_0).

[1] The term 'procedural' is polysemic in L2 related fields. In the present article, we talk on 'procedural knowledge' as the mental operations necessary to produce counterfactual responses or, more in general, actions sequences for solving problems (Rittle-Johnson & Wagner, 1999). Counterfactual thinking is a universal cognitive process based on the comparison of reality and a vision of what might have been. A critical operation in the production of counterfactual scenarios consists of modifying one condition from a set of individually necessary and jointly sufficient conditions of the factual world (Cheng & Novick 1991).

Table 1. Information configuration investigated[2].

Examples	Assessment	Verb	Property	Variable
Karen could not have been allergic[3] (rather than having a condition)	N	S	Affectedness	Allergy (Uphill change)
Karen could have chosen her own dish[4] (rather than Mr. Carlson chose for her)	A	D	Agentivity	Dish (Uphill change)
Mr. Carlson could have chosen the Scallops[5] (rather than the mussels)	A	D	Transitivity	Dish (Uphill change)
Firemen should have intervened faster[6] ['Firemen' not mentioned in the stimulus text]	A	S	-	Others (Downhill change)

The present article is organized in five sections. In the next one, we present our research questions and hypotheses. Subsequently, we introduce Verb-Argument Constructions (VACs) as syntactic frames carrying specific meanings. In the fourth section, counterfactuality is introduced as a semantic subdomain of irreality. In the fifth section, we discuss the sociolinguistic background of our participants and explain the methods used to obtain counterfactual responses. Our results are presented in the sixth section. Section seventh is devoted to discuss the role of L2 proficiency as an explicative factor of some of our results. Finally, conclusions are summarized in section 8.

2 Research questions and hypothesis

As previous studies exploring counterfactuality (Kahneman & Tversky 1982, Wells & Gavanski 1989, Mandel & Lehman 1996, Harris et al. 1996), our data come from a mutation task in which participants were invited to produce three modifications to prevent the negative outcome of a story. The story was presented to them under an input that they had to read prior to be interviewed. In the input text, several factors were mentioned as taking part in the final outcome of the story. The design of the text may prompt inferential processes in the reader so that the factors appear as enabling causes. Three of these variables are critical to our study: an allergy, a promotion, and a decision concerning one dish rather than another. The questions yielding our analyses are the following:

- Do L2 speakers and French natives base their counterfactual modifications on the same stimulus' variables (Allergy / Promotion / Dish)? Do they have significantly different choices?
- Are transitivity, agency and affectedness solicited similarly by French and L2 speakers?
- What are the conceptualizing patterns linked to each of these language properties? Is affectedness more often operated with state verbs (*to be*, *to have*) rather than dynamic verbs?
- Are the lists of verbs prompted by a particular stimulus' variable (Allergy / Promotion / Dish) different for French-speaking natives and L2 learners? If their lexical lists are different, does L2 French production account for aspectual representations linked to L1 Spanish?

[2] Legend: N = Negative; A = Affirmative; S = Static; D = Dynamic.
[3] « Elle aurait pu ne pas être allergique » (control group SBJ6#3).
[4] « Elle aurait pu choisir son plat toute seule » (control group SBJ1#3).
[5] « Il aurait pu choisir les Saint-Jacques » (control group SBJ6#1).
[6] « Il aurait fallu que les pompiers soient plus rapides » (control group SBJ22#3).

DOI: 10.1051/shsconf/20173800006

Because counterfactual thinking is a human cognitive process depending on maturation constraints such as the mental representation of causality (Hume 1739, Piaget 1963, Lewis 1973, Mackie 1974), there is no reason to assume that counterfactual thinking itself – rather than the language-specific linguistic form – develops differently in childhood. Thus, our hypotheses are:

a. Modifications of semantic properties such as agency, affectedness and transitivity will be similarly distributed in L2 and L1 populations. This is to say that no differences are expected on the knowledge related to those semantic properties.
b. Differences are expected at the grammatical and lexical level for noun-verb constructions[7].

If these assumptions turn out to be true, logical operations on semantic roles would prove to be a less permeable area for differences between native and L2 speakers. An explanation might be that semantics is less permeable to language-based differences because anchored on universal cognitive prerequisites[8]? Results at the lexical level should elucidate the role of the L1 in the L2 acquisition in what concerns language representations and its aspectual features [+punctual], [+permanent]. Are the nouns used in our stimulus prompting the same verb lists or lexical repertoires in L1 and L2? Special attention will be given to the immersion effect in the native-like productions.

3 Verb-Argument Constructions (VACs)

Verb-Argument Constructions (VACs) have been defined as syntactic frames carrying fairly specific meanings (Ellis et al. 2016). They are thus representative of natural languages' construction grammar and its acquisition implies frequency-biased abstraction of regularities within its components. Consider the variation of sentences carrying the English formulaic *put it*. Related forms may include satellite morphemes as *in*, *on*, *onto* (*put it in* / *put in on* / *put it onto*). These constructions are exemplifications of the schematic caused-motion Verb-Object-Locative VACs describing a routine function of moving something to a new place or in a new direction (Ellis et al. 2016 : 34). In our study, participants were asked to modify the output of a story that they had previously read. In order to produce counterfactual scenarios, people are constrained to modify one condition from a set of individually necessary and jointly sufficient conditions (Cheng & Novick 1991). Because of the input text's verbs and semantic roles, we expected some modifications to be operated at the level of agency, transitivity and affectedness. VAC's are expected in this specific context because in the text used as stimulus there is a character that represents the agent of an unhappy outcome (i.e., Mr. Carlson), whereas another character represents the patient of a certain state-of-affairs (i.e., Karen). The polarity of these semantic roles enables a force dynamics' representation (Croft & Cruse 2004) that may

[7] Preceding studies have shown that when processing VACs in L2 English, Spanish learners reflect aspects of their L1 form-meaning mapping (Ellis et al. 2016). In general, features accounting for the typological distance between languages –e.g., the distinction between satellite-framed languages and verb-framed languages– are at the center of attentional processes guided by the learner's L1 salient categories.

[8] In child development research it has been shown that children under 3:0 are capable of making counterfactual predictions related to others (Harris et al. 1996, Reilly 1982) but not related to them (Bates 1976, Reilly 1982). Production data demonstrated that at the age of 4:0 children hardly integrate their counterpart's state-of-knowledge (Champaud et al. 1993). Studies of language comprehension have shown that at the age of 9:0 children still have problems to understand counterfactual sentences in an adult-like way (Amidon 1976).

 DOI: 10.1051/shsconf/20173800006

prompt counterfactual VAC's consisting either to neutralize a patient's feature or to avoid an agent's action.

In the present article, we talk about the agent of an action in a general way as a participant who causes or instigates an event or a change-of-state (Schalley 2004) independently of the participant's volitionality. In this sense, our definition matches with what others scholars name the effector, i.e. the doer of an action, which may or may not be willful or purposeful (Van Valin & LaPolla 1997). Our analysis takes also into account the role of the patient as the participant who experiences a change-of-state or which is causally affected by another participant (Dowty 1991). In French, a verb denoting the semantic role of the patient is for example *subir* (undergo), which is lexically related to specific nouns in French, like *opération* (operation), *défaite* (defeat), perte (loss), interrogatoire (interrogation), (*subir une opération / subir une défaite / subir une perte / subir un interrogatoire*, Rey-Debove & Rey 2004).

4 The notion of counterfactuality

Irrealis has traditionally been defined as a subdomain of the hypothetical system. The hypothetical system has been characterized by a wide range of *if*- clauses going from potentiality to irreality (Comrie 1986, Harris 1986). Depending on the verbal morphology of a given *if*- clause, the semantic value of the proposition may refer to the unreal non-past (1) or to the unreal past (2).

(1) If he came, he would see me (but he won't)

(2) If he had come, he would have seen me (but he didn't)

In the unreal non-past, the condition *if A* is not realized at the topic time, nor has it been previously, but it may be in the future, whereas in the unreal past, the condition *if A* is not realized at the topic time, nor has it been previously and it will not be in the future (Renzi & Salvi, 1991; Riegel et al., 2001; Grevisse & Goosse, 2008; Real Academia Española, 2009). In addition to this categorization, there is the distinction between the potential non-past (3) and the potential past (4).

(3) If he were to come, he would see me (he probably won't but he might)

(4) If he were to have come, he would have seen me (maybe he did, maybe he didn't)

This overlapping system combining temporal traits, non-past *versus* past, and actualization traits, unreal *versus* potential, has served to explain the development of conditional constructions from Latin to modern Romance languages (Harris 1986 : 268). However, such a categorization does not allow a direct distinction between the potential past (4) and the unreal past (2). This is because the ultimate factor in distinguishing the unreal from the potential is the speaker's state of knowledge. Irreality has been defined as a super-category covering three subdomains: counterfactuality, the non-exclusion-of-factuality and non-referentiality (Pietrandrea 2010). Since counterfactuality results from the comparison of reality to an imagined view of what might have been (Kahneman & Tversky 1982), the certainty of the speaker about the non-realization of the propositional content (Verstraete 2005) seems to be a *sine qua non* characteristic[9].

The present study focuses on the Verb-Argument Constructions (VACs) produced to express counterfactual scenarios in L2 French. From a methodological viewpoint, the semantic domain of counterfactuality is an optimal frame to explore VACs because it

---

[9] This idea is at the center of the debate on the appropriateness of the term 'future counterfactuals'. Because the future is due to take place sometime after the topic time, it is considered to be a less well known domain compared to the present or the past (Iatridou 2000, Van linden & Verstraete 2008). This is why some authors consider it inaccurate to talk about 'future counterfactuals'.

 DOI: 10.1051/shsconf/20173800006

allows choosing the list of verbs appearing in the stimulus, and so that are likely to be used by the participants. The advantage of exploring VACs within the *irrealis* domain relies in the cognitive operations of counterfactual thinking (i.e., the comparison between *the world as it* is and *what might have been*). Thinking alternative possibilities to factual events or states-of-affairs may imply changes at the level of agency and transitivity that depend on certain verbs or objects. This is the reason why, in the present article, we look at the production of counterfactual scenarios applying a VACs perspective. Our results are based on a well-defined semantic domain which is characterized by (i) the ascription of the learner's responses to the unreal past frame and (ii) the certainty of the speaker about the non-actualization of what has been said. From a semantic viewpoint, counterfactuality combines the apparently contradictory features of potentiality and non-actualization (Versatrete 2005). Counterfactual sentences express something that was desired but did not happen, or an action that was intended but not carried out in the end. Verstraete (2005) refers to them as implicatures of past potentiality.

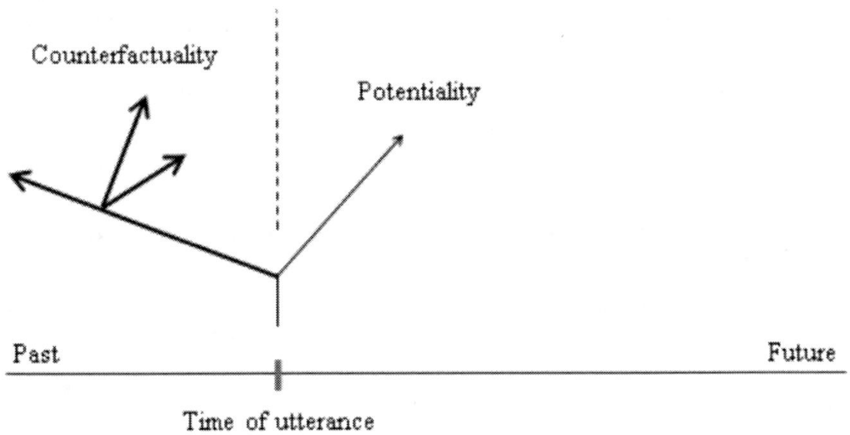

Fig. 1. Graphical representation of other possible worlds.

5 Participants and methods

60 subjects took part in our study: 30 native French-speakers and 30 native Spanish-speakers. The participants were recruited at universities, notably from the Law and Arts Faculty at Aix-Marseilles University, in part, from the *Maison Méditerranéenne des Sciences de l'Homme* (MMSH) and from Marseilles' Medical Faculty[10]. The data was collected mainly at Aix-en-Provence and Marseilles, and to a lesser extent at Nijmegen in the Netherlands[11]. Our study is based upon conversational data gathered in the course of guided interviews. The experiment was conducted once only with native French-speakers and twice for the Spanish speakers: once in FFL and another in their L1[12].

5.1 French-speaking group

[10] The students were contacted by circulating Round-Robin e-mail requests to participate. With thanks to Stéphanie Clerc and Daniel Véronique (Aix-Marseilles University) for allowing me to introduce myself, at the beginning of class to their students, and circulate my requests.
[11] The tools for data collection are available on IRIS (iris-database.org).
[12] The order for passing FFL-L1 or L1-FFL was randomly attributed (Cf. the Table summarizing Spanish-speaking subjects in the Annexes).

The French control group is comprised of 20 women and 10 men between the ages of 17 and 57. In this group, the individuals' average age was 28.3; they are studying at university. Of the 30 participants, 2/3 are from South-Eastern France – 17 from the Provence-Alpes-Côte d'Azur (PACA) region, two moved there as children, and one was born at Nice. The remaining five are from the Paris area, two from Northern France (Normandy, Nord-Pas-de-Calais), two from Eastern France (Burgundy, Franche-Comté) and one from Quebec (cf. Annexe A).

5.2 Spanish-speaking group

The Spanish-speaking group is made up of 15 women and 15 men whose age ranges from 21 to 44. The data we present in Tables A & B (Annexes) have been obtained directly from the participating informants, who filled out a questionnaire[13]. On average, the group's profile corresponds to that of an individual 31.2 of age, studying at university. Of the 30 participants, 16 are Spaniards, 6 Colombian, 5 Mexican, 5 Peruvian and one Chilean. Of the 16 Spaniards, 5 are from the central plateau (3 from Madrid and 2 from Valladolid), 4 from the Northern seaboard (two from the Basque Provinces, one from Asturias and one from Cantabria), 3 from the South (two from Seville and one from Murcia) and two from the Eastern seaboard (Valencia). On average they had studied FFL for 5.6 years, with average length of immersion in France being 5.6 years as well.

The group's members are not homogeneously integrated into French society: some informants have chosen to stay in France, others are here only temporarily. Amongst the informants who have lived in France for some time for academic or business reasons, there are Erasmus students (SBJ2, SBJ11, SBJ12 and SBJ13), PhD students on scholarship, who have come to study abroad for three months at most (SBJ7 and SBJ19), an assistant teacher of Spanish Foreign Language (SFL) employed in a *Lycée* for one school year (SBJ8), and a EFL reader who worked with a University for two school years (SBJ14). Amongst the informants settled in France indefinitely, one finds individuals whose children were born and go to school in France (SBJ3 and SBJ27), or who have sat for State examinations (SBJ17 and SBJ18).

Another factor in relation to heterogeneity within the group is whether or not participants had earlier been exposed to French. Before reaching France, SBJ7 and SBJ10 had, in their country of origin, attended a bilingual school (the *Lycée français*), while SBJ22 had been in contact with Basque and French since childhood, given how close his place of residence is to France. As for SBJ1, SBJ5, SBJ6, SBJ9, SBJ10, SBJ15, SBJ16, SBJ21, SBJ23, SBJ24, SBJ28 and SBJ30, they were all studying for a Degree (BA, MA, PhD) at French universities, before the recording was made. For 9 informants immersion corresponded to 9 or more years[14], while for 12, immersion corresponded to 12 months or

[13] In the questionnaire, the participants were asked to state how long they have been studying French. In most cases, the participants added up how many years or months they had taken French lessons in the country of origin (the Spanish-speaker SBJ15 and the Italian-speakers SBJ13, SBJ15, SBJ17 and SBJ22 had never taken French lessons before moving to France). The case of the Spanish-speaker SBJ16 is an exceptional one: he moved to France with his family when he was four, and has studied in France all along. Also exceptional: the case of Italian-speaker SBJ12, who claims to have studied French for 46 years, owing to his personal views on teaching, and on learning an L2 (he teaches his own L1 in France); he sees himself as a curious, self-taught learner, and believes that one is never done with learning.

[14] SBJ3, SBJ16, SBJ17, SBJ18, SBJ22, SBJ24, SBJ27, SBJ29 and SBJ30.

less[15]. As for guided learning in French, the threshold for 8 informants represented 9 or more years' study[16], while for 5, the threshold represented one year or less[17].

5.2.1 Individual differences

The Spanish group accounts for a variability of sociolinguistic situations. If we trace two imaginary lines parallel to the y-axis and x-axis, we find some points along (cf. Figure 2). This indicates that some learners with little or no training in FFL studies were immersed in France since two years back or more. Conversely, some learners being in France for a period equal or inferior to six months had two, three or four years of FFL studies.

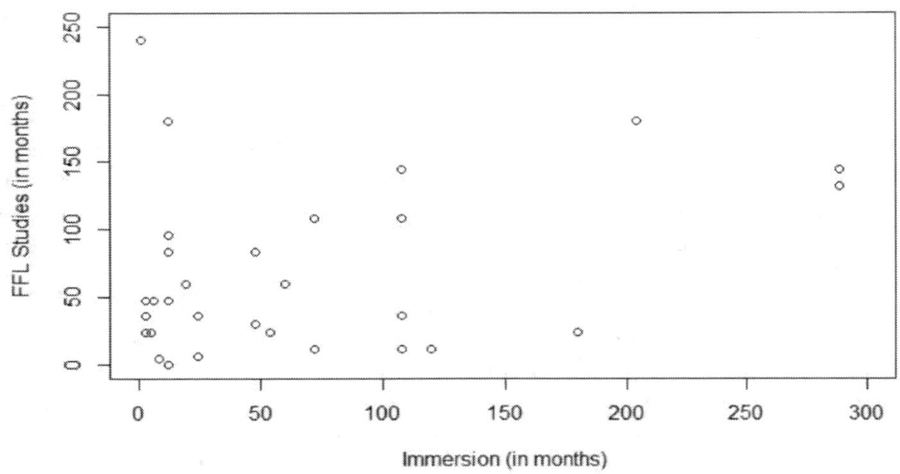

Fig. 2. French L2 sociolinguistic variables across the Spanish group.

In Figure 2 some points form a line that is perpendicular to the y-axis and x-axis, confirming the presence of experimented learners with exponential values of immersion and FFL studies (subjects 4, 5 and 30). The most experienced learners in terms of immersion are illustrated by two points at the right side of the graphic and correspond to two full-time university professors of Spanish Foreign Language.

[15] SBJ1, SBJ2, SBJ7, SBJ8, SBJ9, SBJ10, SBJ11, SBJ12, SBJ13, SBJ15, SBJ19 and SBJ26.

[16] SBJ3, SBJ5, SBJ7, SBJ10, SBJ16, SBJ17, SBJ18 and SBJ30.

[17] SBJ14, SBJ19, SBJ24, SBJ27 and SBJ28.

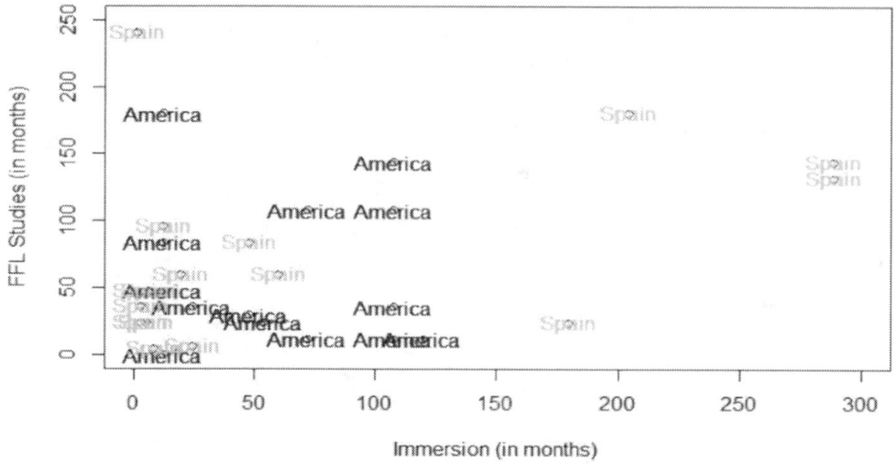

Fig. 3. Varieties of Spanish within the group.

As for the varieties of Spanish spoken within the group, Figure 3 shows the distribution of the learners according to their geographical origins by distinguishing those coming from Latin America or Spain (14 and 16 subjects, respectively). Both subgroups account for a diversity of individual situations.

As for the variable FFL studies, the mean of the Spanish learners is 68.1 months and the amount of dispersion within the group is 61.6. As for the immersion, the mean's group is 67.4 months and the dispersion or standard deviation is 80.6. This means that within the variable immersion there is a greater variation compared to the variable FFL studies. In other words, the data points regarding the learners' amount of FFL studies are clustered more closely around the average than those of the learners' immersion, whose values are spread slightly further from the average.

5.3 Stimulus and instructions

For the enquiry's purposes, we have taken as the stimulus a narrative with a causal chain, leading to an unfortunate outcome (Wells & Gavanski 1989)[18]. Each interview was taped. Once the informant had read the stimulus, we launched the recording. Responses were transcribed using the CLAN editor for Childes. Statistical results were obtained using R from Excel files input data.

The use of a decision-making task seemed to us appropriate to encourage responses from the semantic domain of counterfactuality. The mutation task is a subtype of decision-making task[19] that has been regularly used in the past by a branch of psychological studies interested in the simulation heuristic (Kahneman & Tvesky 1982, Kahneman & Miller 1986, Wells & Gavanski 1989, Miller & Gunasegaram 1990, Mandel & Lehman 1996). In general, using a text as stimulus may allow the speaker to anchor its modifications to lexical items contained on it.

[18] Wells and Gavanski's original text (1989) was translated from the English, then corrected by two native French-speakers and two native Spanish-speakers (cf. Annexes C for the Spanish version and D for the original text in English).

[19] Because of their open nature –i.e., many solutions can be provided–, decision-making tasks are more cognitively demanding that narrative tasks, in which speakers are given a clear storyline (Gilabert et al. 2011).

Stimulus
Karen était assistante à l'édition dans une petite agence de publicité. Elle avait une rare maladie héréditaire, l'hemotrisoma de Karpinson, caractérisée par le manque d'une enzyme qui normalement divise certaines protéines du système digestif. En raison de cela les boissons fermentées comme le vin ou les liqueurs pouvaient lui causer des sévères réactions allergiques.
Karen avait eu une promotion dans son travail et son supérieur, monsieur Carlson, l'avait emmenée dans un restaurant français plutôt cher pour l'y fêter. Etant donné que monsieur Carlson avait mangé plusieurs fois dans ce restaurant il commanda pour les deux. Pendant qu'il regardait le menu il considérait quel plat commander pour Karen. Il pensa d'abord aux coquilles Saint-Jacques mais au dernier moment il choisit les moules marinières. Monsieur Carlson ne le savait pas mais les moules marinières étaient cuites dans une sauce à base de vin tandis que les coquilles Saint-Jacques ne contenaient pas de vin.
Karen savoura son plat mais elle commença à se sentir mal peu après avoir fini. Quelques minutes plus tard elle souffrit de convulsions et elle fut transportée en ambulance. En chemin pour l'hôpital elle mourut.
Instruction
Proposez trois modifications qui auraient pu empêcher la mort de Karen et expliquez pourquoi elles auraient empêché sa mort.

Our study is based on the assumption that some of the lexical items appearing in the stimulus relate to a certain syntax property among transitivity, agentivity or affectedness. For example, the verbs *commander* (to order) and *décider* (to decide on) may refer to an accusative or direct object explicitly named in the sentence or implicitly understood while reading. In the stimulus above the verb *commander* (to order) may affect two different accusatives –i.e., the Moules Mariniere or the Coquilles Saint-Jacques–, and affecting one of them excludes the other (either the Moules or the Coquilles were ordered for Karen; never both of them). Because of this exclusion between the direct objects pertaining to the verbs *commander* (to order) and *décider* (to decide on), any mutation related to these items will be based on the algebraic operator 'otherwise' (W_0 = to order the Moules; otherwise W_1 = to order the Coquilles). The same operator pertains to other potential mutations based either on agentivity (W_0 = Mr. Carlson orders; otherwise W_1 = Karen orders) or affectedness (W_0 = Karen had a condition; otherwise W_1 = Karen had not a condition). As mentioned in Section 2 our hypothesis is that at this procedural level L1 and L2 groups will behave similarly.[20]

6 Results

We will henceforth distinguish the *dictum* –i.e., the stimuli's variable to which the informational content applies– and the *modus* –i.e., the way in which the conceptualization of such information is realized. The distinction between the *dictum* and the *modus* has been

[20] Our analysis is inspired in the notion of 'access to information' explained by Tournadre & LaPolla (2014). In their survey on evidentiality, these authors make a distinction between on the one hand the 'source of information' which is primarily verbal and on the other hand the 'access to information' which is the subjective strategy of the speaker in representing a particular state-of-affairs and refers to non-verbal cues (e.g., sensory, inferential). In our mutation task, the source of information corresponds to the textual units of the stimulus. The responses to the mutation task will be analyzed as instances revealing the speaker's 'access to information'. Thus, attention will be paid on deconstructing the speaker's access to counterfactual scenarios via the syntactic operations made on transitivity, agentivity and affectedness.

previously used in the field of language acquisition to explore the expression of epistemic modality by children (cf. Champaud et al. 1993). However, in our study this taxonomy does not exactly apply to the same notions as in Champaud's et al (1993).

6.1 The *dictum*

For both groups, the most frequently modified variable was the one related to the dish. For the control group, dish modifications represented 50% over the 90 responses elicited, whereas for the L2 speakers it represented 44%. The second variable more frequently modified was the one related to Karen's allergy, which represented 29% of the control group responses and 21% of the L2 French responses. The variable related to Karen's promotion was equally modified, representing 8% for each group. Chi-squared analyses revealed no significant differences between groups in the distribution of their modifications across variables. In all, 86% of the modifications operated by the control group and 73% of the modifications operated by the L2 French group applied to any of the mentioned variables in the input (*Allergy* / *Dish* / *Promotion*).

In L1 Spanish, 41.1% of the counterfactual modifications applied to the Dish variable (37 out of 90 responses), followed by 17.7% applying to the Allergy variable (16 responses), and by 10% applying to the Promotion variable (9 responses). We cannot exclude a re-test effect in these figures, since the production in L1 Spanish was obtained from the same group of speakers that produced the L2 French data. As mentioned in the Annexes, the order of the language input –FFL/L1 or L1/FFL– was randomly assigned across the native Spanish-speaking participants (cf. Table 2). Chi-squared analyses did not reveal significant differences between the distribution provided in L1 Spanish compared to the control group, X (2, N = 90), $p = 0.1$ for the Allergy variable, X (2, N = 90), $p = 0.2$ for the Dish variable, X (2, N = 90), $p = 0.7$ for the Promotion variable.

Table 2. Distribution of the modified variables per group (n = 90).

	Control group	L2 French	*p*-values X^2 Test
Allergy	26 28.8%	19 21.1%	0.3
Dish	45 50%	40 44.4%	0.5
Promotion	7 7.7%	7 7.7%	1
Subtotal	78 86%	66 73%	

6.2 The *modus*

Among the possible conceptualizations playing a role in the Gestalt, our analysis of the semantic processing is framed within the force dynamics (Croft & Cruse 2004). The force dynamics' model is based on the notion of causality in which processes concern different types of forces operating differently onto the participants. Our description of the *modus* is based on the modifications made to the semantic roles applying in the stimulus. When comparing the factual world (W_0) to what might have been (W_1), speakers may lead different operations at the level of different semantic roles. Table 3 shows that counterfactual scenarios may be the result of attributing the agent role of an action to someone else, replacing one accusative by another or neutralizing someone's attributes. The latter operation can be made by transforming an originally affirmative sentence in a negative one (cf. Patient). The former operations can be lead exchanging lexical items (cf.

Agent & Accusative). The VACs produced by speakers in the aim of providing alternative scenarios (W_1) to the factual world of the stimulus (W_0) presented regularities that are henceforth considered as patterns. The most frequent counterfactual VAC obtained in both groups was encoded by the structure Verb-Object by means of the lexical items *Choisir-Plat*, (To choose-Dish), *Commander-Plat* (To order-Dish), and *Demander-Plat* (To ask-Dish), followed by the pattern Verb-Objet-Dative by means of the lexical items *Dire-Allergie-Chef* (To say-Allergy-Boss) and *Prévenir-Allergie-Chef* (To warn-Allergy-Boss). Beyond these VACs, the *modus* of the control group and the L2 French speakers differed.

In the next sections, our results are organized by the stimulus' variables more frequently modified by speakers (i.e., Dish / Allergy / Promotion). The lists of verbs used to modify these variables are presented in sections 6.6.1 to 6.6.3. The syntactic operations enabling the production of counterfactual scenarios are presented in sections 6.3 to 6.5.

Table 3. Modifications operated at the level of the semantic roles.

	Stimulus (W_0)	**Counterfactual scenario (W_1)**
Agent (Agentivity)	*Carlson choisit le menu* Mr. Carlson choses the menu	*Karen choisit le menu* Karen choses the menu
Accusative (Transitivity)	*Carlson choisit les moules* Mr. Carlson choses the mussels	*Carlson choisit les Saint-Jacques* Mr. Carlson choses the scallops
Patient (Affectedness)	*Karen a une maladie rare* Karen has a rare disease	*Karen n'a pas de maladie rare* Karen does not have a rare disease

6.3 Syntactic operations for the Dish variable

The modifications made to the Dish variable were based on syntactic operations applying either to the agent or the accusative. The Dish modifications operated at the agent level consisted to say that it was Karen –instead of Carlson– to have chosen her own menu (*Elle aurait pu choisir les Saint-Jacques*; She could have chosen the scallops). Those operated at the accusative level consisted to say that the chosen dish was not the mussels but instead the scallops (*Il aurait pu choisir les Saint-Jacques*; He could have chosen the scallops). The distribution of these syntactic operations appeared to be balanced within each group. The examples appearing in Table 4 come from the control group.

In L1 Spanish, 37 modifications were related to the Dish variable. 19 applied to the semantic role of the agent and 18 to the accusative.

Table 4. Distribution of the modifications targeting the Dish variable.

	Control group	**L2 French**	**Examples**
Agent	23	20	*Elle aurait pu choisir son plat toute seule* [21] She could have chosen the scallops
Accusative	21	17	*Il aurait pu choisir les Saint-Jacques* [22] He could have chosen the scallops
	44[23]	37[24]	

6.4 Syntactic operations for the Allergy variable

---

[21] Control group SBJ1#3.

[22] Control group SBJ6#1.

[23] One occurrence excluded because not operating on the agent nor the accusative (SBJ26#1).

[24] Three occurrences excluded because not operating on the agent nor the accusative (SBJ11#3, SBJ12#2, SBJ29#2).

DOI: 10.1051/shsconf/20173800006

The modifications made to the Allergy variable were based on syntactic operations applying either to the patient or the accusative. The former consisted to say that Karen was not suffering from a rare condition, as opposed to the stimulus story (*Elle aurait pu ne pas etre allergique*; She could have not being allergic). The latter consisted to say that Karen did warn Carlson about her intolerance to fermented drinks, which was something she omitted in the stimulus story (*Karen préviens Carlson de sa maladie*; Karen warns Carlson about her condition). The distribution of these syntactic operations was similar across the groups, being the scenario of reporting the illness more frequently activated than the scenario where Karen does not suffer from a rare condition. The examples shown in Table 5 were produced by native French speakers.

In L1 Spanish, 16 modifications were related to the Allergy variable. 11 applied to the accusative and 5 to the patient.

Table 5. Distribution of the modifications targeting the Allergy variable.

	Control group	L2 French	Examples
Patient	9	7	*Elle aurait pu ne pas être allergique* [25] She could have not being allergic
Accusative	17	12	*Karen aurait pu prévenir son supérieur de son allergie* [26] Karen could have warned her boss about her condition
	26	19	

6.5 Syntactic operations for the Promotion variable

All the modifications made to the Promotion variable were based on syntactic operations involving affectedness. The counterfactual scenarios provided by participants consisted to say that Karen had not been promoted, unlikely what expressed in the stimulus (*Elle aurait pu ne pas être promue*; She could have not being promoted). Modifications related to the Promotion variable represented roughly 8% in each group, being the less modified variable within the W_0 set *Allergy / Dish / Promotion* (cf. Table 2). This was also the case in L1 Spanish, where 9 modifications targeted the Promotion variable.

Table 6. Syntactic operations across the modified variables.

	Control group	L2 French	*p*-values X^2 Test
Agent (n=43)			
Dish	23	20	0.7
Accusative (n=67)			
Dish	21	17	0.5
Allergy	17	12	0.4
Patient (n=30)			
Allergy	9	7	0.7
Promotion	7	7	1

[25] Control group SBJ6#3.

[26] Control group SBJ27#1.

Table 6 shows no significant differences between groups in the syntactic operations pertaining to the items *Dish / Allergy / Promotion*. This suggests that natives and L2 French speakers behave similarly from a procedural viewpoint to the mutation task.

6.6 Repertoires of lexical verbs

The verbs associated to a given variable were analyzed in order to know whether the lexical lists produced by the control group and the L2 speakers differed. First, we will pay attention to the list prompted by the Dish variable, which was the most modified variable in both groups (section 6.6.1). Secondly, we will present the lists of repertoires targeting the variables Allergy and Promotion (sections 6.6.2 and 6.6.3, respectively). Within each variable, verbs are presented in separate sets depending on the linguistic property they modify (i.e., agentivity, transitivity or affectedness).

6.6.1 List of verbs targeting the Dish variable

In all, 85 modifications targeted the Dish variable. 40 were produced by the learners' group and 45 by the control group. In L2 French, 55% of the modifications targeting the Dish variable carried any of the dynamic verbs *choisir, commander, demander* (to choose, to order, to request). In the control group, these verbs were used in 64.4% of the modifications targeting the Dish variable. Concerning the use of these verbs in logical operations involving agentivity and transitivity similar distributions were observed in L1 and L2 French for the verbs *choisir* and *commander* (to choose, to order) but not for the verb *demander* (to ask), (cf. Table 7).

Table 7. List of verbs modifying the Dish variable (n = 85)[27].

	Control group	L2 French	Examples
Agentivity (n=43)			
Choisir (15)	9	6	*Elle aurait pu choisir toute seule son plat* [28] She could have chosen her own dish
Commander (7)	4	3	*Si Karen commandait son propre repas* [29] If Karen ordered her own dish
Demander (5)	4	1	*Elle aurait dû demander au serveur la composition du plat* [30] She should have asked the dish's ingredients to the waiter
Transitivity (n=38)			
Choisir (11)	6	5	*Il aurait pu choisir les Saint-Jacques* [31] He could have chosen the scallops
Commander (7)	4	3	*Monsieur Carlson aurait dû commander les Saint Jacques* [32] Mr. Carlson should have ordered the scallops
Demander (6)	2	4	*Il aurait demandé si les repas avaient ou pas de vin* [33] He would have asked whether the dishes had any wine

[27] Four occurrences excluded because not operating on the agent nor the accusative (SBJ26#1 from the control group, and SBJ11#3, SBJ12#2, SBJ29#2 from the learners' group).
[28] Control group SBJ6#2.
[29] Control group SBJ14#1.
[30] Control group SBJ8#2.
[31] Control group SBJ6#1.
[32] Control group SBJ7#2.
[33] Learner SBJ10#3.

 DOI: 10.1051/shsconf/20173800006

In all, French natives produced more conceptualizations based on reversals at the level of the agent, compared to L2 speakers. One possible interpretation is to consider Spaniard native speakers as more indulgent concerning the decision-role of Mr. Carlson over Karen's menu. Conversely, one might see French speakers as more concerned by Karen's passiveness. The small size of our sample make impossible to confirm this observation by quantitative methods. In Table 7, five examples come from the control group and one from the group of learners.

In L1 Spanish, the more frequent verbs were *pedir* (to order) with 12 occurrences, *preguntar* (to ask) with 7 occurrences, *elegir* (to choose) with 3 occurrences and the infinitive periphrasis *dejar pedir* (to let ordering) with also 3 occurrences. It is interesting to note that the Dish variable recall verbs with equivalent meanings in French and Spanish: *commander / pedir* (to order), *preguntar / demander* (to ask), *choisir / elegir* (to choose). It can be claimed that this result might be influenced by a retest effect in the Spanish participants who were interviewed twice, first in their L1 and then in L2 French or vice versa[34]. We will come back to this idea further in the Discussion (section 7).

6.6.2 List of verbs targeting the Allergy variable

The variable Allergy was modified in 45 counterfactual responses. The group of learners produced 19 and the control group produced 26. As mentioned in section 6.4, the modifications made to the Allergy variable were based on syntactic operations applying either to the patient (16 responses) or the accusative (29 responses). Concerning the list of verbs operating at the level of the accusative the control group and the learners' group produced similar outputs (cf. Table 8). In both groups the more frequent verbs were *dire* (to tell, 4 occurrences each) and *prévenir* (to inform, 3 occurrences each). Despite of similar distributions, the list of verbs produced by the control group was lexically richer, with verbs that did not emerge in the learners' production such as *avertir* (to warn, 2 occurrences), *signaler* (to report), *tenir au courant* (to keep informed) or *spécifier* (to state). Unlikely, the verb *parler* (to talk) was produced by both groups (2 occurrences found in the control group and one in the group of learners). The examples reported in Table 8 came from native French speakers.

Table 8. List of verbs modifying the Allergy variable (n = 45).

	Control group	**L2 French**	**Examples**
Affectedness (n=16)			
Être (8)	7	1	*Elle aurait pu ne pas être allergique* [35] She could have not being allergic
Avoir (8)	2	6	*Elle aurait pu ne pas avoir de maladie héréditaire rare* [36] She could have not had a rare condition
Transitivity (n=29)			
Dire (8)	4	4	*Elle aurait dû le dire dans son travail* [37] She should have tell it at work
Prévenir (6)	3	3	*Karen aurait pu prévenir son supérieur de son allergie* [38] Karen could have informed her boss about her condition

[34] Language configuration was assigned in a random order across participants (cf. Summary of Spanish-speaking participants in the Annexes).
[35] Control group SBJ6#3.
[36] Control group SBJ1#1.
[37] Control group SBJ13#2.
[38] Control group SBJ27#1.

 DOI: 10.1051/shsconf/20173800006

As for the list of verbs modifying the patient's affectedness, distributional differences were found concerning the state verbs *être* (to be) and *avoir* (to have). In L2 French, the more frequent verb used to modify the patient's affectedness was *avoir* (6 occurrences), whereas the control group preferred *être* (7 occurrences). This preliminary result can be interpreted as if each group favored a different prominent representation: 'being ill' in the case of the control group and 'having an illness' in the case of the learners' group.

6.6.3 List of verbs targeting the Promotion variable

In L2 French, the modifications made to the Promotion variable carried dynamic verbs such as *recevoir* (to receive, 2 occurrences), *donner* (to give, one occurrence) and *devenir* (to become, one occurrence). The state verb *avoir* (to have) was found in two occurrences. Unlikely, the control group strictly used state verbs to modify the Promotion variable, with 6 occurrences carrying the verb *avoir* (to have) and one occurrence carrying the verb *être* (to be). The small size of our sample concerning the Promotion variable does not allow us to make any conclusion here. However, the use of both dynamic verbs and state verbs by the learners' group, and the strictly use of state verbs by the control group seems to us an interesting result that merits to be further explored. One possible interpretation may be that the conceptualization of the item Promotion is [+ durative] for the control group and [+ punctual] for the Spanish learners, as if French speakers represented themselves as 'being promoted' and the Spanish learners as 'becoming promoted'. The production of an achievement verb to refer to the item Promotion by Spaniards might be explained by a transfer related to aspectual semantics. Situations including an inherent endpoint may be expressed in Spanish by verbs as 'to give' or 'to obtain' (dar, obtener), rather than 'to have' (tener). A durative kind of situation normally requires the use of a durative situation verb phrase, while a punctual kind of situation always require the use of a punctual situation verb phrase (Declerck 2006). Is the item *ascenso* (promotion) more frequently combined in Spanish with accomplishment verbs rather than sate verbs? Further studies should answer this question in order to confirm an eventual influence of L1 in L2 form-function mapping.

7 Discussion

Our results so far have pointed out two layers of language's architecture: one superficial level that accounts for the grammatical devices used in French (i.e., the *modus*, in our terminology), and one deeper level that accounts for the logical operations based on the agent, the direct object or the patient (i.e., the *dictum*). In the present section, we will answer some questions presented at the beginning of this article (cf. section 2).

7.1 Lack of significant differences in the *dictum*

Although preliminary, our results confirmed that logical operations on semantic roles were similarly distributed across L1 and L2 speakers. This means that the cognitive principles yielding the simulation heuristic (Kahneman & Tversky 1982) also apply in L2 productions. The role of the input language in decision-making tasks has been widely discussed by psychologists. In particular, decision-making has been shown to be modulated by the language in which a problem is presented in contexts involving a high emotional connotation (Keysar et al. 2012). In decision making under uncertainty, the use of a foreign language has proved to promote consistent choices and to reduce ambiguity aversion (Costa et al. 2014). The conclusions of these studies confirmed behavioral differences between L1 and L2 populations. Our results should not be read under behavioral considerations but from a procedural-knowledge perspective.

The stimulus's variables more frequently modified were equally distributed within groups, being the most recent event presented in the input, the most targeted by both populations (i.e., Carlson's decision on the dish). This result can be explained by the principle observed by Miller & Gunasegaram (1990) which predicts that, when confronted to two independent states-of-affairs, people tend to blame the agent having more recently intervened. In a more general way, the lack of differences in the outcomes produced by the control group and the learners' group proved the robustness of the principles guiding mental simulation beyond the use of SL.

VACs involving affectedness and transitivity were based on the use of identical grammatical features in L2 and L1. VACs relating to affectedness were realized by static verbs in negative assessments (*e.g., Elle aurait pu ne pas être allergique;* She could have not being allergic), whereas VACs relating to transitivity were realized by dynamic verbs in affirmative assessments (*e.g., Il aurait pu choisir l'autre plat;* He could have chosen the other dish).

An explicative factor for the lack of differences between L2 and L1 speakers at the level of the *dictum* may be related to the imbricate relationship between semantics and the maturation constraints allowing the representation of causality. Spatial, temporal and object permutations are cognitive prerequisites to further integrate the abstract notions of causality and counterfactuality (Piaget 1963). Preceding literature on language acquisition has shown that both production and comprehension are conditioned by maturation constraints (Amidon 1976, Bates 1976, Reilly 1982, Champaud et al. 1993, Harris et al. 1996). The properties operating at the level of VACs –e.g., agentivity, transitivity, affectedness– are thus likely to be at the center of the mental representations involving causality and thus, they are likely to belong to a deeper layer of language compared to lexical or grammatical realizations.

7.2 Lexical realizations of noun-verb constructions

VACs modifying the patient's affectedness –i.e., Karen suffering from a rare condition– revealed differences between the control group and the learners' group concerning the use of state verbs. In L2 French, *avoir* (to have) was preferred over *être* (to be), whereas in the production of the control group *être* was more frequent than *avoir* (cf. Table 8). These preferences may reflect different prominent representations for each group. Does this mean that the idea of 'being ill' is more frequently activated compared to the idea of 'having an illness', in the mind of native French speakers? The small size of our sample does not allow us to make any conclusion of this sort. Interestingly, another conceptualization that revealed differences between the control group's production and the L2 French's was again related to the patient's affectedness –this time, Karen being promoted–. Here the counterfactual modifications produced by the control group carried strictly state verbs, whereas the repertoire in L2 French contained either dynamic or state verbs. In L1 French the expression 'to have a promotion' (*avoir une promotion*) was prominent. Unlikely, in L2 French the repertoire of verbs was greater but none of them had more than 2 occurrences. This may suggest that the noun-verb constructions prompted by the variable Promotion were less familiar to the L2 learners compared to the noun-verb constructions prompted by the variable Dish. VAC's modifying the agent's role or replacing the input's accusative by another revealed no differences between groups. As for the variable Dish, the most frequent verbs in both groups were to choose, to order, and to ask (*choisir, commander, demander*).

Previous studies have shown that the L2 acquisition of VACs is affected by frequencies in natural language usage, by their prototypicality, and by their contingency of form-function mapping (Ellis et al. 2016: 217). Our results suggest that the lexicalized patterns within VACs modifying the patient's affectedness are less familiar to learners than those modifying transitivity and agency. The syntactic operations operated on affectedness have shown some divergences in the lexical realizations of verb-noun constructions in L1 and L2 for (i) state verbs –i.e., *avoir* versus *être*– expressing someone's condition, and between (ii) accomplishment verbs and the state verb *avoir* when expressing someone's promotion.

Certain salient features in the L1 have proven to have an impact in L2 conceptualizations (Slobin 1996, Carroll et al. 2012, Hung 2012) especially when the languages involved hold typological differences (e.g., verb-framed languages like French or Spanish versus satellite-framed languages like German or English). The lexical preferences of Path shown by Japanese learners of English indicated a pattern that resembled a gradual convergence between the L1 and the L2 (Brown & Gullberg 2011). These authors observed that the distribution of verbs and adverbials in the L2 production was midway between source and target languages. It would be interesting to integrate our preliminary results on affectedness in the design of future methods to further explore the lexicalized patterns in the semantic domain of counterfactuality.

7.3 The impact of L2 proficiency in the *modus*

In section 5.2.1 we have presented some individual differences between learners that testimony of the group's heterogeneity. The learners' differences regarding the time of immersion in France and the time of FFL studies may explain the dissimilarities at the level of their L2 proficiency. As for *the modus*, some grammatical features appeared not to be native-like integrated in the L2 system of some learners. This was the case for the realization of negative sentences involving the *passé composé* for one Spanish learner accounting for 3 months of immersion and 4 years of FFL studies at the time of the data collection (SUBJ2). The French negative marker *pas* –which is canonically used between the auxiliary verb and the past participle– was sometimes omitted (e.g., *Monsieur Carlson n'y a pas d'argent, il **n'a pu inviter** à le restaurant à Karen)* or produced after the past participle (e.g., *Karen ne a pas mort parce qu'elle **ne a mangé pas** la sauce à base de vin de les moules*). Other inconsistences related to the segments reported above are (i) the lack of systematic contracted forms involving the negative marker *ne* when followed by the auxiliary *avoir* (i.e., *elle n'a pas mangé*); (ii) the non-native use of the auxiliary *avoir* to express the accomplishment of someone's decease; and (iii) the non-concordance of the past participle with the subject's gender (i.e., *elle est morte*). These observations make us consider the proficiency level of SBJ2 as relatively less advanced compared to other learners. Beyond this particular case, the group of learners proved to have a relatively complex verbal morphology to express counterfactuality in L2 French that accounted for forms of the past conditional, the *plus-que-parfait* and the present subjunctive (cf. Repiso 2014: 262-263). No significant differences were found between the learners coming from Latin America and those coming from Spain for the distribution of the grammatical means used to encode counterfactuality in Spanish (cf. Repiso 2013: 104).

The combination of a past conditional and a modal verb (e.g., *elle aurait pu/dû*, she could/should have + past participle) was the most frequent grammatical device used by native French speakers to encode counterfactual scenarios, representing 35% of the 90 responses. In L2 French, this combination was found in 16% of the scenarios provided by 10 Spanish-speaking participants. 5 of these participants worked in France from at least 9 years (SBJ3, SBJ16, SBJ18, SBJ27, SBJ30)[39] and thus, are represented at the right side of

[39] Two of these participants were from Spanish, one from Mexico, one from Colombia, and one from Peru.

 DOI: 10.1051/shsconf/20173800006

Figures 2 & 3 (section 5.2.1). This suggests that the most experienced speakers in terms of immersion are more likely to express themselves in a native-like manner compared to the rest of the group. Two reasons can explain this advantage. First, they are exposed to a large amount of input from the *irrealis* semantic domain. Second, they have more opportunities to perceive frequency-biased regularities, like the use of modal markers *pu/dû* to express *what might have been* in French. In the Spanish learners' group, 9 participants presented an immersion in France higher or equal to 9 years (cf. section 5.2) but only 5 of them produced the modalized conditional that prominently characterized the productions of the native French speakers. The other 5 Spanish-speaking participants having produced the modalized conditional presented heterogeneous profiles concerning the time of immersion in France – going from 5 months to 4.5 years– and the time of FFL studies, going from 6 months to 15 years. These 5 participants are represented somewhere in the left side of Figures 2 & 3 among other unexperienced learners (section 5.2.1). This observation suggests that individual differences linked to psychological traits or factors as motivation are equally important to explain L2 proficiency as immersion or FL studies.

8 Conclusion

We hope to have drawn attention on semantics as a depth-level of language less permeable to L2 language-based differences. The preliminary results presented in this article revealed no significant differences between L2 and L1 speakers for the *dictum* –i.e., the stimulus's variable to which the informational content applies– but they did for the *modus* –i.e., the way in which the conceptualization of such information is realized–. 86% of the modifications operated by the control group and 73% of the L2 French group resulted from restoring the normal value of a variable rather than from introducing unlikely events. This result is coherent with the cognitive principle of simulation heuristic formulated by psychologists Daniel Kahneman and Amos Tversky (1982). As for the lexical realizations concerning noun-verb constructions, qualitative differences were found between L2 learners and the control group. The former used either dynamic verbs or state verbs to modify the input's variable Promotion, whereas the later strictly used state verbs. This might be explain because the mental representations prompted by the item Promotion, which seems to be [+ durative] for the control group and [+ punctual] for the learners' group. It has been argued that the L2 VACs may be influenced by the aspectual semantics of the equivalent noun in L1 Spanish (*ascenso*, promotion) and the nature of the verbs more frequently associated to it (i.e, dynamic verbs such as *dar* or *obtener*, to give, to obtain). Further research targeting a greater number of participants and languages should confirm the preliminary results presented here.

Acknowledgements

I express my gratitude to the organizers of the conference *Knowledge and Usage in Second Language*, where these results were first presented (University of Nantes, 2016 June 29th – July 1st). Thanks to the scientific committee and to the anonymous reviewers for their insightful comments and suggestions.

References

Amidon, A. (1976). Children's Understanding of Sentences with Contingent Relations: Why Are Temporal and Conditional Connectives so Difficult? *Journal of Experimental Child Psychology* 22, 423-437.

Bates, E. (1976). *Language and Context: The Acquisition of Pragmatics*. New York: Academic Press.

Brown, A., Gullberg, M. (2011). Bidirectional cross-linguistic influence in event conceptualization? Expressions of Path among Japanese learners of English. Bilingualism: *Language and Cognition 14 (1)*, 79-94. DOI: 10.1017/S1366728910000064.

Carroll, M., Weimar, K., Flecken, M., Lambert, M., Stutterheim, C. von. (2012). Tracing trajectories. Motion event construal by advanced L2 French-English and L2 French-German speakers. *Language, Interaction and Acquisition (LIA)* 3:2, 202-230.

Champaud, C., Bassano, D., Hickmann, M. (1993). Modalité épistémique et discours rapporté chez l'enfant français. In N. Dittmar & A. Reich (Eds.), *Modalité et acquisition des langues* (pp. 185-209). Berlin: The Gruyter.

Cheng, P. W., Novick, L. R. (1991). Causes versus enabling conditions. *Cognition* 40, 83-120.

Costa, A., Foucart, A., Arnon, I., Aparici, M., Apesteguia, J. (2014). "Piensa" twice: On the foreign language effect in decision making. *Cognition* 130 (2), 236-254.

Croft, W., Cruse, D. A. (2004). *Cognitive Linguistics*. Cambridge: Cambridge University Press.

Declerck, R. (2006). *The Grammar of the English Tense System: A Comprehensive Analysis*. Berlin: Mouton de Gruyter.

Dowty, D. (1991). Thematic proto-roles and argument selection. *Language* 67/3, 547-619.

Dray, K., Uphill, M. A. (2009). A survey of athletes counterfactual thinking: Precursors, prevalence, and consequences. *Sport & Exercise Psychology Review* 5 (1), 16-26.

Ellis, N. C., Römer, U., O'Donnell, M. B. (2016). *Usage-based Approaches to Language Acquisition and Processing: Cognitive and Corpus Investigations of Construction Grammar*. Oxford: Wiley.

Gilabert, R., Barón, J., Levkina, M. (2011). Manipulating task complexity across task types and modes. In Robinson P. (Ed.), *Second Language Task Complexity. Researching the Cognition Hypothesis of language learning and performance*. Amsterdam: John Benjamins. 105-138.

Harris, P. L., German, T., Mills, P. (1996). Children's use of counterfactual thinking in causal reasoning. *Cognition* 61, 233-259.

Hume, D. (1739/1992). *Treatise of Human Nature*. New York: Prometheus.

Hung, P. H. (2012). *L'acquisition de l'expression de la spatialité en mandarin langue étrangère par des apprenants francophones*. Ph. Dissertation under the supervision of Daniel Véronique. Aix-Marseille University. https://www.theses.fr/2012AIXM3125

Kahneman, D., Tversky, A. (1982). The simulation heuristic. In D. Kahneman, P. Slovic and A. Tversky, *Judgment under uncertainty*, (pp. 201-208). Cambridge: Cambridge University Press.

Keysar, B., Hayakawa, S., An, S. G. (2012). The foreign language effect: Thinking in a foreign tongue reduces decision biases. *Psychological science* 23, 661-668.

Lewis D. (1973/1976), *Counterfactuals*. Cambridge: Harvard University Press.

Mackie, J. L. (1974). *Causation*. Oxford: Oxford University Press.

Mandel, D. R. & Lehman, D. R. (1996). Counterfactual thinking and ascriptions of cause and preventability. *Journal of Personality and Social Psychology* 71(3): 450–463. DOI: 10.1037/0022-3514.71.3.450

Miller, D. T., Gunasegaram, S. (1990). Temporal Order and the Perceived Mutability of Events: Implications for Blame Assignment. *Journal of Personality and Social Psychology* 59, No. 6, 1111-1118.

Piaget, J. (1963). *La construction du réel chez l'enfant*. Paris : Delchaux et Niestlé.

Real Academia Española: Banco de datos CORDE en línea. Corpus diacrónico del español. http://www.rae.es [Consulté le 24/11/2015].

Reilly, J. S. (1982). *The Acquisition of Conditionals in English*. Ph. Dissertation, Los Angeles: University of California.

Repiso, I. (2014). La production des scenarios contrefactuels par des apprenants adultes hispanophones : quelques effets d'étrangeté liés à l'emploi du conditionnel en français langue étrangère. *Language, Interaction, Acquisition* 5:2, 252-281.

Repiso, I. (2013). *Parlons de l'irréel. L'expression de la contrefactualité en français, en espagnol et en italien et en français langue étrangère par des hispanophones et des italophones*. Ph. Dissertation under the supervision of Daniel Véronique. Aix-Marseille University & Universidad de Salamanca. http://www.theses.fr/2013AIXM3126

Rey-Debove, J., Rey, A. (2004). *Le Petit Robert*. Paris : Le Robert.

Rittle-Johnson, B., Wagner Alibali, M. (1999). Conceptual and Procedural Knowledge of Mathematics: Does One Lead to the Other? *Journal of Educational Psychology*, Vol. 91, No. 1, 175-189.

Schalley, A. C. (2004). *Cognitive Modeling and Verbal Semantics. A Representational Framework Based on Unified Modeling Language*. Berlin: Mouton De Gruyter.

Slobin, D. (1996). From "Thought and Language" to "Thinking for Speaking". In J. J. Gumperz & S. C. Levinson (eds.), *Rethinking Linguistic Relativity* (pp. 70-96). Cambridge: Cambridge University Press.

Summerville, A., Roese, N. J. (2008). Dare to compare: Fact-based versus simulation-based comparison in daily life. *Journal of Experimental Social Psychology 44*, 664-671.

Talmy, L. (2000). *Toward a Cognitive Semantics: Typology and Process in Concept Structuring*. Cambridge, MA: MIT Press.

Tournadre, N., LaPolla, R. (2014). Towards a new approach to evidentiality: Issues and directions for research. *Linguistics of the Tibeto-Burman Area* 37(2). Amsterdam: John Benjamins.

Van Valin, R. D., LaPolla, R. J. (1997). *Syntax: Structure, Meaning and Function*. Cambridge: Cambridge University Press.

Wells, G. L., Gavanski, I. (1989). Mental simulation of causality. *Journal of personality and social psychology* 56 (2), 161-169.

Annexes

A. Summary of French-speaking participants

Subject	L1	Sex	Age	Geographical provenance
1	French	F	21	Southeast France
2	French	F	22	Southeast France
3	French	F	21	Southeast France
4	French	F	56	Paris
5	French	F	20	Southeast France
6	French	F	25	Southeast France
7	French	F	20	Southeast France
8	French	F	55	Southeast France
9	French	M	26	Northern France
10	French	F	26	Southeast France
11	French	F	52	Southeast France
12	French	M	28	Paris
13	French	M	39	Southeast France

DOI: 10.1051/shsconf/20173800006

14	French	F	29	Southeast France
15	French	M	30	Eastern France
16	French	M	17	Southeast France
17	French	M	22	Southeast France
18	French	F	21	Quebec
19	French	M	33	Paris
20	French	M	33	Paris
21	French	M	29	Eastern France
22	French	F	28	Southeast France
23	French	F	23	Southeast France
24	French	F	30	Northern France
25	French	F	27	Southeast France
26	French	F	25	Southeast France
27	French	M	25	Southeast France
28	French	F	23	Southeast France
29	French	F	23	Southeast France
30	French	F	21	Southeast France

B. Summary of Spanish-speaking participants

Subject	L1	Sex	Age	Geographical provenance	FFL studies	Immersion	Random order
1	Spanish	M	26	Colombia	7 years	1 an	L1-FLE
2	Spanish	M	24	Southern Spain	4 years	3 months	L1-FLE
3	Spanish	M	35	Colombia	9 years	9 years	FLE-L1
4	Spanish	F	33	Southern Spain	7 years	4 years	L1-FLE
5	Spanish	F	33	Mexico	9 years	6 years	L1-FLE
6	Spanish	F	27	Colombia	3 years	2 years	L1-FLE
7	Spanish	F	28	Northern Spain	20 years	1 month	FLE-L1
8	Spanish	F	23	Southern Spain	8 years	1 year	L1-FLE
9	Spanish	F	29	Colombia	4 years	1 year	FLE-L1
10	Spanish	F	30	Colombia	15 years	1 year	FLE-L1
11	Spanish	M	22	Northern Spain	3 years	3 month	FLE-L1
12	Spanish	F	25	Madrid	2 years	5 month	L1-FLE
13	Spanish	M	23	Eastern Spain	2 years	3 month	FLE-L1
14	Spanish	F	28	Northern Spain	6 months	2 years	L1-FLE
15	Spanish	F	32	Chile	0	1 year	FLE-L1
16	Spanish	F	21	Madrid	15 years	17 years	FLE-L1
17	Spanish	F	44	Northern Spain	11 years	24 years	L1-FLE
18	Spanish	F	44	Northern Spain	12 years	24 years	FLE-L1
19	Spanish	M	33	Eastern Spain	5 months	8 month	FLE-L1
20	Spanish	M	38	Mexico	2.5 years	4 years	L1-FLE
21	Spanish	F	27	Madrid	5 years	5 years	FLE-L1
22	Spanish	M	24	Northern Spain	2 years	15 years	L1-FLE
23	Spanish	F	37	Northern Spain	5 years	19 month	FLE-L1
24	Spanish	M	36	Mexico	1 year	9 years	L1-FLE
25	Spanish	M	29	Mexico	2 years	4.5 years	FLE-L1
26	Spanish	M	37	Southern Spain	4 years	6 month	L1-FLE
27	Spanish	M	34	Mexico	1 year	10 years	FLE-L1
28	Spanish	M	38	Colombia	1 year	6 years	L1-FLE
29	Spanish	M	43	Chile	3 years	9 years	FLE-L1
30	Spanish	M	33	Peru	12 years	9 years	L1-FLE

C. Materials in Spanish

 DOI: 10.1051/shsconf/20173800006

Stimulus

Karen era asistente a la edición en una pequeña empresa de publicidad. Padecía una rara enfermedad hereditaria llamada hemotrisoma de Karpinson, caracterizada por la falta de una enzima que normalmente divide algunas proteinas en el aparato digestivo. Por ello las bebidas fermentadas como el vino o el licor podían causarle graves reacciones alérgicas.
Karen había sido ascendida de manera que su superior, el señor Carlson, la llevó a un caro restaurante francés para celebrarlo. El señor Carlson había comido en dicho restaurante varias veces, así que pidió por los dos. Mientras miraba el menú se preguntó qué pedir para Karen. Primero pensó en pedir unas vieiras pero en el último momento se decidió por los mejillones a la marinera. Aunque el señor Carlson no lo sabía, los mejillones a la marinera llevaban una salsa a base de vino mientras las vieiras, no.
Karen disfrutó de la comida pero empezó a sentirse mal poco después. En cuestión de minutos sufrió convulsiones y fue socorrida en una ambulancia. Karen murió de camino al hospital.

Instruction

Propón tres modificaciones que hubieran evitado la muerte de Karen y explica por qué habrían evitado su muerte.

D. Original materials in English

Stimulus

Karen was an assistant editor for a small publishing firm. She had a rare hereditary disease called Karpinson's hemotrysoma, characterized by the lack of an enzyme that normally breaks down certain proteins in the digestive system. Because of this, fermented drinks such as wine and liqueurs can cause a severe allergic reaction in someone with the disease.
Karen had just received a promotion so her boss, Mr. Carlson, took her to an expensive French restaurant to celebrate. Mr. Carlson had been to this restaurant several times, so he ordered for both of them. As he looked over the menu, Mr. Carlson considered what to order for Karen. He first thought about ordering the Coquilles Saint-Jacques, but at the last moment decided on the Moules Mariniere instead. Although Mr. Carlson did not know this, the Moules Mariniere was made in a wine sauce whereas the Coquilles Saint-Jacques did not contain any wine.
Karen enjoyed her meal greatly, but began to feel ill shortly after finishing. Within minutes, she went into convulsions and was rushed away in an ambulance. She died on the way to the hospital.

Instruction

Imagine three modifications that could have been different in the story to avoid Karen's death.

The intermediary role of reformulation in learning French as a foreign language: The case of students at the University of Ghana

Sewoenam Chachu[1]

[1] University of Ghana, Legon, Ghana

Résumé. **Le rôle intermédiaire de la reformulation dans l'apprentissage du français langue étrangère : le cas des étudiants de l'université du Ghana**. Cet article vise une réflexion sur le rôle intermédiaire de la reformulation dans l'apprentissage d'une langue étrangère par des étudiants de français à l'Université du Ghana. Notre objectif est de montrer que, après avoir écouté un extrait de texte, les apprenants sont capables de reformuler les différentes séquences du texte avec des degrés différents de difficulté. Nous essayons de savoir ce qui est reformulé, comment c'est reformulé et le lien avec l'apprentissage implicite ou explicite d'une langue. La démarche d'analyse de cette étude exploratoire consiste en une comparaison entre les séquences produites par les étudiants et les séquences du texte source. Nous examinons les séquences à partir de critères sémantiques et syntaxiques pour savoir quel type de reformulation est produit et si les différences perçues dépendent des niveaux des apprenants. Notre observation est que les apprenants reformulent beaucoup sans qu'il n'y ait de répétition. Cependant, il y a une différence dans la complexité de la reformulation selon les niveaux.

Abstract. The objective of this article is to provide an analytical perspective on the intermediary role of reformulation in foreign language learning by students of the French language at the University of Ghana. Our aim is to demonstrate that after having listened to an extract of a text, the learners are able to reformulate the different sections of the text with varying degrees of difficulty. We hope to find out what is reformulated and how it is reformulated and the link between implicit and explicit language learning. The method of analysis of this exploratory study consists in comparing the sequences produced by the students to the sequences of the source text. We examine the sequences based on semantic and syntactic criteria to know what kind of reformulation is produced and if the perceived differences are based on the level of the learners. Our observation is that the learners produce a lot of reformulation and there is no case of direct repetition. However, there are differences in the complexity of the reformulation that is based on the level of the student.

1 Introduction

Learning a foreign language involves a complex combination of both acquisition and learning. Paradis (2009) distinguishes between these two terms with acquisition referring to the implicit items and processes and learning referring to explicit or conscious items and processes. Whereas for native speakers, learning seems to be implicit, research has shown that foreign language learners need some explicit processing in learning the new language. (Ellis, 2008). Moreover, learners of a foreign language are often confronted with the challenge of how much of a language they have imbibed with this normally being measured through their performance. In expressing the difference between L1 and L2 acquisition by stating that:

> *The acquisition of L1 grammar is implicit and is extracted from experience of usage rather than from explicit rules—simple exposure to normal linguistic input suffices and no explicit instruction is needed. Adult acquisition of second language (L2) is a different matter in that what can be acquired implicitly from communicative contexts is typically quite limited in comparison to native speaker norms, and adult attainment of L2 accuracy usually requires additional resources of explicit learning. The various roles of consciousness in second language acquisition (SLA) include: the learner noticing negative evidence; their attending to language form, their perception focused by social scaffolding or explicit instruction; their voluntary use of pedagogical grammatical descriptions and analogical reasoning; their reflective induction of metalinguistic insights about language; and their consciously guided practice which results, eventually, in unconscious, automatized skill. (Ellis 2008:1)*

This study focuses on language knowledge and languages use by learners of French as a foreign language in the University of Ghana. We seek to determine the interface between their linguistic and extra linguistic knowledge in French (their L2) and even in English (their L1) and how this translates into their oral production of the French language. This paper has a two-fold objective. First of all, we seek to observe the types of reformulation outlined by Martinot (1994, 2000, 2015) that are expressed in the productions of students through the following means: i) The substitution of lexical items, ii) reconstruction from direct speech to reported speech, and iii) the manipulation of tenses. Secondly, we hope to explore how the types of reformulation observed reveals the knowledge and use of the French language by students of French as a foreign language in the University of Ghana.

2 Reformulation

This work is based on the theoretical framework of reformulation as developed by Martinot (1994, 1996, 2000, 2009, 2013, 2015). This framework borrows from the premise of Harris (1988, 2007) that language is used to explain language. By extension, it can be affirmed that it is possible to have semantically similar utterances even if they are structurally different since you will be trying to explain what a statement means usually by using 'your own words'. Reformulation was first described in Gülich (1983) in considering the analysis of conversation. For the author, reformulation makes reference to the various linguistic actions of rephrasing and paraphrasing which characterize verbal interaction. Reformulation has also been studied by Clark (1985), Kail (1994), and Hickman (1997). Their research was based on a psycholinguistic viewpoint with the aim of testing learners' comprehension in relation to their production. These reformulatory actions have been identified and classed by specialists in the field of the teaching of the mother tongue. Indeed, Martinot (2000) describes reformulation as being a common and spontaneous activity of any speaker who is producing language. It is not necessarily with the aim of giving explanations and is not limited to conversations. The activity of reformulation is a linguistic enterprise which can be undertaken either by a group of people who progressively adjust their words to produce a particular meaning, or it can be practiced by an individual – such as an author searching for the right words to use to convey a certain effect.

When used in the domain of the teaching of foreign languages, this term usually refers to the corrective action of the teacher as he tries to reformulate the production of the foreign language learner into more acceptable renditions.

2.1 Definition of reformulation

For the purposes of this article, we will use the definition of Martinot (2015:3) in which she refers to and maintains her definition from 1994. This is defined as :

« ...tout processus de reprise d'un énoncé antérieur qui maintient, dans l'énoncé reformulé, une partie invariante à laquelle s'articule le reste de l'énoncé, partie variante par rapport à l'énoncé source... ».

This definition can be translated as follows :

« ... any process of restating a previous statement which maintains, in the reformulated statement, an invariable part to which the rest of the statement which could be different from the source statement is attached ... »

Two characteristics of reformulation that are spelled out in the definition by Martinot are that firstly, the reformulated extract must have its origins in a previous statement. Secondly, there must be similarity of content and/or form for it to be called a reformulation of the source statement. According to Martinot (2015), this definition makes room for paraphrastic reformulations, non paraphrastic reformulations, and repetitive reformulations. It also enables one to situate the linguistic level of the invariable part of the statement – whether it is lexical, syntactic or semantic – and also the linguistic level of the modified part that is introduced into the reformulated statement.

For example, a reformulated statement can have the same lexical items and the same construction but the meaning will not be the same:

1) SS[1]: Kofi looks at Ama.
2) RS[2]: Ama looks at Kofi.

Secondly, a reformulated statement can have the same lexical items and the same meaning but have a different construction. These are transformations.

3) SS: The teacher beat the student
4) RS: The student was beaten by the teacher

Thirdly, a reformulated statement can have the same lexical items and the same meaning but have a different structures. This is the case for restructured statements.

5) SS: John loaded the books into the car.
6) RS: John loaded the car with books.

Finally, we have the scenario where a reformulated sentence can have the same meaning but have different lexical items and a different construction. These are considered semantic paraphrases.

7) The woman feeds her baby.
8) The mother gives food to her new-born child.

On the whole, a learner receives input (oral or written) which he reformulates and produces as output (oral or written). The process between inputting the information and bringing it out as an output reveals the capacity of the learner to carry out the various types of reformulation cited above and to produce more complex or simplified sentences from the source statement that they heard or read.

Even though the existing work on Reformulation by Martinot (1994, 1996, 2000, 2013, 2015) has often focused on first language acquisition, we observe that the main thrust and the ideas can also be applied to foreign language learning since the learners also have to deal with prior information and produce language based on this prior information. There is therefore a processing of input that leads to an output. Moreover, reformulation is important in foreign language acquisition because it demonstrates the capacity of learners to carry out syntactic transformations and to simplify or make their utterances more complex. Our research reveals very scanty literature in this domain with the only relevant one we found being Gerolimich (forthcoming) who carried out a study on reformulation into and from French by Italian native speakers. The aim of her study was to investigate if reformulation can serve as a means of understanding the process of acquiring a foreign language. In her article, the author makes a distinction between mother tongue acquisition and foreign language learning in that usually the learner of a foreign language usually has acquired the linguistic system of the mother tongue and has also reached a relatively advanced stage of cognitive development – especially in the case of adolescents and adult learners. Due to this distinction, someone who is learning a foreign language is

[1] SS – Source Statement

[2] RS – Reformulated Statement

likely to employ various means that a child acquiring the mother tongue is not likely to employ. Some of these include:

i. Depending on their extra-linguistic knowledge.
ii. Depending on prior linguistic knowledge of the mother tongue or another foreign language learnt before the current target language. This usually leads to linguistic transfers (both positive and negative).
iii. Their implicit and explicit knowledge of the target language.
iv. The context and the co-text.

These factors come into play in one way or the other and are demonstrated in the oral and written productions of the learners.

3 Data Collection

Data was gathered qualitatively from students at the Department of French at the University of Ghana. We used ten volunteers from the third year Bachelor's degree students and ten volunteers from the final year Bachelor's degree students. We must state that there is a two year gap between the students in the third year and the students in the final year since the final year students go for a one year language immersion program in France or Benin to improve their French before coming back to take their fourth year courses. We will therefore rate the third year students as A2/B1 in French in the European Common Framework for languages and the final year students at B2 on the average with the very good students being rated as C1. They listened to a story in French which was read to them twice[3]. The students were then asked to retell the story as best they could immediately after hearing it the second time. The production of the students in retelling the story served as the data for this research.

3.1 Choice of story

The extract from the story *La princesse et la grenouille,* the French version of *the Princess and the Frog*, fairy tale in a 2012 Disney collection entitled *365 histoires pour le soir : princesses*, (page 67) was selected because it is considered to be written in a simple, clear style and therefore accessible to all the students irrespective of their level. The vocabulary was also considered to be vocabulary they should be familiar with save for a few expressions. Finally, this story was selected because it is a storyline that learners are likely to be familiar with and therefore their comprehension will be facilitated. We considered the approach of reformulating from a source text relevant because this made it possible for the researcher to control the initial input which can be more easily compared to the output of the students.

3.2 Experimental protocol

20 volunteers were sought from among the third year and final year students of the French Department of the University of Ghana – 10 students from each class. The students were aged between 19 and 25 years across levels. Students in the third year

[3] The material is available on IRIS (iris-database.org)

usually have A2+ competence in French and students in the final year usually have B2 competence. The final year students spend a year after the third year in a francophone country – either Benin or France – and so there is actually a two-year gap between them and the third-year students. Each class of 10 students was collectively read an extract from *La Princesse et la Grenouille* (in French) and each class was read the story twice. After the reading, 5 students in each class were asked to retell the story orally and 5 were asked to retell the story in writing. The oral responses were recorded with their permission and transcribed. The transcribed responses and the written responses of the other groups were then fit into the sequences of the story to find out what the students had formulated and what they had not, as well as how they had formulated the sequences that were formulated. Due to some technical challenges, we could not access two of the oral recordings for those in final year and so on the whole we had 18 productions instead of the expected twenty.

This paper does not present every single aspect of reformulation but we present the reformulations which show evidence of the changes in lexical items, change from direct to reported speech, and manipulation of tenses. We will discuss how these reformulations show evidence of implicit and explicit learning.

3.3 Oral reconstruction versus written reconstruction

The following table presents a summary of the difference in the retelling of the story based on the mode of reformulation i.e. whether oral or written.

Table 1. Comparison of written reconstruction versus oral reconstruction

Sequence		written	oral
1	Tiana venait de découvrir une grenouille sur le balcon.	10	5
2	La jeune fille ne s'en serait pas plus étonnée que cela…si la grenouille ne s'était mise à parler !	3	1
3	Tiana rentra dans la chambre, terrorisée. Elle n'arrivait pas à y croire.	7	5
4	Quelle histoire à dormir debout…a défaut d'un conte de fées.	0	0
5	Je ne voulais pas vous effrayer, s'excusa la grenouille en la rejoignant dans la chambre. Elle sauta sur un meuble afin de voir Tiana de plus près.	4	3
6	Je me présente : Prince Naveen de Maldonia.	7	5
7	J'étais très beau et très charmant…jusqu'à ce que cet horrible sorcier me transforme !	9	6

 DOI: 10.1051/shsconf/20173800007

8	Terrifiée, Tiana empoigna un gros livre sur une étagère et elle tenta d'assommer la grenouille avec.	5	1
9	Attendez ! Je connais cette histoire ! l'arrêta soudain cette dernière en examinant la couverture du livre. C'est celle du Prince grenouille !	4	2
10	Vous voyez, c'est comme dans le conte de fées. Si vous m'embrassez, je redeviendrai sûrement un prince !	8	5
11	Tiana grimaça, écœurée.	0	0
12	Je n'embrasse pas les grenouilles, refusa catégoriquement Tiana.	5	6

An analysis of Table 1 shows that, on the whole, the story was reformulated more by those who retold it in writing, than by those who retold the story orally. With the exception of the 12th sequence which had one more sequence orally reformulated than the written reformulations and sequences 4 and 11 which were not reformulated at all either orally or in writing, every other sequence has more written reformulations than oral reformulations. Could this be because at this level of acquisition, students are still more comfortable writing in French than speaking it? Our general observation of students of the French language in Ghana is that, they do better at written production than at oral production. This has been attributed to many factors including the emphasis on writing the language rather than speaking it right from the high school. However, another reason could be that the students who retold the story in writing had more time to write than those who had to retell the story orally. This may have led to higher recall. It can also be observed that certain sequences are formulated with greater frequency than others (cf. sequences 1, 3, 6, 7, 10, 12). If these sequences are put together, they present a summary of the text and the main highlights of the story – the storyline. The other sequences seem to be explanations or extensions, providing additional information which may explain why they are not reformulated as much.

Table 2. Comparison of reformulation by level (3rd and final year of study)

Seq.	Content	Written		Oral		Total
		3rd year	final year	3rd year	final year	
1.	Tiana venait de découvrir une grenouille sur le balcon	5	5	2	3	15
2.	La jeune fille ne s'en serait pas plus étonnée que cela…si la grenouille ne s'était mise à parler !	1	2	0	1	4

3.	Tiana rentra dans la chambre, terrorisée. Elle n'arrivait pas à y croire.	5	2	3	2	12
4.	Quelle histoire à dormir debout…a défaut d'un conte de fées.	0	0	0	0	0
5.	Je ne voulais pas vous effrayer, s'excusa la grenouille en la rejoignant dans la chambre. Elle sauta sur un meuble afin de voir Tiana de plus près.	1	3	1	2	7
6.	Je me présente : Prince Naveen de Maldonia	4	3	2	3	12
7.	J'étais très beau et très charmant… jusqu'à ce que cet horrible sorcier me transforme !	5	4	3	3	15
8.	Terrifiée, Tiana empoigna un gros livre sur une étagère et elle tenta d'assommer la grenouille avec.	2	3	0	1	6
9.	Attendez ! Je connais cette histoire ! l'arrêta soudain cette dernière en examinant la couverture du livre. C'est celle du Prince grenouille ![…]	2	2	0	2	6
10.	Vous voyez, c'est comme dans le conte de fées. Si vous m'embrassez, je redeviendrai sûrement un prince !	4	4	2	3	13
11.	Tiana grimaça, écoeurée. […]	0	0	0	0	0
12.	Je n'embrasse pas les grenouilles, refusa catégoriquement Tiana	2	3	3	3	11

An analysis of the differences in reformulation by year group show that there is no significant difference in the number of reformulations by third-year students and the number of reformulations by final year students. However, the final year students

DOI: 10.1051/shsconf/20173800007

have a slightly greater number of reconstitutions than the third year students. This could be because on the whole, they have a better level of competence since they have also benefitted from a year abroad program, which has given them the opportunity to immerse themselves in the language. We also observe that even though there is not much difference when it comes to the quantity of reformulations, there is a difference in the quality of reformulations. That is to say, there is a difference in the complexity of the reformulations including the using of relatives, transformation of words from one category to the other etc. with the final year students displaying higher performance in this regard. In this paper, we will not dwell so much on the differences as the focus is to show that foreign language learners in general are able to input information and output it in their own way.

4 Syntactical analysis of reformulation by students

Results demonstrate that most students reformulated at least seven out of the twelve sequences of the story. It is also observed that none of the students completely repeated any of the sequences. However, there was evidence of semantic paraphrases and situational paraphrases. We will now present the syntactic aspect of our observations focusing on the three phenomena mentioned earlier in this paper:

i) The substitution of lexical items,
ii) Reconstruction from direct speech to reported speech, and
iii) The manipulation of tenses.

In the following section, we present some examples of the three phenomena focusing on the particular sequences where they are most prevalent. For each example, we present the source statement (SS) i.e. the sequence observed as well the reformulated statements (RS) that are linked to it. We also indicate the level and the age of the participant who produced the said reformulation. The individual students are identified using the alphabet (*a* to *r*). As much as possible, the utterances are reproduced as they are though there are few modifications such as placing of accents to help clarify meaning.

4.1 The substitution of lexical items

It was observed that several of the participants in the study replaced certain words and expressions in the source text with other lexical items. These included replacing adjectives and verbs with some synonyms or even using phrases to try to explain when they do not have the right word. Some examples are as follows:

Sequence 3, SS : Tiana rentra dans la chambre, *terrorisée*. Elle n'arrivait pas à y croire.

Written and oral reformulation :

9) RS : 3rd year, A, 22 yrs: Elle a couru vers une chambre et se réfugia à l'intérieur toute *terrifiée*.
10) RS : 3rd year, B, 19 yrs : *Terrifié,* elle a couru à sa chambre et la grenouille la suit.

11) RS : 4th year, G, 22yrs : Etant *efrayée*, Tiana est rentrée dans sa chambre et la grenouille l'a suivi.
12) RS : 4th year, J, 23yrs : Lorsqu'elle a remarqué ce fait, elle a *essayé d'échapper la scène*
13) RS : 4th year, Q, 22yrs : Elle était vraiment *effrayée* parce que la grenouille parlait.
14) RS : 4th year, P, 22yrs : Puisqu'elle *a eu peur*, elle a rentrée à sa chambre et la grenouille l'a suivre

We observe that in all the cases observed, the adjective *terrorisée* is mostly replaced by the past participles *effrayée* and *terrifiée* which are other forms of expressing fear. This is likely to be because they are more exposed to these two expressions *être effrayé* and *être terrifié* as being the means of being fearful. The expression *avoir peur* is also used once during the oral reformulation. It is the simplest form for expressing the notion of *being afraid*. *être effrayé* expresses a lesser degree of fear than *être terrifié*, which is closer in intensity to the adjectif used in the source statement – terrorisée. Interestingly, the final year students used the expressions of lesser degree (*être effrayé* and *avoir peur)* than the third year students (*être terrifié).* We also observed that one final year student used the expression …*elle a essayé d'échapper la scène.* We can infer from this that the student understood that Tiana did not find meeting the frog a pleasant experience and therefore she tried to escape from the scene. Certainly, one of the reactions to fear is to try to escape from the source of fear. We can therefore consider this a situational paraphrase.

Sequence 8, SS : Terrifiée, Tiana *empoigna* un gros livre sur une étagère et elle tenta d'*assomer* la grenouille avec.

Written and oral reformulation

15) RS : 3rd year, B, 19 yrs : Mais la princess *a pris* un livre et tentant de lui *frapper*
16) RS : 4th year, F, 22yrs : Tiana *a enlévé* un livre de l'étagère à l'intention d'*étouffer* la grénouille l'avec.
17) RS : 4th year, H, 23yrs : …. *elle tira* un livre sur l'étagère pour l'*écraser*.
18) RS : 4th year, P, 22yrs Tatiana a dit oh non Tatiana *a pris* une livre pour lui *tuer*

We observe in the examples above that the students substitute the verb *assommer* with *frapper, écraser, étouffer* and *tuer*. A possible explanation is that even though *assommer* is not a verb they are familiar with, they understood it's usage in context used verbs they were more familiar with which had a similar meaning. Even though some of the verbs are closer in meaning than to assommer than others, they all carry the meaning of causing harm or death.

Secondly, the verbe *empoigner* is replaced with *prendre, tirer*, and *enlever*. In this case, the generic verb is *prendre* and the other verbs are used with varying degrees of correctness but they all carry elements of the generic verb and thus can be said to be acceptable in this context.

Sequence 7, SS : J'étais très beau et très charmant…jusqu'à ce que cet horrible sorcier me *transforme* !

Written and oral reformulation

19) RS : 3rd year, A, 22yrs : La grenouille lui explique qu'elle était, autrefois un prince mais une méchante sorcière *l'a changé* en grenouille.
20) RS : 3rd year, B, 19 years: La grenouille la présente et il a dit qu'il était un prince très beau jusqu'a la societe lui *a changé* en une grenouille
21) RS : 4th year, F, 22yrs : Il se décrit comme beau une fois avant *sa transformation* par une sorcière.
22) RS : 4th year, J, 23yrs : Il a dit qu'il était un prince qui est maudit par une sorcière *de *devenir* une grenouille.
23) RS : 400, P, 22yrs Il a dit qu'il s'appelle Prince Naveen et il était grenouille parce qu'il y avait une sorcière qui la *changé*.
24) RS : 400, R, 23yrs La grenouille a dit à Tiana qu'il était un prince très beau et charmant mais une méchante sorcière lui *a changé* comme grenouille

The verb *transformer* is rendered *changer* by 4 out of the 6 students who reformulated this sequence. We also observe that one fourth year students maintains the concept *transform* but nominalizes it to *transformation*. Another final year student substitutes *devenir (become)* for *transformer (transform)*. This is also completely understandable since *devenir* implies a change of state or a transformation of some sort.

4.2 Reconstruction from direct speech to reported speech

It was observed that some of the participants reformulated the sequences by moving from direct speech to reported speech. This also demonstrates their ability to process information and render the information considering discursive factors. Consider the following examples:

Sequence 5, SS : « Je ne voulais pas vous effrayer », s'excusa la grenouille en la rejoignant dans la chambre. Elle sauta sur un meuble afin de voir Tiana de plus près.

Written reformulation

25) RS : 3rd year, A, 22yrs: La grenouille l'approcha dans la chambre, saute sur une table et *dît à la princesse de ne pas* s'inquiéter parce qu'elle n'a pas l'intention de l'effrayer.
26) 4th year, F, 22yrs : La grenouille *a dit qu*'il n'avait pas l'intention à l'effrayer et il s'est mis à s'introduire.

There was no oral occurrence of Sequence 5 indicating reformulation from direct speech to reported speech. However, we observe that even though the tenses were sometimes mixed up, student A rightly reformulated from direct speech to reported speech by using the expression *dire de*.... Student F also uses the expression *dire que* which is also used to introduce a reported speech.

Sequence 7, SS : J'étais très beau et très charmant...jusqu'à ce que cet horrible sorcier me transforme !

Written and oral reformulation

27) RS : 3rd year, A, 22yrs : *La grenouille lui explique* qu'elle était, autrefois un prince mais une méchante sorcière l'a changé en grenouille.
28) RS : 3rd year, B, 19 yrs: *La grenouille la présente et il a dit qu'*il était un prince très beau jusqu'a la societe lui a changé en une grenouille
29) RS : 4th year, F, 22yrs : *Il se décrit comme* beau une fois avant sa transformation par une sorcière.
30) RS : 4th year, J, 23yrs : *Il a dit qu'il était* un prince qui est maudit par une sorcière de devenir une grenouille.
31) RS : 400, P, 22yrs *Il a dit qu'*il s'appelle Prince Naveen et il était grenouille parce qu'il y avait une sorcière qui l'a changé.
32) RS : 400, Q, 22yrs *Il s'est présenté comme* euh le prince Marvin de Madonna oui.
33) RS : 400, R, 23yrs *La grenouille a dit* à Tiana qu'il était un prince très beau et charmant mais une mechante sorcière lui a changé comme grenouille.
34) RS : 400, N, 22yrs ...et une...*il a expliqué* qu'il était transformé par un sorcier à ce qu'il était au moment donné.

With sequence 7, we see a lot of variety in changing from direct speech to reported speech with expressions such as : *il a dit que..., Il se décrit comme, il a expliqué que,* et *Il s'est présenté comme*. These expressions all announce reported speech and the type of verbs used indicate giving information as is noted in the source statement. We observe that two out of the four written reformulations are produced by 3rd year students and the other two by 4th year students. However, all the four oral reformulations are produced by 4th year students.

Sequence 10, SS : « Vous voyez, c'est comme dans le conte de fées. Si vous m'embrassez, je redeviendrai sûrement un prince ! »

Written and oral reformulation

35) RS : 3rd year, A, 22yrs : Ensuite, *la grenouille lui dit qu'il* ne sera devenu un prince normal que quand la princesse l'embrasse.
36) RS : 3rd year, B, 19 yrs: *Il a dit aussi que* si la princess lui embrasse, il devenait un beau prince.
37) RS : 4th year, F, 22yrs : *La grenouille donc demande à Tiana* de faire le même pour qu'il se transforme comme la sorcière a décidé.
38) RS : 4th year, I, 22yrs : *La grenouille demande à Tiana* de lui embrasser pour le délivrer de la magie mais Tiana refuse de l'embrasser.
39) RS : 3rd year, M, 20yrs Donc, *il a dit le princesse Tiana que* il besoin un embrasser a lui transformé le prince mais le princesse a refusé.
40) RS : 4th year, P, 22yrs et *la grenouille a dit que* oui c'est un fait que il y a une princesse qui doit embrasser la grenouille et après le grenouille va changer dans un prince.
41) RS : 4th year, Q, 22yrs ... *Le prince a dit que* comme dans l'histoire, il faut qu'elle l'em/l'embrasse...oui...

Sequence 10 presents similar reformulations as sequence 7 since the students mainly use the expression *dire que*. However, this sequence presents us with an

DOI: 10.1051/shsconf/20173800007

interesting scenario when talking about reformulating from direct speech to reported speech. We observe that while the generic verb *dire* is used in the expression *dire que* as in the case of sequence 7 above, at least two of the 4th year students display an understanding of speech acts as they use *demander* à to show that it was not just a matter of giving information as in sequence 7 but that this time the prince was making a request. They thus indirectly specify the nature of the reported speech by using the expression *demander à* instead of the generic expression *dire que*.

Sequence 12, SS : « Je n'embrasse pas les grenouilles », refusa catégoriquement Tiana.

Written and oral reformulation

42) RS : 3rd year, A, 22yrs: La princesse *lui dît qu'*elle n'embrasse jamais une grenouille.
43) RS : 3rd year, B, 19yrs : Mais *la princess disait qu'*elle n'embrasse pas les grenouilles
44) RS : 4th year, F, 22yrs : Mais *Tiana refusa* d'embrasser une grénouille.
45) RS : 4th year, G, 22yrs : Malheureusement (pour) le prince grenouille *Tiana a catégoriquement refusé* de l'embrasser.
46) RS : 4th year, J, 23yrs : *Elle a complètement refusé* de lui embrasser en disant qu'elle n'embrasse pas de grenouille.
47) RS : 3rd year, N, 20yrs : Donc, il a dit le princesse Tiana que il besoin un embrasser a lui transformé la prince mais *la princesse a refusé*.
48) RS : 3rd year, K, 20 yrs : Plus tard, *la princesse a refusé l'embrasser*...l'embrasser parce que la grenou...la grenouille est très vilain.
49) RS : 4th years, Q, 22yrs : *Et elle a dit non!* Elle ne ferait jamais

Sequence 12 is reformulated both orally and in written form in most cases with the direct to reported speech containing the verb *refuser* in various forms. However, there are some instances where the student reformulates using other semantic paraphrases. For example, student Q (oral reformulation) uses ...*elle a dit non* (she said no) to indicate refusal. We also have student A (written reformulation) who uses *dire que* + negation of the verb *embrasser* which implies a refusal to kiss the frog.

4.3 The manipulation of tenses

The students also demonstrated an ability to manipulate tenses and easily substituted the simple past tense (passé simple) with the present tense which can serve as a past in narrative constructions, and the *passé composé*. The two main sequences in which this was demonstrated are the sequences 8 and 12.

Sequence 8 : Terrifiée, Tiana *empoigna* un gros livre sur une étagère et elle *tenta* d'assomer la grenouille avec.

Written and oral reformulation

50) RS : 3rd year, B, 19 yrs : Mais la princess *a pris* un livre *et *tentant* de lui frapper

 DOI: 10.1051/shsconf/20173800007

51) RS : 4th year, F, 22yrs : Tiana *a enlévé* un livre de l'étagère *à l'intention* d'étouffer la grénouille l'avec.
52) RS : 4th year, H, 23yrs : .... elle *tira* un livre sur l'étagère pour l'*écraser*.
53) RS : 4th year, P, 22yrs Tatiana a dit oh non... Tatiana *a pris* une livre pour lui *tuer*

In sequence 8, we observe that the first verb *empoigner* is replaced by another verb in all cases. Moreover, it is changed from the simple past tense to the *passé composé* in three out of four cases. It is only student H who maintains the simple past tense when he uses the verb *tirer*. The second verb *tenter (tenta)* seems more challenging for the students and they avoid reformulating it and use words and expressions showing *intention* rather than *attempt* e.g. *avoir l'intention de* and *pour*.

Sequence 12, SS : Je n'embrasse pas les grenouilles, *refusa* catégoriquement Tiana.

Written and oral reformulation

54) RS : 3rd year, B, 19yrs : Mais *la princess disait qu*'elle n'embrasse pas les grenouilles
55) RS : 4th year, G, 22yrs : Malheureusement (pour) le prince grenouille *Tiana a catégoriquement refusé* de l'embrasser.
56) RS : 4th year, J, 23yrs : *Elle a complètement refusé* de lui embrasser en disant qu'elle n'embrasse pas de grenouille.
57) RS : 4th year, J, 23yrs : Même si Tiana a reconnu l'histoire, *elle a complètement refusé* de lui embrasser en disant qu'elle n'embrasse pas de grenouille.
58) RS : 4th year, P, 22yrs, Mais Tiana *a dit* emphatiquement qu'elle ne va pas embrasser la grenouille.
59) 400, Q, 22yrs et *elle a dit non*! Elle ne (le) ferait jamais
60) 400, M, 21yrs, Terrifiée, Tiana a absolument refusé.

The simple future tense in Sequence 12 (*refusa*) is reformulated in several ways including the 'passé compose' (*a ...refusé*), a combination of the 'passé composé' and the near future tense (*a dit ... qu'elle ne va pas...*), and the imperfect tense (*disait*). Interestingly, the notion of emphasis rendered by *catégoriquement* in the source statement is reformulated by *complètement, jamais* and *absolument*.

4.4 Strategies used by the students in reformulating

The study also takes a look at some of the misrepresentations of the story during the reformulation process. Some of the errors represented lexical gaps while others demonstrated a lack of understanding of the source text. We confirm that these learners made use of strategies such as meaning negotiation, avoidance and paraphrasing to make up for their deficiencies in performance as indicated by Westhoff, 1991, and Littlemore, 2001. We also observe that the students fall on their L1 (English) or even some elements of their L2 (French) to fill these gaps in order to make their communication complete this making use of prior knowledge to sometimes infer unknown elements. The earlier section of our paper has already dealt with paraphrasing and so we will not treat that again but we will briefly look at the other two strategies meaning negotiation and avoidance as evidenced in our data.

4.4.1 Meaning negotiation

This is mostly demonstrated in the use of some lexical items to replace one they are not familiar with. In our case, some of them used another word or produced the word as they thought they heard it. An example from our data is the reformulation of the first sequence.

Sequence 1, SS : Tiana venait de découvrir une grenouille *sur le balcon*.

Written and oral reformulation

61) RS : 3rd year, A, 22 yrs : Une princesse a vu une grenouille *sous un baobab…*
62) RS : 3rd year, D, 20yrs: Tiana venait decouvrir une grenouille *sur la chambre*
63) RS : 4th year, F, 22yrs : Tiana a trouvé une grénouille sur *un bardon*
64) RS : 4th year, J, 23 yrs : Un jour, Tiana a vu un grenouille qui restait près de sa chambre *sur un banc*
65) RS : 4th year, Q, 22yrs : C'est une histoire d'une fille, une princesse qui s'appelle Tiana, qui a vu une grenouille *à sa fenetre*.

In this example of sequence 1, we observe that the students do not seem to recognize or know the word balcon. Some reformulate by using close-sounding words (*baobab* and *bardon*) while others seem to make inferences of where a frog can be found (*banc* and *chambre*). In both cases, we can argue that the students are using the strategy of meaning negotiation.

4.4.2 Avoidance

In our text, we see a clear case of avoidance where sequences 4 and 11 were not reformulated at all by any of the students. These sequences do not seem to be sequences the students will be used to or will be familiar with. We also have situations where one portion of a sequence is reformulated but then another portion is left out. For example, an observation of the refomrulations of Sequence 3 - *Tiana rentra dans la chambre, terrorisée. Elle n'arrivait pas à y croire-* reveals that the students reformulated the first part of the sequence but no one reformulated the second part. It was almost as if that part did not exist in the text.

Written and oral reformulation :

66) RS : 3rd year, A, 22 yrs: Elle a couru vers une chambre et se réfugia à l'intérieur toute *terrifiée*.
67) RS : 3rd year, B, 19 yrs : *Terrifié,* elle a couru à sa chambre et la grenouille la suit.

68) RS : 4th year, G, 22yrs : Etant *efrayée*, Tiana est rentrée dans sa chambre et la grenouille l'a suivi.
69) RS : 4th year, J, 23yrs : Lorsqu'elle a remarqué ce fait, elle a *essayé d'échapper la scène.*
70) RS : 4th year, Q, 22yrs : Elle était vraiment *effrayée* parce que la grenouille parlait.
71) RS : 4th year, P, 22yrs : Puisqu'elle *a eu peur*, elle a rentrée à sa chambre et la grenouille l'a suivre

5 Conclusion

Ellis (2005) indicates that implicit language learning can be said to occur with fluent comprehension and production. On the other hand, explicit language learning is expressed in the conscious efforts made by a learner to negotiate meaning and construct communication. The activity undertaken by the students can be said to comprise both implicit language learning and explicit language learning as some parts of the extract were easily understood and reproduced by the students. However, there were also cases of meaning negotiation and the construction of communication as the students struggled with some expressions, some vocabulary, and some syntactic structures. Their use of the language through reformulation demonstrates linguistic competence as proposed by Canale and Swain (1980) as they display their knowledge of the language code including grammatical rules, vocabulary, and to some extent spelling and pronunciation depending on whether they reformulated orally or through a written production. Indeed, the fact that they did not merely repeat what they heard but relied on their own repertoire to reconstitute the extract of the story they heard shows that they have individual linguistic baggage that they can fall on to express meaning. In all certainty, the students demonstrated an ability to negotiate meaning as they made an effort, sometimes wrongly, to reformulate what they had heard. However, the success cases show the students using semantic paraphrases to express the meaning of the sequences that they had heard and thus displaying implicit language knowledge.

References

Adringa, S., & Rebuschat P. (2015). New Directions in the Study of Implicit and Explicit Learning. An introduction. *Studies in Second Language Acquisition,* Special Issue 02, 185-196.

Anderson, J. (1990). *Cognitive psychology and its implications.* New-York:W.H.Freeman.

Clark, Eve, V., (1985). Acquisition of Romance, with special reference to French. In D.I.Slobin (Ed), *The crosslinguistic study of language acquisition*, (pp. 687-782), Hillsdale, NJ: Erlbaum.

DeKeyser R. (Ed.). (2007). *Practice in a second language: Perspectives from applied linguistics and cognitive psychology*. New York: Cambridge University Press.

De Graaff, R., & Housen, A. (2009). Investigating the Effects and Effectiveness of L2 Instruction. In M.H. Long & C.J. Doughty (Eds.), *The Handbook of Language Teaching* (pp. 726-755). Oxford: Wiley-Blackwell.

Ellis N.C. (2005). At the Interface: Dynamic Interactions of Explicit and Implicit Language Knowledge, *Studies in Second Language Acquisition, 27*, 305–352.

Ellis N. C. (2006). Selective Attention and Transfer Phenomena in L2 Acquisition: Contingency, Cue, Competition, Salience, Interference, Overshadowing, Blocking, and Perceptual Learning. *Applied Linguistics 27(2)*. 164-194.

Ellis, N.C. (2008). Implicit and Explicit knowledge about language. In J. Cenoz and N. H. Hornberger (eds), *Encyclopedia of Language and Education*, 2nd Edition, Volume 6: Knowledge about Language (pp. 1–13). Berlin: Springer.

Ellis, N. C. (2012). What can we count in language, and what counts in language acquisition, cognition, and use? In S. Th. Gries & D. S. Divjak (Eds.) *Frequency effects in language learning and processing, Vol. 1* (pp. . 7-34*)*. Berlin: Mouton de Gruyter

Gerolimich, S. (forthcoming). Reformulation et acquisition d'une langue étrangère : De la reformulation en langue maternelle à la reformulation en langue étrangère.

Gülich, E. K. & Kotschi T. (1983). Les marqueurs de la reformulation paraphrastique. Les marqueurs de reformulation paraphrastique », *Cahiers de linguistique française*, *5*, 305-351.

Harris, Z. S. (1988). *Language and Information*, New York, Columbia University Press. Trad. fr. (2007) Amr. H. Ibrahim et C. Martinot, *La langue et l'information*, Paris, C. R. L.

Hickmann, M. (1998). The Acquisition of French as a Native Language: Structural and Functional Determinants in a Crosslinguistic Perspective, *Journal of speech language pathology and audiology*, vol 21, 236-257.

Kail, M. (1994). « Le développement du langage et les sciences cognitives », *Psychologie Française*, n° 39-1, 29-47.

Ibrahim, A. H., & Martinot, C. (2003). Les reformulations lacunaires des enfants. In Martinot C. & Ibrahim A. (eds.), *La reformulation, un principe universel d'acquisition*, Paris : Kimé, 15-35

Littlemore, J. (2001). An empirical study of the relationship between cognitive style and the use of communication strategy. *Applied Linguistics 22 (2),* 241-265.

Martinot, C. (1994). *La reformulation dans les productions orales de définitions et d'explications,* PhD, Université Paris VIII.

Martinot, C. (1996). Reformulations chez de jeunes locuteurs : construction d'un discours à plusieurs voix. In Claquin F. et Mochet M.-A. (Eds.) *Hétérogénéités en discours, Cahiers du français contemporain 3* (pp. 175-192), Paris : Didier-Erudition.

Martinot, C. (2000a). Présentation acquisition et reformulation. *Langages,140,* 3-8.

Martinot, C., (2000b). Étude comparative des processus de reformulation chez des enfants de 5 à 11 ans. *Langages,* 140, 92-123.

Martinot, C. (2009). Reformulations paraphrastiques et stades d'acquisition en français langue maternelle, *Cahiers de praxématique 52*, 29-57.

Martinot, C., & Romero, C. (2009). La Reformulation: acquisition et diversité des discours, *Cahiers de praxématique 52*, 7-18.

Martinot, C. (2015). La reformulation: de la construction du sens à la construction des apprentissages en langue et sur la langue. *Corela, HS-18*, placed online on 15th November 2015, consulted on 17th January 2017, online: https://corela.revues.org/pdf/4034

Paradis, M. (2009). *Declarative and procedural determinants of second languages.* Amsterdam: John Benjamins, Pp. 219.

Tutunjiu, E. (2012). *Acquisition des phénomènes linguistiques complexes en roumain langue maternelle (enfants de 6 à 10 ans).* PhD, Université de Paris-Descartes.

Westhoff, G.J. (1991). Increasing the effectiveness of foreign language reading instruction (Part 1). *ADFL Bulletin 22 (2)*, 29-36.

DOI: 10.1051/shsconf/20173800007

Annexe La Princesse et la grenouille

1. Tiana venait de découvrir une grenouille sur le balcon.

2. La jeune fille ne s'en serait pas plus étonnée que cela…[4]si la grenouille ne s'était mise à parler !

3. Tiana rentra dans la chambre, terrorisée. Elle n'arrivait pas à y croire.

4. Quelle histoire à dormir debout…a défaut d'un conte de fées.

5. Je ne voulais pas vous effrayer, s'excusa la grenouille en la rejoignant dans la chambre. Elle sauta sur un meuble afin de voir Tiana de plus près.

6. Je me présente : Prince Naveen de Maldonia.

7. J'étais très beau et très charmant…jusqu'à ce que cet horrible sorcier me transforme !

8. Terrifiée, Tiana empoigna un gros livre sur une étagère et elle tenta d'assommer la grenouille avec.

9. Attendez ! Je connais cette histoire ! l'arrêta soudain cette dernière en examinant la couverture du livre. C'est celle du Prince grenouille ! [5] […]

10. Vous voyez, c'est comme dans le conte de fées. Si vous m'embrassez, je redeviendrai sûrement un prince !

11. Tiana grimaça, écoeurée. [6] […]

12. Je n'embrasse pas les grenouilles, refusa catégoriquement Tiana.

[4] All the suspension points are exactly as they are in the original text.
[5] We left out short portions which were not relevant to the flow of the story. These are represented by the square brackets […]
[6] idem

L'appariement forme-fonction en FL2 : variation des combinaisons de conjugaisons dans la narration au passé

Marie-Eve Michot[1], et *Michel* Pierrard[1]

[1] Vrije Universteit Brussel – CLIN Multi-L, Belgique

Résumé. La mise en relation d'une forme et d'une fonction représente une dimension clef du processus d'acquisition d'une langue seconde (L2). L'appariement de celles-ci se met en place progressivement car elles ne sont pas indissociablement liées dès le début du processus développemental (Perdue & Klein 1992 ; Perdue *et al.* 2002). Sur un plan général, le processus acquisitionnel passe d'un stade premier de *lexicalisation* vers un stade de *morphologisation*, qui ouvre la perspective d'un emploi adéquat, d'un appariement donc entre la forme et sa/ ses fonction(s), et vice versa (Noyau 1997). Le développement tardif de l'appariement forme-fonction d'une L2 a bien été démontré par diverses études ayant analysé l'emploi du passé composé et de l'imparfait par des apprenants FL2 (cf. e.a. Kaplan 1987 ; Noyau *et al.* 1995 ; Kihlstedt 2002 ; Ayoun 2001, 2004). Peu d'études ont néanmoins examiné l'appariement forme-fonction du passé chez des apprenants avancés ou quasi-natifs. Cet article a pour objectif d'examiner l'emploi progressif des conjugaisons du passé en FL2 et d'identifier les particularités de leur emploi fonctionnel à un niveau avancé en comparant les productions d'apprenants avec celles de natifs.

Abstract. Form-function mapping in FL2: knowledge and usage of the conjugations of the past. The appropriate form-function mapping represents a key dimension in the L2 acquisition process. The mapping of form and function are not inextricably linked from the beginning of the developmental process onwards (Perdue & Klein 1992; Perdue *et al.* 2002). In sum, the acquisitional process evolves from a first *lexicalisation* stage to a *morphological* stage, which enables the appropriate form-function mapping (Noyau 1997). Several studies have already confirmed the late development of form-function mapping regarding the use of *passé composé* and *imparfait* by L2 learners (cf. i.a. Kaplan 1987; Noyau *et al.* 1995 ; Kihlstedt 2002 ; Ayoun 2001, 2004). Nevertheless, few studies have examined the form-function mapping of advanced or native-like L2 learners. This article reports on the progressive use of the verbal forms of the past in FL2 and on the characteristics of the functions expressed by these forms at an advanced level, by comparing the productions of L2 learners and native speakers.

1 Introduction

Comme Klein (1995) l'a indiqué, une dimension clef du processus d'acquisition d'une langue seconde (L2) est la réorganisation continuelle des différents moyens d'expression dont dispose l'apprenant. Celui-ci cherche la/ les forme(s) L2 adéquate(s) pour exprimer une certaine fonction qui lui est déjà connue grâce à son expérience langagière antérieure (Véronique 2009: 302). L'appariement d'une forme et d'une fonction se met en place progressivement car celles-ci ne sont pas indissociablement liées dès le début du processus développemental (Perdue & Klein 1992 ; Perdue *et al.* 2002). Ainsi, l'absence de marques morphologiques dans l'usage n'indique pas automatiquement une absence d'indications fonctionnelles dans l'interlangue de l'apprenant (p. ex. l'emploi d'adverbes temporels peut compenser l'absence de morphologie verbale pour marquer des contrastes temporels). De même, la présence d'une forme morphologique n'implique pas nécessairement la maîtrise de sa fonction ou de l'une des fonctions qui lui est attribuée dans la langue cible (p. ex. son emploi précoce en tant que « chunk » ou structure formulaïque). Dans le processus acquisitionnel, l'emploi d'une forme témoigne d'importants développements concernant d'une part la précision de son appariement avec une certaine fonction (un certain sens), et de l'autre de l'extension des fonctions qu'elle exprime. Ces développements sont liés (a) à l'extension du répertoire de formes accessibles dans l'interlangue de l'apprenant, qui modifie l'équilibre entre les formes et leurs fonctions et (b) à la progression de la grammaticalisation qui affine l'appariement forme-fonction dans le discours de l'apprenant (cf. le « one-to-one principle » et le « multifunctionality principle » (Andersen 1984, 1990)).

C'est dans ce cadre que la présente étude examine l'emploi des formes verbales pour exprimer le passé. L'appariement forme-fonction adéquat s'y développe tardivement, comme cela a été démontré par diverses études ayant analysé l'emploi du passé composé et de l'imparfait par des apprenants FL2 (cf. e.a. Kaplan 1987 ; Noyau *et al.* 1995 ; Kihlstedt 2002 ; Ayoun 2001, 2004). Cet article, qui compare le développement des formes verbales du passé chez des apprenants FL2 avec l'emploi de ces formes par des natifs dans la réalisation de la même tâche narrative, a pour objectif

(a) de décrire jusqu'à quel point l'ajustement du rapport forme-fonction va s'opérer dans les productions des apprenants pour les différentes conjugaisons du passé (« form-to-function »)
(b) et d'évaluer dans quelle mesure la disponibilité d'autres conjugaisons pour les mêmes types de fonctions va diversifier les formes utilisées et les combinaisons possibles de ces conjugaisons dans divers types de scénarios pour narrer la même histoire (« function-to-form »).

2 Cadre théorique

Diverses études ont étudié la maîtrise progressive des conjugaisons du passé du point de vue de la relation « form-to-function », en particulier celle du passé composé et de l'imparfait (e.a. Kihlstedt 2002 ; Ayoun 2004 ; McManus 2015). L'étude de l'appropriation des conjugaisons du passé s'effectue plus spécifiquement sur l'arrière-fond de deux théories qui s'opposent quant à la primauté du marquage fonctionnel par la morphologie verbale du passé : l'hypothèse aspectuelle (*Aspect Hypothesis*) et l'hypothèse du temps passé par défaut (*Default Past Tense Hypothesis*) (cf. e.a. Labeau 2005 ; Michot & Pierrard 2016).

Selon l'hypothèse aspectuelle d'Andersen (1986, 1991), l'apprenant L2 utilise dans un premier temps la flexion verbale pour exprimer une perspective aspectuelle avant de l'exploiter pour indiquer le temps. Elle est concrétisée sous la forme de 4 hypothèses (Li & Shirai 2000 : 50) :

 DOI: 10.1051/shsconf/20173800008

1. Les apprenants marquent d'abord le perfectif [1] (le « passé composé » pour le français) sur des verbes d'achèvement (ex. *apercevoir*) et d'accomplissement (ex. *traverser*), qui sont téliques car leur procès inhérent a un point final.
2. L'imperfectif (« imparfait » en français) apparaît après le perfectif.
3. Les premières distinctions imperfectives sont marquées sur des verbes d'état (ex. *savoir*) et des verbes d'activité (ex. *courir*), qui eux sont atéliques, leur procès inhérent n'ayant pas un point final.
4. Le marquage du progressif (par exemple formes en *-ing* en anglais) se fait d'abord sur les verbes d'activité, s'étend ensuite aux verbes d'accomplissement et d'achèvement et rarement aux verbes d'état.

L'hypothèse du temps passé par défaut de Salaberry (1999, 2003) postule, contrairement à celle d'Andersen, que les distinctions *temporelles* précèdent celles de l'aspect, étant donné que les apprenants utilisent initialement un seul temps du passé, à savoir le passé composé : « [learners] will initially rely on a single marker of past tense, most typically the perfective form » (Salaberry & Ayoun 2005 : 20). L'impact de l'aspect est plus tardif selon cette hypothèse car seuls les apprenants avancés ont recours à l'aspect pour discriminer l'usage du passé composé et de l'imparfait.

Une troisième hypothèse prétend cependant expliquer l'emploi des conjugaisons du passé, sans s'engager sur l'antériorité du temps ou de l'aspect : l'hypothèse discursive (*Discourse Hypothesis*) de Bardovi-Harlig (1994), qui indique que les apprenants utilisent la morphologie verbale pour distinguer le premier plan de l'arrière-plan dans leurs narrations. Selon cette hypothèse, le perfectif est ainsi utilisé pour encoder le premier plan et l'imperfectif pour l'arrière-plan.

Pour le français L2, les études d'Ayoun (2001, 2004) en particulier ont examiné l'acquisition du système temporo-aspectuel FL2 en se concentrant sur l'utilisation du passé composé et de l'imparfait. Son corpus est composé de données expérimentales et de productions écrites élicitées auprès d'apprenants anglophones universitaires. L'étude de 2001 constate un développement dans l'usage du passé composé, mais pas dans celui de l'imparfait. Ayoun explique ce résultat par la plus grande complexité aspectuelle de l'imparfait, qui est utilisé pour marquer l'aspect imperfectif, mais aussi itératif et duratif (cf. aussi Kaplan 1987). Les apprenants de cette étude limitent leur emploi de l'imparfait à l'aspect duratif. Les productions contiennent donc déjà un appariement forme-fonction discriminant, mais l'emploi fonctionnel adéquat de l'imparfait est limité. L'étude de 2004 a pour but d'évaluer les hypothèses 2 et 3 de l'hypothèse aspectuelle (cf. supra). Ayoun conclut que les données confirment partiellement l'hypothèse d'Andersen (1986, 1991) étant donné que le développement du perfectif est antérieur à celui de l'imperfectif et que les apprenants associent effectivement les marques morphologiques avec différentes classes sémantiques, mais cependant pas selon la progression postulée par Andersen (Ayoun 2004 : 43).

Michot & Pierrard (2016) ont observé le développement des conjugaisons du passé dans l'interlangue d'apprenants néerlandophones du FL2 afin d'examiner s'il y a primauté du marquage de l'aspect ou du temps. Sur la base des données recueillies, cette première étude confirme prudemment l'importance et la primauté du marquage de l'aspect dans l'interlangue des apprenants FL2, liée à la primauté des formes du passé composé par rapport à celles de l'imparfait dans la production des apprenants. Le passé composé y marque alors l'aspect accompli, face au présent qui indique l'inaccompli. Le surgissement de l'imparfait, qui est

[1] Nous définissons les termes perfectif et imperfectif de la manière suivante : « The perfective aspect is a grammatical aspect used to describe an action viewed as a simple whole—a unit without interior composition. The perfective aspect is distinguished from the imperfective aspect, which presents an event as having internal structure (such as ongoing, continuous, or habitual actions) » (Comrie 1976 : 12).

nettement plus tardif, semble aller de pair avec la prise en compte de l'expression du temps passé par le passé composé et donc aussi de la nécessité d'introduire une dimension d'inaccompli au passé. L'importance de l'aspect lexical inhérent des verbes (cf. télicité/ atélicité) dans le surgissement des premières occurrences conjuguées au passé composé et à l'imparfait semble aussi modérément confirmée.

Du point de vue de la relation « function-to-form », les études concernant le français sont plus rares. Signalons toutefois les études de Kaplan (1987) et Noyau *et al.* (1995). Kaplan (1987) postule que l'apprenant possède au niveau débutant déjà un système aspectuel mais que celui-ci ne correspond pas au système français. Il remarque ainsi que la grande majorité des apprenants utilisent les formes du présent dans des contextes demandant l'imparfait.

Les résultats de l'étude de Noyau *et al.* (1995) ont montré que les distinctions morphologiques systématiques sont soit difficiles à acquérir, soit limitées aux stades les plus avancés du développement. La morphologie verbale utilisée par leurs apprenants permet des distinctions modales (V-ø vs V-e pour l'opposition mode realis vs irrealis) ou temporelles (V-ø et Aux-V-e pour distinguer le présent et le passé), tandis que la morphologie verbale utilisée par d'autres apprenants combine des marques temporelles et aspectuelles (V-ø vs e-V pour situations en cours, progressives vs situations finies au passé). La flexion verbale est présente, mais elle ne témoigne pas nécessairement d'un appariement forme-fonction conscient.

La présente recherche se centre sur deux aspects spécifiques de l'appariement forme-fonction dans le développement de la maîtrise des conjugaisons du passé : d'une part elle compare la production d'apprenants FL2 avec celle de natifs afin d'évaluer le degré d'ajustement du rapport forme-fonction dans les productions des deux groupes. D'autre part, elle examine comment les apprenants et les natifs combinent les différentes conjugaisons convoquées pour effectuer la narration demandée afin de déterminer dans quelle mesure la disponibilité d'autres conjugaisons pour les mêmes types de fonctions diversifie les formes utilisées et multiplie les combinaisons possibles des conjugaisons dans divers types de scénarios.

3 Méthodologie et questions de recherche

3.1 Corpus

Notre étude est fondée sur les données d'un corpus oral composé de trois groupes d'apprenants néerlandophones suivant des cours de FL2 dans l'enseignement secondaire flamand (partie néerlandophone de la Belgique) et de deux groupes de contrôle de locuteurs natifs. Les participants ont raconté l'histoire de la grenouille (Mayer 1969), une tâche narrative orale semi-spontanée couramment utilisée dans les études acquisitionnelles.

Les groupes d'apprenants se situent à des niveaux scolaires différents et présentent un nombre d'heures d'enseignement de FL2 croissant (cf. tableau 1). Le groupe NN1 est composé de 30 élèves de première année de secondaire (âgés de ±12 ans) ayant suivi environ 250 heures de FL2, le groupe NN3 représente 25 élèves (±14 ans) de troisième année ayant suivi environ 520 heures de FL2 et le troisième groupe, NN6, est composé de 32 élèves (±17 ans) de la dernière année du secondaire qui ont suivi environ 710 heures de FL2. Les deux groupes de lycéens natifs FF1 et FF6 diffèrent par l'âge (12-13/ 17-18 ans) et par le niveau d'enseignement (première/ dernière année de l'enseignement secondaire). L'avantage du corpus utilisé est qu'il permet d'évaluer l'emploi des conjugaisons du passé (a) dans la production d'apprenants ayant acquis le FL2 dans un contexte éducatif et linguistique identique, c'est-à-dire avec des approches pédagogiques, un programme éducatif et des objectifs finaux imposés par le ministère de l'enseignement et (b) chez des locuteurs L1 qui proviennent également d'un contexte scolaire similaire aux apprenants mais où le français est bien sûr utilisé et enseigné comme L1. Par ailleurs, apprenants comme natifs effectuent la même tâche narrative.

Tableau 1. Présentation du corpus

	# d'apprenants	âge	# d'heures de FL2	# mots / partic.	# V / partic.	# V^{TAM}/ partic.
NN1	30	+/-12	± 250	175,2	17,6	1,4
NN3	25	+/-14	± 520	245	27	4,8
NN6	32	+/-17	± 710	328,9	39,6	8,1
FF1	15	+/-12	natifs	363,9	60,1	17,7
FF6	15	+/-17	natifs	369,2	60,7	12,6

d'apprenants : nombre d'apprenants par groupe
d'heures de FL2 : nombre d'heures de cours de français langue seconde suivis en contexte scolaire
mots/ partic. : nombre moyen de mots produits par participant
V / partic. : nombre moyen de verbes produits par participant
V^{TAM}/ partic. : nombre moyen de verbes marquant une nuance TAM produits par participant

En plus du nombre de participants par groupe et du nombre d'heures de FL2 suivies, le tableau 1 contient la production moyenne de mots, de verbes et de verbes marquant une nuance temporelle, aspectuelle ou modale (TAM) par participant. Les auxiliaires marquant des nuances TAM et toute forme verbale qui n'est pas conjuguée au présent ont été identifiés comme une marque TAM (par exemple *devoir* + inf., *pouvoir* + inf., *être en train de* + inf., *cherchait*, *est tombé*, etc.). Ces données indiquent un développement global progressif des productions des apprenants néerlandophones (NN), tant au niveau du nombre de mots, de verbes et de marques TAM produits (accroissement de NN1 à NN6 : mots x 1,90 ; verbes x 2,25 ; formes TAM x 5,80).

Le nombre moyen de mots et de verbes produits est comparable chez les deux groupes de natifs, mais ce n'est pas le cas pour le nombre moyen de marques TAM produites car les natifs plus âgés en produisent considérablement moins (12,6 marques par participant en moyenne dans FF6 par rapport à 17,7 dans FF1). Les données indiquent également que les productions des apprenants NN6 se rapprochent de celles des natifs pour le nombre moyen de mots produits, mais pas pour le nombre moyen de verbes ni pour le nombre moyen de marques TAM, qui sont toujours nettement plus élevés chez les natifs.

3.2 Traitement des données

Les productions orales ont été enregistrées et ensuite transcrites selon les conventions CHAT. Les données recueillies ont été traitées à l'aide du logiciel CLAN (*The CHILDES Project*, MacWhinney 2000)[2] afin d'effectuer des calculs de fréquence.

Seules les formes verbales pouvant être indubitablement identifiées comme des marques TAM du français ont été incluses aux résultats présentés sous les points quatre et cinq. Quant à l'éventuelle prononciation problématique de l'imparfait des verbes en *-ER* (cf. Granget 2005, Thomas 2009), seules les claires prononciations en *[ɛ]* (cf. ex. 1a) ont été identifiées comme des occurrences de l'imparfait. Les formes pour lesquelles la prononciation est douteuse ont été identifiées comme des formes non finies, dont le suffixe est transcrit par *-E* (cf. ex. 1b).

(1) a. NN6-Sn13 : le soleil *commençait à briller*
b. NN6-823 : cette nuit la grenouille *quittE* sa bocal

[2] La majorité des codes CHAT n'ont pas été repris dans les exemples afin d'en faciliter la lecture.

DOI: 10.1051/shsconf/20173800008

Les formes verbales que le participant reprend mot à mot de l'intervieweur ont été exclues des résultats (cf. ex. 2a). Quand un participant répète (indiqué par le symbole *[/]*, cf. ex. 2b) ou reformule (indiqué par le symbole *[//]*, cf. ex. 2c-d) une forme verbale, seule la dernière forme produite a été comptabilisée, que celle-ci soit correcte (cf. ex. 2c) ou incorrecte (cf. ex. 2d).

(2) a. NN1-227: *PUP: le petit garçon et le chien ils roepen@nld [= crier]
*INT: ils crient
*PUP: ils crient le grenouille
*PUP: ils *cherchE* [*]
b. NN3-805: *PUP: le chien pousse [/] *pousse* à l'arbre
c. NN3-805: *PUP: l'animal portE [//] *porte* le garçon
d. NN1-188 : le cerf arrête [//] *arrêtE* [*]

Les occurrences extraites des transcriptions annotées ont été soumises à des analyses statistiques. Le test Kolmogorov-Smirnov a premièrement indiqué que les données ne sont pas normalement distribuées. Les données ont pour cette raison été soumises au test non-paramétrique Kruskal-Wallis afin de découvrir si les résultats des différents groupes varient de manière significative. Toutes les analyses statistiques ont été effectuées à l'aide du logiciel SPSS (24, IBM 2016).

3.3 Questions de recherche

La présente contribution se donne pour but de répondre aux questions de recherche suivantes (1) sur le plan de l'ajustement du rapport forme-fonction :

Q1.1. quelle est l'évolution de la fréquence d'emploi des conjugaisons du passé dans la production des apprenants néerlandophones du FL2 ?

Q1.2. dans quelle mesure la fréquence d'emploi des conjugaisons du passé par les apprenants FL2 du groupe le plus avancé correspond-elle à celle des locuteurs natifs ?

(2) sur le plan de la diversification du rapport fonction-forme :

Q2.1. quels sont les types de configuration temporelle exploités par les FL2 pour exprimer une narration au passé ?

Q2.2. dans quelle mesure les types de combinaisons de conjugaisons exploités par les apprenants FL2 du groupe le plus avancé pour exprimer une narration au passé correspondent-ils à ceux des locuteurs natifs ?

4 Le développement des conjugaisons du passé

Nous présenterons d'abord le développement progressif des différentes conjugaisons du passé dans la production des trois groupes d'apprenants du corpus. Ensuite nous comparerons l'emploi des conjugaisons du passé par le groupe d'apprenant le plus avancé (NN6) avec celui des natifs du même âge (FF6).

4.1 Développement de la fréquence des conjugaisons du passé chez les apprenants FL2

Les données relatives aux conjugaisons du passé, reprises dans le tableau 2, incluent l'emploi du passé composé, de l'imparfait et du plus-que-parfait.

 DOI: 10.1051/shsconf/20173800008

Tableau 2. Développement des conjugaisons du passé[3]

	NN1			NN3			NN6		
	#	$\%^{Fpassé}$	$\%^{totV}$	#	$\%^{Fpassé}$	$\%^{totV}$	#	$\%^{Fpassé}$	$\%^{totV}$
passé composé	7	1,00	0,02	35	0,80	0,06	86	0,72	0,07
imparfait	/		/	9	0,20	0,01	23	0,19	0,02
plus-que-parfait	/		/	/	/	/	11	0,09	0,01
Total passé	**7**	**1,00**	**0,02**	**44**	**1,00**	**0,07**	**120**	**1,00**	**0,10**

: fréquence absolue
$\%^{Fpassé}$: fréquence relative par rapport au nombre total de formes du passé
$\%^{totV}$: fréquence relative par rapport au nombre total de formes verbales produites

Les trois conjugaisons du passé se développent progressivement, passant de 2% des formes verbales produites à 10% dans le groupe NN6 (le test non-paramétrique Kruskal-Wallis indique que ce développement de la fréquence relative $\%^{totV}$ est statistiquement significatif, étant donné que la valeur p est inférieure au seuil de 0.05, p=0.000). Dans le corpus NN1, elles se concrétisent uniquement sous la forme du passé composé. Les sept occurrences représentent 2% du nombre total de formes verbales produites. L'imparfait apparaît timidement dans le corpus NN3, apparition qui va de pair avec un emploi plus productif du passé composé (6%^{totV}). Ce développement du passé composé est statistiquement significatif (p=0.002). L'emploi de la morphologie du passé est plus varié et plus riche dans le corpus NN6, d'une part par l'emploi plus productif de l'imparfait, qui double sa fréquence par rapport au nombre total de formes verbales produites, mais également par l'apparition d'occurrences au plus-que-parfait. Le développement du plus-que-parfait entre les groupes NN3 et NN6 est statistiquement significatif (p=0.026), mais il ne l'est pas pour l'imparfait (p=1.000)).

Tableau 3. Répartition des occurrences du passé composé et de l'imparfait

	Passé composé			Imparfait		
	NN1	NN3	NN6	NN1	NN3	NN6
# formes	7	35	86	0	9	23
% apprenants produisant formes	17%	68%	94%	/	20%	31%
# moyen/participant	0,2	1,4	2,7	/	0,4	0,7
Écart-type	0.63	1.5	2.13	/	0.86	1.55
# maximal formes/ participant	3	6	8	/	3	7

Le pourcentage d'apprenants produisant des formes conjuguées au passé composé et à l'imparfait augmente, ainsi que le nombre de formes produites par narration. La tendance est beaucoup plus nette pour le passé composé que pour l'imparfait, ce qui s'explique par le fait que le processus s'amorce bien plus tôt dans le premier cas. Ainsi, alors qu'une minorité d'apprenants utilise l'imparfait au sein du groupe le plus avancé, la quasi-totalité de ceux-ci produit des occurrences du passé composé.

Les valeurs de l'écart-type sont très basses et relativement stables, augmentant très légèrement pour l'emploi du passé composé et indiquant donc que ces données sont un peu plus dispersées dans le corpus NN6 que dans le corpus NN3. Quatre des cinq apprenants NN1 et presque la moitié des apprenants du groupe NN3 (47%) qui produisent des occurrences du passé composé n'en produisent qu'une seule, mais dès NN6, 60% des apprenants en

[3] Le taux de corrélation pour les variables $\%^{totmots}$ (fréquence relative par rapport au nombre total de mots produits) et $\%^{totV}$ (fréquence relative par rapport au nombre total de verbes produits) est tellement élevé que seuls les résultats pour $\%^{totV}$ seront présentés dans les tableaux suivants.

produisent au moins deux. Par contre 60% des utilisateurs de l'imparfait en NN6 ne l'emploient toujours qu'une seule fois. Bref, l'extension progressive de l'emploi des conjugaisons du passé est lente mais réelle au sein des groupes d'apprenants FL2 et cela tend à augmenter légèrement la différenciation entre apprenants, ce qui transparaît particulièrement au sein du groupe NN6.

Dans NN6, La grande majorité des verbes conjugués au passé composé sont des verbes à thème unique, réguliers, tels *trouver* ou *chercher* (53%, ex. 1) et des verbes à plusieurs thèmes sans variation vocalique tels *partir* ou *dire* (31%, ex. 2) (cf. Michot 2014 pour la classification morphologique des verbes[4]).

(3)	a. NN6-621 :	derrière un arbre qui *est tombé* sur la terre
	b. NN6-630 :	le garçon *a trouvé* un petit animaux
(4)	a. NN6-620 :	il découvre que le grenouille *est parti*
	b. NN6-633 :	il *a dit* contre le chien de taire parce que il entend quelque chose

Quant aux conjugaisons à l'imparfait, les verbes sans tronc (*avoir, être* et *aller*) (55%, ex. 6) et les verbes à thème unique (32%, ex. 7) sont les sous-classes verbales les plus productives.

(6)	a. NN6-Le13 :	il pense que la grenouille *était* là
	b. NN6-Sn13 :	le garçon *allait* au lit
(7)	a. NN6-Me20 :	ils *cherchaient* partout dans la chambre
	b. NN6-Sn10 :	il l'*aimait* beaucoup

Les apprenants du groupe NN6 produisent pour la première fois des formes verbales conjuguées au plus-que-parfait. Il s'agit d'onze occurrences, essentiellement de verbes à thème unique (64 %, ex. 8) ou de verbes à plusieurs thèmes sans variation vocalique (27 %, ex. 9). Une seule occurrence provient d'un verbe à plusieurs thèmes avec variation vocalique (*faire*) (ex. 10).

(8)	a. NN6-812 :	ils voient que c'est le grenouille qu'ils *avaient attrapé* l'autre jour
	b. NN6-Me20 :	ils *avaient trouvé* une grenouille
(9)	a. NN6-633 :	à un moment le petit garçon voit que le grenouille *était parti*
	b. NN6-Sn7 :	le grenouille *avait disparu*
(10)	NN6-Sn7 :	le chien *avait fait* tomber ce ruche d'abeilles

4.2 Fréquence des conjugaisons du passé chez les apprenants NN6 et les natifs FF6

Nous examinons la fréquence d'emploi des conjugaisons du passé par le groupe d'apprenants le plus avancé (NN6) avec celui des natifs du même âge (FF6).

[4] La catégorisation proposée dans Michot 2014, basée sur la conjugaison à l'oral et inspirée Pouradier Duteil (1997), comprend quatre types de verbes : (a) les verbes à thème unique, (b) les verbes à plusieurs thèmes sans variation vocalique, (c) les verbes à plusieurs thèmes avec variation vocalique et (d) les verbes sans tronc. Les verbes à thème unique n'ont qu'un seul thème auquel s'attachent les différents suffixes. Ils correspondent aux verbes classés traditionnellement parmi les verbes de la première conjugaison. Les verbes des catégories (b) et (c) ont plusieurs thèmes, dont des thèmes qui se distinguent les uns des autres sans qu'une variation vocalique ne s'opère (ex. [paʀ] et [paʀt] du verbe *partir*) et ceux dont les différents thèmes se distinguent par une variation vocalique (ex. [pØ], [puv] et [pœv] du verbe *pouvoir*). Les verbes sans tronc sont les verbes *être, avoir* et *aller* dont les différentes formes verbales n'ont pas un seul phonème en commun.

Tableau 4. Comparaison de la fréquence d'emploi des conjugaisons du passé chez les apprenants NN6 et natifs FF6

	NN6			FF6		
	#	%^Fpassé	%^totV	#	%^Fpassé	%^totV
passé composé	86	0,72	0,07	40	0,55	0,05
imparfait	23	0,19	0,02	26	0,36	0,03
plus-que-parfait	11	0,09	0,01	7	0,09	0,01
Total passé	**120**	**1,00**	**0,10**	**73**	**1,00**	**0,09**

: fréquence absolue
$\%^{Fpassé}$: fréquence relative par rapport au nombre total de formes du passé
$\%^{totV}$: fréquence relative par rapport au nombre total de formes verbales produites

Rappelons d'abord que, si la longueur de la production est comparable entre le groupe le plus avancé d'apprenants (NN6) et les natifs du même âge (moyenne de 329 mots (NN6) par rapport à 369,2 mots (FF6) par participant), un écart important apparaît dans la fréquence d'emploi de formes verbales (40 verbes par apprenant NN6 contre 59 verbes par locuteur natif FF6) (cf. tableau 1). Cependant, le pourcentage d'emploi global des conjugaisons du passé par rapport au nombre total de verbes produits est similaire dans FF6 et dans NN6 (9% *vs* 10%). Sur le plan de la variété des conjugaisons verbales employées, la différence apprenants/ natifs est très limitée car tant les apprenants NN6 et les natifs FF6 produisent des occurrences conjuguées au passé composé, à l'imparfait et au plus-que-parfait.

Une différence saillante entre apprenants et natifs est la fréquence d'utilisation de l'imparfait : cette conjugaison représente en effet 36% des formes du passé chez les natifs pour seulement 19% chez les apprenants les plus avancés de notre corpus. La généralisation de l'emploi de l'imparfait parmi l'ensemble des locuteurs des groupes considérés distingue également les apprenants des natifs : 31% des apprenants NN6 utilisent l'imparfait alors que 53% des natifs FF6 l'emploient dans leur production.

4.3 Commentaires

Que nous apprennent les données de l'étude à propos du degré d'affinement du rapport forme-fonction dans les productions des apprenants et du degré de convergence du rapport forme-fonction entre la production des apprenants et celle des natifs ? Nous considérons successivement les deux plans :

1) L'évolution de la fréquence d'emploi des conjugaisons du passé dans la production des apprenants FL2.
L'examen du développement des conjugaisons du passé dans la production des trois groupes d'apprenants montre une progression systématique des conjugaisons du passé à partir du groupe le moins avancé vers le groupe le plus avancé, ainsi qu'une extension de leur emploi sur l'ensemble des apprenants du groupe. Cependant, dans le groupe le plus avancé, le passé composé est toujours la seule conjugaison largement utilisée par la grande majorité des apprenants.

2) La comparaison de la fréquence d'emploi des apprenants avancés et des natifs.
A première vue, l'emploi global des conjugaisons du passé est similaire entre les apprenants plus avancés et les natifs du même âge : le pourcentage d'emploi global des conjugaisons du passé par rapport au nombre total de verbes produits est similaire (9% dans FF6 vs 10% dans NN6). La seule différence notable est la fréquence d'utilisation de l'imparfait : cette conjugaison représente en effet 36% des formes du passé chez les natifs pour seulement 19% chez les apprenants les plus avancés de notre corpus.

 DOI: 10.1051/shsconf/20173800008

Cependant, une comparaison des productions des deux groupes de natifs FF1 et FF6 met en évidence que l'emploi des conjugaisons du passé par les natifs, lui aussi, ne reste pas constant mais varie assez considérablement.

Tableau 5. Développement des conjugaisons du passé chez les natifs

	FF1			FF6		
	#	$\%^{Fpassé}$	$\%^{totV}$	#	$\%^{Fpassé}$	$\%^{totV}$
passé composé	73	0,42	0,08	40	0,55	0,04
imparfait	67	0,39	0,07	26	0,36	0,03
plus-que-parfait	8	0,05	0,01	7	0,09	0,01
passé simple	25	0,14	0,03	/	/	/
Total passé	**173**	**1,00**	**0,19**	**73**	**1,00**	**0,08**

: fréquence absolue
$\%^{Fpassé}$: fréquence relative par rapport au nombre total de formes du passé
$\%^{totV}$: fréquence relative par rapport au nombre total de formes verbales produites

Ainsi, des différences remarquables apparaissent dans la comparaison de la production des deux groupes de locuteurs natifs : la fréquence d'emploi de l'ensemble des conjugaisons du passé est sensiblement inférieur dans les productions des natifs plus âgés (9% dans FF6 et 19% dans FF1). Une seconde différence remarquable est l'utilisation relativement fréquente du passé simple dans les productions des natifs FF1, qui n'apparaît pas dans les productions des natifs FF6. Les occurrences conjuguées au passé simple représentent 14% de la totalité des conjugaisons du passé produites ($\%^{Fpassé}$), 3% de la totalité de verbes produits ($\%^{totV}$). Cependant, la fréquence d'emploi totale des conjugaisons au passé composé et au passé simple dans FF1 correspond à la fréquence d'emploi du passé composé seul dans FF6 (±55% des formes du passé dans les deux corpus).
Les raisons de cette variation sont sans doute diverses et devront être examinées plus systématiquement dans divers contextes et pour diverses tâches. Elle pourrait par exemple être liée:

- à une motivation plus forte des jeunes locuteurs FF1 pour réaliser la tâche de narration dans un contexte scolaire et pour utiliser explicitement des conjugaisons enseignées pour réaliser une narration au passé (emploi du passé simple) ;
- à l'exploitation d'autres conjugaisons et donc à la convocation d'autres types de configurations narratives pour raconter l'histoire au passé.

Quoi qu'il en soit, les données révèlent que l'usage des conjugaisons du passé peut aussi varier chez les natifs sur la même tâche selon l'âge. Il ne semble donc pas exister de modèle de référence absolu auquel la fréquence d'emploi des apprenants L2 peut être comparée. Ces constatations pertinentes invitent (a) à porter un nouveau regard sur le développement des conjugaisons du passé chez les apprenants L2, qui ne doit pas nécessairement être linéaire et appréhendé uniquement du point de vue de la fréquence, (b) à réexaminer la fréquence d'emploi de ces conjugaisons par les natifs, qui n'est pas invariable, mais qui requiert la prise en considération de nouveaux paramètres tels l'âge, le scénario narratif, l'exploitation de différentes combinaisons de conjugaisons, etc. Plus particulièrement, le recul sensible de l'exploitation de conjugaisons du passé chez les natifs du groupe FF6 met en évidence que l'expression du passé ne passe pas nécessairement par l'utilisation des conjugaisons du passé et que leur maîtrise n'équivaut pas à un emploi systématique de celles-ci dans tous les contextes passés. Elle peut aussi être liée à l'exploitation d'autres conjugaisons et donc à la convocation d'autres types de configurations narratives pour raconter l'histoire au passé, configurations que nous examinons en détail dans le prochain volet de l'étude.

5 Les configurations narratives pour l'exploitation des conjugaisons du passé

Le développement de la maîtrise des conjugaisons du passé mais aussi la disponibilité d'autres formes pour les mêmes types de fonctions multiplie les combinaisons de conjugaisons possibles dans divers types de scénarios pour narrer la même histoire. Cette section décrit les diverses combinaisons de conjugaisons utilisées par les apprenants FL2 pour développer leur narration au passé et les compare avec celles utilisées par les natifs.

5.1 Analyse des données FL2

L'étude des productions des apprenants du groupe le plus avancé (NN6) révèle l'activation de plusieurs combinaisons temporelles possibles pour l'expression d'une narration au passé.

1° narrations centrées autour du présent
Dans la plupart des productions des apprenants du groupe NN6, la narration reste centrée autour de l'emploi du présent, avec éventuellement l'apport additionnel d'une des conjugaisons du passé.

a. narration sans conjugaisons du passé
Dans plusieurs narrations, les conjugaisons du passé sont totalement absentes et l'histoire est racontée au présent. Parfois, le contexte ne permet pas de décider si cela découle d'une difficulté à positionner l'histoire dans le passé, mais dans d'autre cas, comme dans l'exemple (11), la configuration est clairement utilisée pour situer l'histoire au passé :

(11) Me-19 : dans la nuit quand le garçon et le chien *dort* [*], la grenouille *part* du bocal

b. présent + passé composé
Cette deuxième configuration narrative représente la combinaison de conjugaisons la plus fréquente dans la production du groupe NN6. Dans ce type de configuration, le passé composé tend généralement à marquer le perfectif :

(12) a. NN6-626: il voit que la grenouille *est partie*
b. NN6-621: le jour après et la grenouille *a disparu*
le petit garçon *s'éveille et il voit* que la grenouille *est s'enfui* [*]

c. Présent + imparfait
En exploitant tout en élargissant l'hypothèse discursive de Bardovi-Harlig (« learners use emerging verbal morphology to distinguish foreground from background in narratives » (1994 : 43)) par la prise en considération du présent, il est possible de relever une série d'énoncés qui expriment une opposition discursive plus généralisée, où l'arrière-plan est identifié par l'imparfait et le premier plan par le présent. Le corpus NN6 contient un certain nombre de configurations de ce genre (ex. 13) :

(13) a. NN6-815 : quand il *dormait* le grenouille *s'échappe* dans le vitraux dans la fenêtre
b. NN6-Le13 : il pense que la grenouille *était* là alors il *voit* une animaux qui n'*est* pas son grenouille
c. NN6-Le17: le chien *va* avec son tête dans le pot où le grenouille *était* chaque soir mais il ne *peut* pas échapper de ce pot
d. NN6-Sn7 : quand il *allait* dormir sa grenouille *s'enfuit*
e. NN6-Sn7 : les abeilles *fuient* le chien parce qu'il *était* très embêtant
f. NN6-Sn13 : le soleil *commençait* à briller et le petit garçon Jean *se réveille*

2° Narrations basée sur la combinaison de temps du passé
Ce cas de figure est extrêmement rare dans la production des apprenants du groupe d'apprenants le plus avancé. Cependant, deux apprenants NN6 produisent une séquence de conjugaison combinant l'imparfait et le plus-que-parfait, même si elles contiennent aussi des formes conjuguées au présent et au passé composé :

(14) a. NN6-Me20 : il y *avait* un petit garçon et un chien et ils *avaient trouvé* une grenouille
ils l'*avaient mis* dans un boîte mais le lendemain il *était disparu*
alors ils *cherchaient* partout dans la chambre, mais ils ne le *trouvaient* pas
alors ils *décidaient* d'aller le chercher et ils *crient* pour la grenouille, mais ils ne la *trouvent* pas

b. NN6-Sn13 : il y *avait* une fois un garçon et son petit chien Pluto qui *avait attrapé* une grenouille
il l'*appelait* Fien
il *était* assez tard tard et le garçon *allait* au lit et pendant la nuit Fien *a su* échapper par la fenêtre
le soleil *commençait* à briller et le petit garçon *se réveille*

3° Narrations combinant le présent avec diverses conjugaisons du passé
Ce type de configuration est nettement plus complexe et permet d'exprimer divers types de nuances dans le cadre d'une narration au passé. Il s'agit plus spécifiquement de la combinaison présent + passé composé + imparfait. Une telle exploitation de trois conjugaisons au sein d'une même configuration temporelle est rare dans la production NN6 :

(15) a. NN6-628 : et la nuit le grenouille il *échappe* [*] et le lendemain le petit gamin il *a vu* que le grenouille n'*était* pas là
il *a regardé* dans tous ses vêtements et le bocal et ensuite son lit mais il ne le *voit* plus

b. NN6-Me20: et il *tombe* sur une grand pierre et il *fait* Fifi Fifi
en criant Fifi il *tenait* des cornes d'un cerf
et alors le cerf *élevait* la tête et le petit garçon *est tombé* sur son tête

c. NN6-Sn13: il *était* assez tard et le garçon *allait* au lit et pendant la nuit Fien *a su* échapper par la fenêtre

Dans ce cas de figure, à l'instar du contraste entre le présent et le passé composé, l'opposition passé composé / imparfait peut marquer une opposition aspectuelle (imperfectif/ perfectif). Parfois aussi, l'opposition des deux conjugaisons tend à mettre en évidence une opposition discursive en distinguant le premier plan et l'arrière-plan (cf. Bardovi-Harlig 1994). Ce dernier emploi apparaît dans le corpus NN6, mais reste limitée à quelques rares contextes :

(16) a. NN6-814 : *PUP : et sa tête *est restée* dans le bocal, il *était*
*INV : bloqué
*PUP : bloqué

b. NN6-814 : il *a sauté* du fenêtre et tombE [*] et comme ça le bocal *était* cassé

L'analyse détaillée des productions des apprenants NN6 permet de conclure que la production de la narration au passé est réalisée au moyen de diverses configurations narratives. Si la variété des combinaisons de conjugaisons possibles est remarquable et commence à présenter un certain niveau de sophistication, le présent joue néanmoins souvent un rôle central au sein de celles-ci.

5.2 Analyse des données FL1

Une large variété de configurations narratives apparaît également dans les productions des natifs.

1° narrations centrées autour du présent
La narration centrée autour de l'emploi du présent, avec éventuellement l'apport additionnel d'une des conjugaisons du passé, est également fréquente dans la production des natifs.

a. narration sans conjugaisons du passé
Chez les natifs également, diverses narrations sont produites exclusivement au présent. La dimension temporelle dans ces narrations est néanmoins souvent assurée par d'autres marques dans le discours, telles des connecteurs ou des circonstants (les éléments localisant clairement la narration au passé sont soulignés dans l'exemple 17).

(17) a. FF1-727: alors *c'est* un petit garçon qui *regarde* une grenouille avec le chien
pendant la nuit la grenouille elle *s'en va*
le matin le garçon il *se réveille*
il *voit* plus la grenouille
alors il *cherche*
il *s(e) habille*
il *cherche*
le petit chien il *met* sa tête dans le bocal
il *est* coincé
le petit garçon il *appelle* la grenouille
le petit chien il *tombe*
après le petit garçon il *ramasse* son chien
puis il *part*

b. FF6-701 : il y a un petit garçon qui *a* une grenouille apparemment et un chien
et pendant la nuit la grenouille *s'échappe*
et il *se réveille*
il n'*a* plus de grenouille
donc il *est* atterré
donc il *fouille* un peu partout dans sa chambre apparemment
le chien il *trouve* une chose à faire
c'est mettre sa tête dans le bocal
puis le chien *passe* par la fenêtre
donc après ils *partent*

b. présent + passé composé
Cette configuration, qui est très fréquente chez les natifs tout comme chez les apprenants, semble indiquer une opposition aspectuelle, où le passé composé exprime le perfectif.

(18) a. FF1-716 : alors *c'est* un petit garçon
et il *a attrapé* une grenouille dans un bocal
et le chien *est émerveillé* aussi
et alors quand ils *vont dormir*
il y a la grenouille qui *sort* de son bocal
le lendemain matin ils *sont* tout *étonnés*

b. FF6-688 : il *se couche*

il *s'endort*
et pendant la nuit la grenouille *s'en va*
alors le lendemain il *constate* avec son chien qu'elle *a disparu*
il *cherche* après dans les bottes
le chien dans le bocal
il l'*appelle* au dehors enfin

c. présent + imparfait

Cette troisième configuration est plus rare. Il s'agit d'une combinaison de conjugaisons où l'imparfait indique une action non conclue, engagée antérieurement et qui persiste au moment de l'énonciation (aspect imperfectif) :

(19) a. FF6-697: il *essaie* un peu de jouer avec, de l'attraper
le petit garçon qui *cherchait* dans un trou
se *fait* mordre par la bestiole qui *se trouvait* dedans
b. FF1-715 puis le petit garçon *dit* qu'il *faut* se taire au chien
et puis il *cherche* et puis il *tombe* sur des crapauds sur une famille de crapauds
le chien et le petit garçon *étaient* tout contents
parce qu'ils avaient trouvé les crapauds.

2° Narrations basée sur la combinaison de temps du passé

L'emploi systématique des deux conjugaisons du passé n'apparaît que chez les natifs. Différentes configurations peuvent être observées :

a. passé composé + imparfait

Cette combinaison sert souvent à marquer une opposition discursive située dans le passé, permettant au locuteur de distinguer le premier plan de l'arrière-plan :

(20) a. FF1-718 : Pendant ce temps là le chien *était* en train d'encore jouer
et il *a fait* tombé la ruche
b. FF1-726 : il *était* une fois un petit garçon qui *aimait* sa petite grenouille
il *était* dans sa chambre
et il *faisait* noir
et il *devait aller* dormir
pendant son sommeil la grenouille *s'est enfuie*
puis au matin il *s'est réveillé*
et il *a vu* que sa grenouille *a disparu*
il *regardait* un peu partout

b. passé simple + imparfait

L'utilisation du passé simple dans une configuration temporelle narrative est propre à la production des natifs (à celle du groupe FF1 dans notre cas). Elle marque prototypiquement l'opposition aspectuelle dans une époque passée : le passé simple marque ainsi une action accomplie (perfectif), tandis que l'imparfait exprime une action en accomplissement (imperfectif). L'époque passée est soulignée dès le début de la narration par les circonstants *un jour* et *il était une fois* :

(21) a. FF1-720 : un jour un petit garçon et son chien *trouvèrent* une jolie petite grenouille qu'ils *mirent*
précieusement dans un beau bocal
le soir avant d'aller se coucher
ils la *contemplèrent*

et le lendemain au réveil du petit garçon et de son chien elle *était* pas là
alors ils la *cherchèrent* partout dans les bottes
et ils *crièrent* après elle à la fenêtre
ils *partirent* en forêt
le petit garçon il *inspectait* tous les pas qu'il y *avait* par terre

b. FF1-728 : <u>il était une fois</u> un petit garçon et un petit chien qui *allaient se coucher* très tard
parce qu'ils *avaient* une grenouille qu'ils avaient enfermée dans un bocal.
ils la *regardaient* tous les soirs
un jour ils *s'endormèrent*
et la grenouille sort du bocal [//] ou *sortit*
un matin ils *se réveillèrent*
et la grenouille *fut partie* du bocal
ils *cherchèrent* partout
mais ils la *trouvèrent* pas

c. imparfait + plus-que-parfait
La combinaison convoquée souligne l'antériorité dans le passé d'un événement par rapport à un autre.

(22) FF1-717 : c'est l'histoire d'un petit garçon et d'un petit chien qui *contemplaient* une grenouille qu'ils *avaient* peut-être *capturée* dans le lac

3° Narrations combinant le présent avec diverses conjugaisons du passé
Ce type de configuration, plus complexe, favorise l'expression de divers types de nuances dans le cadre d'une narration au passé. Il s'agit plus spécifiquement de la combinaison présent + passé composé + imparfait. Elle permet de combiner les distinctions aspectuelles (perfectif/ imperfectif) et discursives (avant/ arrière-plan) :

(23) a. FF1- 722 : et l'oiseau le *frappe*, si je peux dire
puis l'oiseau *est parti*
il *remonte* au dessus
puis il y *avait* je pensais un cerf qui *dépassait* ses cornes
le garçon *s'est avancé*
il *est tombé* sur ses cornes
le cerf *est parti*
enfin il *laisse* tomber par terre avec le chien dans l'eau

Dans l'exemple (23a), le locuteur exploite en effet l'opposition présent/ passé composé pour marquer l'opposition aspectuelle perfectif/ imperfectif et celle entre l'imparfait et les autres conjugaisons pour distinguer l'avant de l'arrière-plan. Une telle exploitation de trois conjugaisons au sein d'une même configuration temporelle est fort fréquente dans la production des natifs (cf. aussi 714FF1, 723FF1, 723FF1, 697FF6, 689FF6, 747FF6):

(23) b. FF1-723 : et le chien il courait [//] il *court* parce qu'il *est poursuivi* par le nid d'abeilles qu'il *a ennuyé*
alors cela *a fait* du bruit
une chouette *est apparue* dans l'arbre
et la petite *est tombée*
après la chouette *s'est envolée*
la petite *a eu* peur.
puis elle *est remontée* sur un mont

et elle *a regardé* de loin
et sur le mont elle *croyait* qu'il y *avait* des branches
mais c'*étaient* les cornes d'un cerf
elle *a été emportée*
et le cerf il *court*
le cerf l'*a fait* tomber elle et son petit chien dans un genre de clairière
puis ils *sont tombés* dans un marais

c. FF6-689 : apparemment *c'est* une souris qui *était* dans le trou
donc il *se tourne* pour chercher autre part
le chien en attendant il *a fait* tomber le nid
et à ce moment-là y *a* toutes les abeilles qui *commencent à courir* après le chien
le garçon lui il *regardait* dans un tronc parce qu'il *avait vu* un trou
il voulait voir ce qui en *était* dedans
en fait *c'était* un hibou
et le hibou lui *a fait* peur
et il *est tombé* de l'arbre
et alors le hibou il va apparemment [//] il le *pourchasse*
et lui il va [//] il se met [//] il *monte* sur un caillou [*]

5.3 Commentaires

Plusieurs conclusions découlent des faits observés chez les apprenants et les natifs et de la comparaison de ceux-ci :

1° De l'aperçu descriptif de la manière de procéder des natifs, il ressort clairement qu'il n'y a pas une seule « configuration temporelle » pour raconter l'histoire de la grenouille. Par ailleurs, cette narration peut se faire sans avoir nécessairement recours à une des conjugaisons du passé.

2° Les apprenants les plus avancés de notre étude réalisent déjà la narration au passé au moyen de diverses configurations narratives. Si la variété des combinaisons de conjugaisons possibles est remarquable et commence à présenter un certain niveau de sophistication, le présent joue néanmoins souvent un rôle central au sein de celles-ci.

3° Ce qui distingue sur le point des combinaisons de conjugaisons les natifs des apprenants NN6, c'est cependant la variété et la richesse des configurations narratives convoquées. Si certains de ceux-ci émergent déjà dans la production des apprenants NN6, c'est encore sous une forme embryonnaire et hésitante.

Une étude plus systématique et plus large des configurations narratives devrait permettre de les lier plus clairement aux différents types de points de vue adoptés par le locuteur pour réaliser la tâche.

6 Conclusions

Les données examinées et analysées dans l'étude permettent de dégager quelques tendances qui caractérisent le développement de l'appariement forme-fonction en FL2.

Notre contribution montre que la fréquence d'emploi des conjugaisons du passé progresse systématiquement dans la production des divers groupes d'apprenants FL2 et que leur emploi s'étend sur l'ensemble des apprenants du groupe, même si le passé composé est la seule conjugaison largement utilisée par la grande majorité des apprenants du groupe avancé. De plus, le pourcentage d'emploi global des conjugaisons du passé par rapport au nombre total de verbes produits est similaire dans FF6 et dans NN6. Sur le plan de la variété des conjugaisons verbales employées, la différence apprenants/ natifs est en fin de compte limitée, sauf pour la fréquence d'utilisation de l'imparfait, nettement plus basse chez les apprenants (et l'emploi du passé simple, propre aux natifs).

Le degré d'affinement du rapport forme-fonction dans la production des apprenants progresse donc systématiquement et le degré de convergence du rapport forme-fonction entre apprenants et natifs s'accroît, même si des différences pertinentes subsistent, en particulier pour certaines conjugaisons du passé

L'examen des types de configurations narratives exploités par le groupe d'apprenants le plus avancé dans notre étude révèle qu'ils réalisent déjà la narration au passé au moyen de combinaisons diverses de conjugaisons. La diversification de celles-ci commence à présenter un certain niveau de sophistication, même si le présent joue souvent un rôle central en leur sein. Cependant, la variété et la richesse des configurations convoquées pour réaliser la narration au passé distinguent encore la production des natifs de celle des apprenants.

Dans la manière dont diverses conjugaisons sont convoquées pour l'expression d'une fonction spécifique, l'expression d'une narration au passé, les données signalent l'importance de prendre en considération la multiplicité des combinaisons de conjugaisons et de leur exploitation dans divers types de configurations narratives pour raconter la même histoire. De l'analyse de manière de procéder des natifs, il ressort en effet qu'il n'y a pas un seul « scénario » imposé pour raconter l'histoire de la grenouille. Par ailleurs, cette narration peut se faire sans avoir nécessairement recours à une des conjugaisons du passé.

En conclusion, les résultats de l'étude mettent en garde contre une vision unilatérale de la progression de la maîtrise en L2 concernant l'expression du passé, qui serait associée à un emploi de plus en plus généralisé et fonctionnellement approprié des conjugaisons du passé. La perspective temporelle dans une narration peut être développée à partir de différentes combinaisons de conjugaisons et de différents points de vue narratifs. Dans ce contexte, notre contribution souligne aussi l'importance de référer systématiquement aux usages de groupes de natifs pour chaque type de production et de tâche langagière spécifique.

Références

Andersen, R. W. (1984). The one-to-one principle of interlanguage construction. *Language Learning, 34,* 77-95.

Andersen, R. W. (1986). El desarrollo de la morfologia verbal en el español como segundo idioma. In Meisel, J. (Ed.), *Adquisición de lenguaje/Aquisição da linguagem,* (pp. 115-138). Frankfurt : Vervuert.

Andersen, R. W. (1990). Models processes, principles and strategies: Second language acquisition inside and outside the classroom. In Bill VanPatten & James F. Lee (eds.), *Second language acquisition-foreign language learning*, (pp. 45-78). Clevedon, UK: Multilingual Matters.

Andersen, R. W. (1991). Developmental sequences : the emergence of aspect marking in second language acquisition. In Huebner, T., & Ferguson, C. (eds.), *Crosscurrents in second language acquisition and linguistic theories*. Amsterdam : John Benjamins. 305-324.

Ayoun, D. (2001). The role of negative and positive feedback in the second language acquisition of passé composé and imparfait. *Modern Language Journal, 85*, 226-243.

Ayoun, D. (2004). The Effectiveness of Written Recasts in the Second Language Acquisition of Aspectual Distinctions in French : A Follow-Up Study. *The Modern Language Journal, 88*, 31-55.

Bardovi-Harlig, K. (1994). Anecdote or evidence ? Evaluating support for hypotheses concerning the development of tense and aspect. In Tarone, E., Gass, S. M., Cohen, A. D., *Research methodology in second language acquisition*. Hillsdale : Erlbaum. 243-282.

Comrie, B. (1976). *Aspect. An introduction to the study of verbal aspect and related problems*. Cambridge : Cambridge University Press.

Granget, C. (2005). Développement de l'accord verbal avec un sujet pluriel dans les récits écrits d'apprenants germanophones scolarisés du français. In : Granfeldt, J. & Schlyter, S.(eds.), *Acquisition et production la morphologie flexionnelle, Perles 20* (pp. 111-123). Université de Lund.

Kaplan, M. A. (1987). Developmental patterns of past tense acquisition among foreign language learners of French. In VanPatten, B., Dvorak, T. R., Lee, J.F. (eds.), *Foreign language learning : a research perspective* (pp. 52-60). Cambridge, MA : Newbury House.

Kihlstedt, M. (2002). L'emploi de l'imparfait en français par des locuteurs suédophones et des locuteurs natifs. *Revue française de linguistique appliquée*, VII (2), 7-23.

Klein, W. (1995). Frame of analysis. In Dietrich, R., Klein, W., Noyau, C.(eds.), *The acqusition of temporality in a second language,* (pp. 17-29). Amsterdam : John Benjamins.

Labeau, E. (2005). Des « Temps modernes » : L'aspect suffit-il à la maîtrise des temps du passé dans les narrations écrites d'apprenants avancés ?. In Molendijk, A. & Vet, C., *Temporalité et attitude: structuration du discours et expression de la modalité. Cahiers Chronos, 12,* (pp. 203-218). Amsterdam : Rodopi.

Li, P. & Shirai, Y. (2000). *The Acquisition of Lexical and Grammatical Aspect*. Berlin : Mouton De Gruyter.

MacWhinney, B. (2000). *The CHILDES Project : Tools for Analyzing Talk.* 3rd edition. Mahwah, NJ : Lawrence Erlbaum.

Mayer, M. (1969). *Frog, where are you?* New-York : Dial.

McManus, K. (2015). L1-L2 Differences in the Acquisition of Form-Meaning Pairings in a Second Language. *Canadian Modern Language Review, 71 (2)*, 155-181.

Michot, M.-E. (2014). L'acquisition de l'accord sujet-verbe en FLE : l'impact de la classe verbale. In Michot, M.-E.(Ed.), *L'acquisition de la morphologie verbale en FLE, Cahiers de l'AFLS, 19 (1)*, 57-79.

Michot, M.-E. & Pierrard, M. (2016). L'appariement forme-fonction en FL2 : le développement de l'emploi des formes verbales du passé et la primauté du marquage de l'aspect. *Actes du 5ème Congrès Mondial de Linguistique Française*. EDP Sciences. 1-14.

Noyau, C. (1997). Processus de grammaticalisation dans l'acquisition de langues étrangères : la morphologie temporelle. In Martinot, C. (Ed.), *L'acquisition de la syntaxe*, (pp. 223-252). Besançon : Annales littéraires de l'Université de Franche-Comté

Noyau, C., Houdaifa, E.-T., Vasseur, M.-T., Véronique, D. (1995). The acquisition of French. In Dietrich, R., Klein, W., Noyau, C. (eds.), *The acquisition of temporality in second language*, (pp. 145-209). Amsterdam : John Benjamins.

Perdue, C., Benazzo, S., Giuliano, P. (2002). When finiteness gets marked : the relation between morphosyntactic development and use of scopal items in adult language acquisition. *Linguistics, 40 (4)*, 849-890.

Perdue, C. & Klein, W. (1992). Why does the production of some learners not grammaticalize ? *Studies in Second Language Acquisition, 14*, 259-272.

Salaberry, R. (1999). The development of past tense verbal morphology in classroom L2 Spanish. *Applied Linguistics, 20*, 151-178.

Salaberry, R. (2003). Tense Aspect in Verbal Morphology. *Hispania, 86 (3)*, 559-5573.

Salaberry, R., & Ayoun, D. (2005). The development of L2 tense-aspect in the Romance languages. In Ayoun, D., & Salaberry, R., *Tense and aspect in Romance languages*. Amsterdam : John Benjamins. 1-33.

Thomas, A. (2009). *Les débutants parlent-ils à l'infinitif ? Influence de l'input sur la production des verbes par des apprenants adultes du français*. Thèse de doctorat, Université de Lund.

Véronique, D. (2009). *L'acquisition de la grammaire du français, langue étrangère*. Paris : Didier.

DOI: 10.1051/shsconf/20173800009

Les énoncés «présentatifs» chez les apprenants sinophones de français L2

Ludovica Lena[1]

[1] Centre de Recherches Linguistiques sur l'Asie Orientale, UMR8563, INALCO, EHESS et CNRS, France et Université La Sapienza, Rome, Italie

Résumé. La présente étude s'intéresse à l'organisation du discours chez les apprenants sinophones de français L2, en analysant leur maîtrise des procédés syntaxiques associés à la fonction d'introduction référentielle. Cette recherche part du constat que le français et le chinois L1 se servent de stratégies syntaxiques très proches : les francophones recourent massivement à la construction en « il y a » suivie d'une proposition relative, tandis que les sinophones disposent d'une structure présentative dont le premier segment est introduit par le verbe *yǒu* 'avoir'. Nos données montrent que si les apprenants sinophones utilisent les structures en AVOIR, ainsi que les autres tournures syntaxiques portant la même fonction textuelle, ils n'y recourent que dans une moindre mesure. Une analyse des caractéristiques propres à ces structures nous montre que les apprenants transposent dans la langue cible les principes qui guident la structuration de l'information dans leur L1 – notamment en ne parvenant pas à associer à la structure en AVOIR une fonction pragmatique dont est dépourvue la forme correspondante dans la langue source (leur L1); d'autre part la connaissance métalinguistique de la L2 semble jouer un rôle important dans la mesure où les apprenants rétablissent souvent l'ordre non marqué S-V, même dans des contextes pragmatiquement inappropriés.

Abstract. Acquisition of pragmatically motivated syntax by Chinese learners of L2 French. The present study focuses on the discourse organization adopted by Chinese-speaking learners of L2 French, and analyzes how they manage the syntactic patterns that introduce new referential entities into discourse. French and Chinese L1 happen to use for this purpose very similar syntactic strategies: in French the common pattern is the bi-clausal *il y a* 'there is' construction (from *avoir* 'have'), while in Chinese new referents are often encoded by a presentational structure whose first segment is introduced by the semantically-related verb *yǒu* 'have'. Our data show that Chinese-speaking learners do use the HAVE-presentational structures as well as the other syntactic patterns carrying the same textual function, but to a smaller extent. By analyzing the characteristics of these structures we show that Chinese speakers transpose in the target language the same principles that guide the information structuring in their L1 – in particular they fail to link the HAVE-structure to a pragmatic function lacking for the corresponding form in the source language ; secondly the L2 metalinguistic knowledge seems to play an important role in that learners often choose the unmarked S-V word-order, even in contexts that are pragmatically inappropriate.

1 Introduction : cadre théorique et problématique

Dans le cadre théorique des recherches d'inspiration fonctionnaliste sur l'acquisition (Klein et Perdue 1992), nous prenons comme point de départ la considération que les différences interlinguistiques peuvent avoir une incidence sur la manière dont se développe l'organisation de l'information au niveau du discours et de l'énoncé (Carroll et Lambert 2006 ; Hendriks et Watorek 2008).

De nombreuses recherches antérieures sur l'acquisition du français langue étrangère soulignent l'impact de la langue source : entre autres, l'étude de Hendriks et Watorek (2008) montre que l'organisation de l'information en topique chez les apprenants adultes se fait à travers le recours à des moyens linguistiques calqués sur ceux de leurs langues sources. Lambert *et al.* (2008) ont étudié l'influence de la langue maternelle dans les modes de résolution de tâches verbales complexes, en montrant que les L2 tendent à conceptualiser et organiser les contenus informatifs sur la base des principes de leur L1 : les productions des apprenants se caractérisent par des divergences systématiques dans la structuration de l'information en discours qui reflètent l'influence de la langue source, indépendamment du niveau de maîtrise linguistique. Dans son étude sur les locuteurs francophones d'anglais L2, Leclercq (2008) montre que les apprenants quasi-bilingues sont toujours influencés par la structuration informationnelle de la langue source : « les codages opérés en langue maternelle influenceraient les locuteurs lors de l'expression en L2, même à un niveau très avancé ». Spécifiquement, Lambert (1998) montre que la L1 peut influencer la manière d'introduire de nouveaux référents dans le discours.

Nous nous sommes tout particulièrement inspirée de l'étude conduite par Turco (2008) sur l'acquisition des structures syntaxiques dédiées à l'encodage des fonctions d'introduction et d'identification des référents par les apprenants francophones avancés de l'italien L2. Son travail montre que ces locuteurs utilisent aisément les structures présentatives clivées de l'italien « c'è SN[1] che », lesquelles correspondent aux formes en *il y a* de leur langue source, tandis que l'apparition de l'ordre verbe-sujet (V-S) chez les apprenants est conditionnée en même temps par plusieurs facteurs tels que le statut des référents, les propriétés sémantiques du verbe – elle se déclenche notamment en présence de verbes inaccusatifs, et le contexte énonciatif, qui doit être de nature thétique[2].

La structure informationnelle étant indissociable des moyens formels disponibles dans chaque langue, l'apprenant d'une L2 doit en effet, afin d'acquérir une compétence native, parvenir à identifier les corrélations entre une forme et sa fonction dans la langue cible pour parvenir à assurer les opérations de référenciation et organiser efficacement son discours (Carroll et Lambert 2003) : « contrairement aux enfants qui acquièrent conjointement leur langue et son usage, les apprenants doivent abandonner les principes de gestion qu'ils ont intériorisés avec et par leur langue source pour en adopter d'autres. On peut se demander si cela ne constitue pas un obstacle quasiment infranchissable » (Lambert *et al.* 2008).

---

[1] Syntagme nominal

[2] Les énoncés « thétiques » (Kuroda 1972) ou de type « all-focus » (Lambrecht 1987a) ont la fonction de présenter une entité, une proposition ou un état de choses en tant qu'élément d'information nouveau pour le discours. Ces énoncés ne présupposent qu'un contexte discursif minimal et peuvent ainsi apparaître au tout début d'un discours et répondre à la question « qu'est ce qui se passe ? » ou bien présenter un événement d'arrière-plan (Cornish 2005).

Nous nous penchons sur la question de l'influence de la L1 sur l'organisation discursive de la L2 en analysant de quelle manière les locuteurs natifs et les apprenants sinophones du français L2 encodent l'introduction des nouvelles entités référentielles dans le discours. La présente étude part du constat que les deux langues examinées, le chinois et le français, s'appuient systématiquement sur des procédés syntaxiques pour exprimer la fonction d'introduction référentielle, et que toute deux recourent en particulier pour ce faire aux structures « présentatives » en AVOIR.

On pourrait penser à première vue que la présence dans la langue source d'une structure syntaxique marquée qui trouve un correspondant dans la langue cible devrait favoriser sa maîtrise de la part des apprenants, comme c'est le cas par exemple des apprenants hispanophones vis-à-vis des structures à ordre V-S en italien L2 (Chini 2001), ou des francophones lorsqu'ils produisent des structures clivées du type « c'è SN che » en italien L2 (Turco 2008). Parfois les apprenants tendent à surexploiter les structures « présentatives », en recourant davantage à des tournures analytiques pour introduire un personnage dans la narration, lorsque les natifs auraient préféré des solutions synthétiques comme l'ordre des mots ou la structure à SN seule. Ainsi, les apprenants francophones d'italien L2 utilisent la construction présentative clivée même dans des contextes où elle est redondante – notamment avec des verbes inaccusatifs. On a aussi constaté que les apprenants francophones avancés de l'anglais L2 ont tendance à s'appuyer largement sur des clivages syntaxiques, tandis que les anglophones natifs ont davantage recours à des procédés de type prosodique pour structurer l'information dans le discours. Notamment les apprenants utilisent massivement les structures présentatives pour assurer l'ancrage énonciatif, faisant ainsi appel à un mode d'ancrage explicite (Lambert 1998). Leclercq (2008) relève chez les apprenants francophones des formes non attestées dans les récits des anglophones, notamment le présentatif « I can see » ou l'emploi de subordonnées introduites par *who*.

Dans cette étude, nous analysons les productions d'apprenants sinophones pour observer comment ils gèrent la mise en place des structures présentatives en français L2 dans la résolution d'une tache verbale de compte-rendu de vidéo. Etant donné que leur langue maternelle présente une structure présentative en AVOIR, et que cette forme est en chinois systématiquement employée avec la même fonction d'ancrage des nouveaux référents qu'en français, la langue cible, cela pourrait faciliter son apparition dans les productions des apprenants sinophones. D'autre part, il existe des différences interlangues demandant une subtile maîtrise pragmatique en plus de la maîtrise formelle de la grammaire de la langue cible. Cette acquisition présuppose de parvenir à associer à la structure de la L2 des nouvelles fonctions que l'on ne trouve pas dans la forme correspondante en L1 ou à l'inverse de dissocier les formes des usages pragmatiques qui sont propres aux configurations utilisées en langue maternelle.

Dans son étude des apprenants sinophones peu avancés d'italien L2, Valentini recense des constructions présentatives (« c'è SN che ») et des inversions V-S (Valentini 1992 : 113-117, reporté en Chini 2002) :

(1) IT2_CH1 ***ha morti*** *tante persone*
'beaucoup de gens sont morts' (Valentini 1992 : 113)

En étudiant la production narrative d'une jeune locutrice sinophone en italien L2, Chini (2002) remarque que les inversions V-S sont moins fréquentes par rapport aux formules existentielles ; cependant, l'apprenante « ne présente pas de cas d'ordres SV là où l'inversion VS est nécessaire. En chinois aussi, ce type de verbe [= inaccusatif] a souvent l'inversion, surtout si son sujet est une entité nouvelle du discours ». Les exemples suivant sont adaptés de Chini (2002 ; ses exemples 49 et 50) :

(2) IT2_CH1 *e poi cosa succede?* ('et ensuite que se passe-t-il ?')
poi co/pecché poi co/ ++ ***cadono*** *le mele* ('les pommes tombent')

(3) IT2_CH1 *e poi eh son:++*
sono morti *tutti in cinesi* ('les chinois sont morts tous')

L'auteure estime que la langue maternelle de l'apprenante semble influente en italien L2 dans la mesure où « elle favorise la manipulation pragmatique de l'ordre des mots ». Ces études montrent que l'acquisition de l'ordre V-S présentatif chez les locuteurs sinophones serait facilitée car cette structure est déjà mise à disposition par la L1. Or étant donné que l'emploi de V-S en français oral est attesté mais n'est pas autant fréquent qu'en chinois, cela pourrait influencer également les productions des apprenants.

Ainsi, nous nous proposons d'étudier comment les apprenants sinophones avancés s'adaptent aux contraintes pragmatiques en français langue cible, étant donné que l'appropriation des principes pragmatiques est souvent évoquée comme la dernière étape avant une maîtrise réussie de la lange seconde (hypothèse avancée par Perdue 1993). Ce travail prend comme point de départ l'analyse des structures syntaxiques (formelles) qui interviennent pour encoder la fonction d'introduction référentielle (identifiée grâce au contexte fourni par le support visuel). Les questions qui guident l'étude de nos données sont donc les suivantes :

- Quels sont les moyens linguistiques encodant la fonction d'introduction référentielle en chinois et en français L1 et notamment par quels marqueurs syntaxiques se manifeste-elle ?

- La présence dans la langue source d'un même type de structure « présentative » (en particulier les clivées en AVOIR et l'ordre V-S) favorise-t-elle son emploi de la part des apprenants sinophones en français langue cible ?

- Comment les apprenants sinophones s'approprient-ils des différentes contraintes d'ordre pragmatique propres aux structures « présentatives » de la langue cible ?

L'article est ainsi structuré : on présentera d'abord la méthodologie adoptée (section 2), puis nous allons conduire une comparaison des procédés syntaxiques déployés pour introduire les référents dans le discours narratif en chinois et en français L1 (section 3), et enfin nous analysons les stratégies employées par les apprenants sinophones de français L2 (section 4).

2 Méthodologie

Sur la base d'une tâche de récit en langue seconde d'un film muet de la part de locuteurs sinophones, nous avons recueilli deux *corpora* de chinois L1 et français L2, pour conduire une analyse croisée avec les narrations collectées en français L1.

Le support employé pour recueillir les données est un montage tiré du film muet *Les Temps modernes* de Charlie Chaplin, élaboré dans le cadre du projet ESF (European Science Foundation ; cf. Klein et Perdue 1992). A la suite de Turco (2008) et de Sun (2008) nous avons sélectionné la séquence du « vol du pain », qui permet d'observer l'encodage de plusieurs personnages qui apparaissent et reviennent sur la scène. Pour cette étude, nous avons ultérieurement manipulé la séquence en y ajoutant une scène dans laquelle le personnage de la « voleuse » se rend auprès du commissariat où se trouve Chaplin pour le retrouver en lui faisant une surprise. De cette manière nous avons pu étudier la façon dont un référent est réintroduit dans le discours suite à une interruption narrative.

Nous avons sélectionné quinze participants sinophones, locuteurs de chinois mandarin, qui ont un niveau de français avancé[3]. Ce groupe de locuteurs a produit une narration en chinois L1 et une en français L2. Afin de permettre une comparaison avec les productions en langue cible, nous avons recueilli aussi des narrations parallèles produites par quinze locuteurs francophones natifs, qui nous ont servi comme groupe de contrôle. Au total, nous disposons ainsi de trois corpora : français L1, chinois L1 et français L2.

Nos informateurs ont répondu à un questionnaire sociolinguistique permettant de recueillir des informations concernant la quantité et le type d'exposition à la L2. Les apprenants sélectionnés ont appris la L2 en milieu universitaire et ont une connaissance métalinguistique profonde de la langue cible. La période d'immersion linguistique est de plus de 3,5 ans en moyenne. La plupart des participants sinophones vivent en France depuis plusieurs années, où ils pratiquent la L2 au quotidien, notamment dans le contexte académique. Etant donné la taille très réduite de notre corpus, l'analyse des données est essentiellement qualitative, et les chiffrages ne permettent qu'une estimation indicative des tendances.

3 Description des outils syntaxiques associés à l'introduction référentielle en français et chinois L1

Nous nous intéressons aux structures syntaxiques particulières qui interviennent pour introduire un référent dans l'univers du discours narratif. Le principal dispositif syntaxique dédié à cette tâche est la structure présentative en AVOIR, tant en français (Léard 1986, Lambrecht 1987b, Ashby 1995 *inter alia*), qu'en chinois (Chao 1968 : 727-729, Li et Thompson 1981 : 509, Huang 2013 : 244).

Par ailleurs, on relève d'autres structures ayant la même fonction d'introduction d'un référent. Sur la base des configurations pertinentes à l'analyse de nos données, nous présentons ici notamment les phrases existentielles « simples » (sans subordonnée relative : « *il y a* + SN ») et les structures présentatives (comportant une subordonnée relative : « *il y a* + SN + *qui...* ») centrées sur le verbe AVOIR, les présentatives de PERCEPTION (du type « on voit SN qui... ») ainsi que l'inversion du verbe principal – produisant l'ordre verbe-sujet (ex. : « devant elle s'approche quelqu'un »). Le chinois et le français partagent toutes ces structures, mais avec pourtant parfois certaines spécificités d'emploi, que nous présentons dans la section suivante.

3.1 Structures existentielles et présentatives en AVOIR dans les deux L1

Le chinois et le français font partie des langues qui s'appuient sur le verbe AVOIR pour marquer l'existence, comme l'espagnol, le grec, le bulgare (Heine et Kuteva 2005 : 33). De plus, comme c'est souvent le cas, ces deux langues ont développé une construction où la formule existentielle est utilisée au sein d'une structure bipartite pour introduire un syntagme

[3] Les locuteurs sinophones interrogés étudient le français depuis plus de 6 ans en moyenne. Sur 15 participants, seuls 3 ne vivaient plus en France au moment de l'enregistrement, mais y ont résidé plus d'un an et ils continuent de pratiquer la langue cible – pour cette raison nous n'avons pas estimé nécessaire de départager les productions des locuteurs se trouvant en condition d'immersion linguistique au moment de l'enregistrement de ceux qui ne l'étaient plus. Il aurait été sûrement préférable de faire appel à deux groupes de locuteurs sinophones, les uns produisant une narration dans leur langue maternelle et les autres dans la langue cible, cependant, pour des raisons d'ordre pratique cela n'a pas été possible ; nous avons décidé de recourir à un groupe de locuteurs unifié qui a produit une narration et en L1 et en L2. Je remercie un relecteur anonyme pour sa remarque à ce propos.

nominal dénotant une entité nouvelle (Creissels, à paraître). Ainsi en français, de façon générale, la fonction d'introduction référentielle est confiée aux structures présentatives en AVOIR, notamment aux tournures en *il y a* SN *qui*. Lorsqu'il n'y a pas de relative suivant le syntagme nominal, on parlera de phrases existentielles « simples » (sauf indication contraire, les exemples proviennent de notre corpus) :

(4) FR1 *ils sont tous les deux par terre*
***il y a** un attroupement* [Structure « existentielle »]
*et **ya** un policier **qui** arrive* [Structure « présentative »]

La séquence existentielle centrée sur le verbe AVOIR peut prendre la forme impersonnelle *(il) y a* ou bien se construire avec un pronom de personne « j'ai/t'as…qui… » (Conti 2010), comme dans l'énoncé suivant (nous n'avons que ce seul exemple de « j'ai/t'as » + SN + *qui*… dans notre corpus des francophones natifs et aucune occurrence n'est relevée chez les apprenants sinophones de français L2) :

(5) FR1 ***t'as** le boulanger*
ou en tout cas quelqu'un qu'y travaille
***qui** vient déposer le pain frais*
vient déposer le pain frais

En chinois, langue n'ayant pas de pronoms relatifs[4], ce qui distingue la formule simple (6) de la complexe (7) est ainsi la présence d'un deuxième verbe dont le SN introduit par *yǒu* 有 'avoir' dénote l'agent sémantique :

(6) CH1 旁边有很多围观群众 [Structure « existentielle »]
*Pángbiān **yǒu** hěnduō wéiguān qúnzhòng*
À.côté AVOIR beaucoup spectateur gens
'À côté il y a un groupe de curieux'

(7) CH1 看! 有人偷你的面包 ! [Structure « présentative »]
*Kàn! **Yǒu** rén **tōu** nǐde miànbāo!*
Regarder AVOIR personne voler ton pain
'Regarde ! Il y a quelqu'un [qui] a volé ton pain !'

Parfois, un pronom de personne vient s'insérer entre le syntagme nominal et le verbe : nous analysons le type d'énoncé en (8) comme une « construction présentative ». Au niveau prosodique, il s'agit d'une structure unitaire puisqu'il n'y a pas de pause entre le SN et le pronom.

(8) CH1 有一个人他送面包进来
***Yǒu** yí-ge rén **tā** sòng miànbāo jìn-lai*

[4] La particule *de* 的, se situant à gauche du nom qu'elle modifie, peut introduire des propositions « imbriquées » :

(I) 有一个送面包的人
***yǒu** yí-ge sòng miànbāo **de** rén*
AVOIR un-CL livrer pain SUB personne
'Il y a une personne qui livre les pains' (= 'Il y a un livreur de pain')

Si cette forme est possible, la particularité des « structures en *yǒu* » est justement celle de présenter d'abord le SN et ensuite l'information à son propos. Dans l'exemple (I) *de* 的 est traduit par le relatif *qui* mais pour être précis cette particule « est un morphème vide, un opérateur de nominalisation, auquel on ne peut attacher aucune étiquette sémantique » (Paris 1977). Dans notre corpus de chinois L1, les structures « présentatives » en *yǒu* comportent toutes la séquence *yǒu* + SN + SV.

AVOIR un-CL personne 3S livrer pain entrer-venir
Lit: 'Il y a quelqu'un il est rentré amener du pain'

Cette insertion pronominale témoigne à nos yeux d'un marquage explicite de la structuration de l'information en deux blocs : au premier segment introduit par *yǒu* 'avoir' est confiée la fonction de présenter l'entité dénotée par le SN, tandis que la deuxième séquence guidée par le pronom personnel, qui reprend anaphoriquement le référent du SN, porte sur la prédication à son propos. Ceci est particulièrement notable au sein d'une langue telle que le chinois où l'expression des pronoms personnels en position sujet relève d'un choix optionnel. Les structures « présentatives » se font au moyen d'un clivage syntaxique pour répondre à la contrainte cognitive qui empêche le cumul de la fonction présentative et de la fonction prédicative au sein d'une même structure argumentale (obéissant ainsi au *Principle of the Separation of Reference and Role* élaboré par Lambrecht 1994 : 184) ; l'insertion pronominale ne fait que souligner une telle articulation de la proposition en deux noyaux prédicatifs.

Si une analyse de ce type de phrase n'a pas été faite pour le chinois, beaucoup d'auteurs se sont intéressés à la forme *il y a* SN *il(s)*... du français L1 (Jeanjean 1979 : 132 ; Berrendonner 2003 : 260 ; Choi-Jonin et Lagae 2005 *inter alia*), dans laquelle donc le pronom personnel prend la place du relatif *qui* :

(9) FR1 *Allez ah Nadia vite ah speed vite* ***il y a** le bus **il** va partir*[5]

Cappeau et Deulofeu (2001) estiment que cette forme relève d'une structuration opérant au niveau discursif en termes de topique-commentaire plutôt que se situer au niveau grammatical en tant que relation sujet-prédicat, telle que propre à la forme *il y a...qui*. L'apparition d'une structure de ce type chez les apprenants sinophones de français pourrait répondre à ces mêmes principes d'organisation discursive, en général plus proche du système « topique-commentaire » du chinois L1 (section 4.2).

En somme, les structures présentatives en AVOIR des deux L1 se différencient sur le plan morphosyntaxique dans la mesure où le chinois, n'ayant pas de conjugaison verbale, ne demande pas d'accord entre le SN et le syntagme verbal qui le suit ; le verbe *yǒu* 'avoir' par conséquent est invariable, contrairement à la formule du français (« il y a/avait » ; « j'ai, t'as/avais » etc.) ; la structure du chinois ne comporte pas non plus de pronom relatif.

Du point de vue constructionnel, on remarquera que le français admet des SN définis au sein de ses formules présentatives en *avoir*, incluant les noms propres (10) et les noms communs avec un possessif ou un démonstratif (Verwimp et Lahousse 2016).

En revanche, une forte contrainte de définitude pèse sur les structures en *yǒu* du chinois (Cai 2000 ; Hu et Pan 2008), car le chinois n'admet pas de SN définis au sein de ses structures présentatives en AVOIR. Confrontons les deux énoncés suivants, en français et en chinois L1 :

(10) FR1 ***Y a** Jean **qui** est venu* (Côté 1998)

(11) CH1 *有那个人 / 张三来了 (Hu et Pan 2008)
yǒu *nèi-ge rén / Zhāngsān lái-le*
AVOIR ce-CL personne Zhangsan venir-PFV
Sens visé : 'Il y a cet homme / Il y a Zhangsan qui est venu'

Du point de vue pragmatique, conformément à leur fonction principale d'introduction d'un référent dans le discours, les constructions présentatives sont utilisées en priorité avec des référents ni identifiables ni ancrés. Précisons que la construction clivée en *avoir* exprime

[5] Exemple tiré de Williems et Meullemen (2010) reporté par Karssenberg et Lahousse (2016). Certes, la structure *il y a* SN *il(s)*... est connotée stylistiquement et ne serait pas acceptée en français standard (je remercie un relecteur anonyme pour cette remarque).

le plus souvent[6] une articulation informative de type « all-focus » (dénotant une proposition « thétique »), laquelle ne comporte ni topique ni arrière-plan discursif.

A cet égard, il est utile de faire une distinction entre les dimensions référentielle et relationnelle de la structure informative, la première étant liée à l'accessibilité des référents tandis que la deuxième tient au rapport entre les éléments au sein d'une proposition. Une expression peut notamment dénoter un référent déjà évoqué, tout en exprimant en même temps de l'information nouvelle (Bentley *et al.* 2015 : 45 ; Karssenberg à paraître). C'est pourquoi, tout en montrant une prévalence des référents non identifiables, les structures présentatives en *il y a* peuvent aussi bien enchâsser des référents identifiables ou déjà introduits (Ashby 1995 ; Lambrecht 1988 : 167-69).

Or en chinois, les structures en *yǒu* ne peuvent que très difficilement comporter des SN renvoyant à des référents identifiables – comme le montre l'agrammaticalité de (11). Ainsi, les structures présentatives en AVOIR dans cette langue sont soumises à des contraintes pragmatiques plus strictes : non seulement donc elles apparaissent sous un contexte énonciatif de nature thétique mais il est tout aussi nécessaire que le SN focalisé dénote un référent entièrement inaccessible – nouveau à la fois sur le plan référentiel et relationnel. Lorsqu'un référent est accessible, que ce soit en raison du contexte linguistique (tel que le cas des référents réintroduits) ou extralinguistique (SN à référence unique), *a priori* on n'aura pas d'encodage via la structure présentative en AVOIR[7].

En tant que natifs, les locuteurs chinois ont intériorisé ces facteurs conditionnant l'usage des structures présentatives dans leur langue source. On peut se demander comment les apprenants sinophones se comporteront face aux subtiles différences que nous venons d'exposer quant aux principes pragmatiques qui guident l'usage des structures en AVOIR dans la langue cible.

3.2 D'autres configurations utilisées pour l'encodage référentiel en L1

3.2.1 Introduction référentielle faite au moyen d'un verbe de PERCEPTION en L1

Nous nous référons ici aux structures ayant la forme de base « on voit SN (qui SV) ». Il s'agit des constructions relatives présentatives de PERCEPTION (Lambrecht 2000), où le prédicat principal est caractérisé par la présence d'un élément de perception. En français, le SN est en même temps le sujet de la relative :

(12) FR1 ***On peut voir*** *une jeune fille* ***qui*** *se promène dans la rue*

Le chinois présente également ce type de structure où le SN dénotant l'entité introduite apparaît en tant qu'objet d'un verbe de perception, mais en l'absence de pronom relatif en chinois, cette structure peut donner lieu à une suite de prédicats (exemple 13a), ou à une

[6] L'apport de la linguistique de corpus nous montre en effet que les clivées en *il y a* expriment le plus souvent une articulation de type « all-focus ». D'autres types d'articulations focales sont recensées, à savoir la structure *focus-background* où l'élément focalisé est le SN introduit par *il y a* tandis que la relative rentre dans le domaine de la présupposition – ressortant premièrement dans des contextes de question/réponse – et celle « à double contraste », plus rare (Karssenberg à paraître). Dans notre corpus nous relevons seul le type le plus courant « all-focus », ayant notamment la fonction de « présenter » une entité référentielle.

[7] Bien sûr, il y a des exceptions, notamment lorsqu'un adverbe focalisateur tel que *hái* 还 'aussi' précède le verbe *yǒu* 有 ; ici la structure aurait la fonction de marquer une nouvelle relation au lieu d'introduire une entité dans le discours (Hu et Pan 2008). Par ailleurs, nous n'avons pas dans ce cas de deuxième prédicat donc il s'agit toujours de structures existentielles « simples ». D'autres auteurs ont remarqué que la structure en *yǒu* peut parfois enchâsser des SN définis, il s'agit toutefois de cas rares et apparaissant dans des contextes soumis à des nombreuses contraintes (Cai 2000).

tournure où le référent dénoté par le SN est repris au moyen d'un pronom personnel (13b), de manière similaire aux structures présentatives en AVOIR.

(13) a. CH1 然后见到一个面包师在搬运面包
*Ránhòu **jiàndào** yí-ge miànbāoshī zài bānyùn miànbāo*
Après voir un-CL boulanger PROG déplacer pain
'Après [elle] voit un boulanger [qui] est en train de déplacer les pains'

b. CH1 我看到一个女儿她看上是很饿
*Wǒ **kàndào** yí-ge nǚ'ér **tā** kànshàng shì hěn è*
1S voir un-CL fille 3S apparaître être très affamé
'Je vois une fille *elle* a l'air d'être affamée'

Les présentatives de PERCEPTION sont d'ailleurs dans nos données moins fréquentes chez les sinophones que dans les productions des francophones. Dans notre étude, nous incluons les cas où l'on n'a pas de proposition relative, puisqu'il s'agit d'une tournure utilisée par les apprenants sinophones de français L2 (section 4.3.2).

3.2.2 Structures présentatives du type ETRE + SN dans les L1

Au-delà des structures en *il y a* et des présentatives de PERCEPTION, les locuteurs francophones natifs peuvent également s'appuyer sur l'« introducteur » (Leclercq 2008) *c'est* pour ancrer une nouvelle entité référentielle dans le discours. Nous nous référons notamment aux structures en *c'est ... (qui)* « à focus large », dans lesquelles la phrase entière est rhématique (14a). Elles se distinguent des formes en *c'est* « à focus étroit » où seulement le SN est focalisé, tandis que la relative rentre dans le domaine de la présupposition (14b).

(14) a. FR1 *Alors **c'est** une jeune fille **qui** est pauvre*

b. FR1 ***C'est** moi **qui** ai le pain*

Parmi les structures en *c'est* à focus large nous incluons la clivée « à enchaînement » (Scappini 2014), où l'information nouvelle n'est pas celle qui suit *c'est* mais celle encodée par la relative (exemples en 15). Dans l'énoncé (15b) la structure en *c'est* « à focus large » est utilisée non pour introduire un nouveau référent mais pour présenter un événement sous un contexte thétique, qui à son tour inclut une structure en *c'est* « à fonction identificatrice ».

(15) a. FR1 ***c'est alors que** le boulanger arrive*
*et **qu'**un policier arrive*

b. FR1 ***c'est alors que** Charlie Chaplin prétend*
que c'est lui qui a volé la baguette

En chinois L1 l'introduction des nouveaux référents peut également se réaliser au moyen de la copule *shì* 是 'être', et ces constructions comportent souvent une suite de deux prédicats (dans l'exemple qui suit avec l'insertion d'un pronom personnel) :

(16) CH1 首先呢是一个年轻的女孩子她看到橱窗里面
*Shǒuxiān ne **shì** yí-ge niánqīng de nǚháizi **tā** kàndào chúchuāng lǐmiàn*
D'abord NE être un-CL jeune SUB fille 3S voir vitrine dedans
'Au début [c']est une jeune fille *elle* regarde dans la vitrine'

Tout comme pour les présentatives de PERCEPTION, les deux L1 se distinguent premièrement par leur recours très inégal à cette structure, puisqu'en chinois il s'agit d'un

 DOI: 10.1051/shsconf/20173800009

procédé marginal tandis qu'elle est couramment utilisée en français L1. En général, dans nos données les francophones natifs font appel à un inventaire plus diversifié de structures présentatives, alors que dans les narrations des sinophones la fonction d'introduction référentielle faite au moyen d'un introducteur est premièrement confiée aux structures en AVOIR. D'autre part, les locuteurs chinois se servent fréquemment de l'inversion de l'ordre des mots, procédé possible chez les francophones également, avec pourtant quelques différences que nous présentons dans la section suivante.

3.2.3 Ordre verbe-sujet en français et chinois L1

Contrairement à d'autres langues romanes telles que l'italien et l'espagnol, en français la postposition du sujet nominal au verbe est assez contrainte et relève principalement du registre écrit ; à l'oral, on rencontre parfois des sujets postposés mais dans des contextes assez précis. La principale fonction de l'ordre V-S en français est de focaliser le référent dénoté par le sujet postposé et certains verbes, notamment des verbes de déplacement tels que *arriver, entrer, sortir, passer* apparaissent fréquemment avec l'inversion nominale (Cappeau et Lahousse 2015). Nous avons rencontré quelques exemples d'ordre V-S dans notre petit corpus de français L1[8]; il s'agit majoritairement de cas d'inversion locative (comportant un complément spatio-temporel antéposé) :

(17) FR1 *Devant elle* ***s'approche*** *quelqu'un*

En chinois, la structure en V-S est une formulation syntaxique assez répandue, à l'écrit comme à l'oral, ayant notamment la fonction de présenter une nouvelle entité référentielle dans la scène du discours (Li et Thompson 1981 : 517 ; Huang 2013 : 244). Dans cette langue, on peut avoir aussi une inversion locative, qui comporte un SN dénotant la référence spatio-temporelle en tête de phrase ou une inversion « absolue », spécifique notamment à un sous-groupe de verbes que l'on peut qualifier d'« inaccusatifs » (verbes de déplacement, verbes dénotant un changement d'état etc.). Ainsi, comme en français, les nouveaux référents sont souvent introduits par des verbes de déplacement présentatifs tels que les déictiques *lái* 来, *guòlai* 过来 'venir' et ceux dénotant « l'apparition » comme *chūxiàn* 出现 'apparaître' :

(18) CH1 这个时候来了一位警察
Zhège shíhou ***lái-le*** *yí-wei jǐngchá*
ce-CL moment venir-PFV un-CL policier
就问发生什么事情
jiù wèn fāshēng shénme shìqing
donc demander arriver quel affaire
'A ce moment-là arrive un policier demandant qu'est ce qui s'était passé'

Tout comme pour les structures en *yǒu* 'avoir', une forte restriction de définitude pèse sur les énoncés en V-S du chinois. Notamment, les SN postverbaux sont principalement des noms nus ou des noms accompagnés par la séquence [numéral + classificateur], deux

[8] Ces résultats concernant l'ordre V-S en français L1 semblent aller à l'encontre de ceux obtenus par Turco dans son étude de 2008 : « chez les sujets francophones, nous ne retrouvons pas de cas d'inversion V-S en présence de V inaccusatifs : l'introduction d'un référent dans la scène dans un contexte énonciatif thétique est réalisée toujours pas l'ordre S-V (+ emploi de *connecteurs*) ». Cette divergence de résultats tient vraisemblablement à la taille réduite des *corpora* en regard de la grande variabilité quant aux choix des tournures syntaxiques associées à l'introduction référentielle est sans doute à la base de cette divergence. Pour cette même raison, les chiffres présentées dans notre travail n'aspirent nullement à démontrer la représentativité de nos données, mais nous fournissent juste un cadre indicatif pour conduire notre analyse.

formulations qui équivalent *grosso modo* à un syntagme nominal indéfini en français. En français, en revanche, l'ordre V-S peut tout à fait s'appliquer à des SN postverbaux définis (dans l'exemple qui suit un nom propre) :

(19) FR1 *De l'autre côté de la rue* ***vient Charlot*** ***qui*** *marche*

Il est notable que dans cet exemple d'ordre V-S en français L1, le SN est repris par une subordonnée relative. Sur l'importance de la reprise relative dans la structuration du discours chez les francophones, en rapport aux productions des sinophones, on peut se référer à la section 4.5.

En conclusion, nous constatons que, bien que le français et le chinois L1 soient deux langues typologiquement distantes, elles partagent tout un inventaire de constructions « présentatives » qui ont pour fonction d'introduire des nouveaux référents dans le discours. En particulier, les tournures clivées en AVOIR sont un procédé largement utilisé chez les francophones et les sinophones, à l'écrit comme à l'oral, qui permet de rendre saillant le référent dénoté par le SN. Ce qui distingue les structures de ces deux langues sur le plan morphosyntaxique, c'est tout d'abord l'absence de pronom relatif en chinois. Au niveau fonctionnel, nous avons montré que les constructions présentatives en AVOIR du chinois ne peuvent pas enchâsser de référents « déjà activés », comme le font les structures du français, et que cette différence se manifeste dans la restriction de définitude affectant l'apparition des SN au sein de la structure en *yǒu*.

D'autre part, les structures présentatives comportant un verbe de PERCEPTION sont peu utilisées par les sinophones, alors que l'ordre V-S est employé chez les locuteurs natifs des deux langues pour introduire les nouveaux référents dans le discours. Cependant, tandis qu'en français cette configuration relève en général d'un registre soutenu, il est fréquemment utilisé en chinois, sans contrainte de niveau de langue. En revanche, l'ordre V-S ne peut pas en chinois comporter des SN définis, le français L1 n'ayant pas cette limitation.

En somme, les structures « présentatives » en AVOIR des deux L1 présentent une remarquable corrélation forme/fonction, avec néanmoins des différences sur les plans syntaxique (absence de pronom relatif en chinois L1), constructionnel (restriction de définitude) et pragmatique (par rapport au statut référentiel du SN focalisé). La maîtrise de telles structures dans la langue cible demande aux apprenants de s'adapter à toutes ces contraintes relevant de différents niveaux linguistiques.

En général, nous nous attendons à ce que l'emploi des tournures présentatives en AVOIR chez les apprenants sinophones soit facilité par la présence du même type de structure dans leur L1. En même temps, la nature polyfonctionnelle des clivées en *il y a* de la langue cible peut vraisemblablement poser des problèmes, dans la mesure où les apprenants doivent reconsidérer les corrélations forme/fonction(s) pour acquérir un usage de ces constructions conforme à celui des natifs. Pour ce qui est de l'ordre V-S à fonction présentative, les apprenants sinophones devraient l'utiliser aisément parce qu'ils disposent de ce procédé dans leur langue source. D'autre part, le fait qu'un tel arrangement des mots est moins fréquent en français oral pourrait également avoir de l'influence sur les choix des apprenants.

Les résultats sont discutés dans la section suivante.

4 Résultats

4.1 Les diverses structures syntaxiques associées à la fonction d'introduction référentielle

4.1.1 Structures « présentatives » et ordre sujet-verbe en L1 et L2

Dans cette partie, nous présentons brièvement l'analyse quantitative des données relatives à chaque groupe de locuteurs pour ensuite passer à une analyse qualitative de ces emplois de la part des apprenants sinophones. Les Tableaux 1-3 donnent une vue d'ensemble de la distribution des structures « présentatives » (toute structure syntaxique associée à la fonction d'introduction référentielle) dans les textes des natifs francophones et sinophones ainsi que dans les récits en français L2. Les pourcentages sont calculés sur le total des propositions dans le Tableau 1 et sur le total des structures syntaxiques encodant la première expression d'un référent dans les Tableaux 2 et 3 (à l'exclusion des énoncés où le nouveau référent apparaît en tant qu'objet du verbe[9]).

Tableau 1. Occurrence absolue et relative (% sur le total des propositions) des structures présentatives dans les productions des natifs et des apprenants sinophones

	Français L1	Chinois L1	Français L2
Total des propositions	589	591	652
Structures présentatives (% nombre total de propositions)	47 (**7.9%**)	50 (**8.4%**)	35 (**5.3%**)

En général, sur le nombre total des propositions, les sinophones et les francophones natifs produisent environ 8% de structures présentatives, tandis que les apprenants sinophones de français L2 en produisent un peu moins (5%).

Le tableau suivant présente la distribution des structures présentatives et à ordre non marqué sujet-verbe, employées chez les natifs et les apprenants pour introduire un nouveau référent dans la narration :

Tableau 2. Distribution des structures présentatives et à ordre non marqué S-V (% sur le total des propositions incluant un nouveau référent)

	Français L1	Chinois L1	Français L2
Structures présentatives	47 (**71%**)	50 (**66%**)	35 (**52%**)
Ordre non marqué sujet-verbe	19 (**29%**)	26 (**34%**)	32 (**48%**)
TOTAL	66 (100%)	76 (100%)	67 (100%)

Lorsque les apprenants sinophones de français doivent introduire une nouvelle entité référentielle, ils ont recours de façon importante aux tournures à ordre S-V (48% en français L2 contrairement à 29% et 34% des occurrences en français et chinois L1, respectivement).

Le Tableau 3 recense plus en détail la répartition des structures syntaxiques associées à l'expression des nouvelles entités référentielles dans les narrations en français et chinois L1 ainsi qu'en français L2.

Tableau 3. Distribution des structures syntaxiques associées à la fonction d'introduction référentielle (% sur le total des propositions incluant un nouveau référent)

	Français L1	Chinois L1	Français L2
AVOIR présentatif	**20 (30%)**	**26 (34%)**	11 (16%)

[9] La position de complément d'objet postverbal étant l'emplacement focal non marqué tant en français qu'en chinois, nous n'incluons pas ces énoncés dans notre traitement, étant donné qu'ils ne s'opposent pas à des encodages syntaxiques alternatifs.

 DOI: 10.1051/shsconf/20173800009

AVOIR existentiel	2 (3%)	10 (13%)	13 (19%)
Présentative de PERCEPTION	11 (17%)	4 (5%)	9 (14%)
V-S	6 (9%)	8 (11%)	0 (0%)
ETRE + SN	8 (12%)	2 (3%)	2 (3%)
$S_{Défini}$-*V*	13 (20%)	13 (17%)	12 (18%)
$S_{Indéfini}$-*V*	6 (9%)	13 (17%)	**20 (30%)**
TOTAL	66 (100%)	76 (100%)	67 (100%)

Nous avons relevé les structures suivantes : les tournures en AVOIR « existentielles » (« il y a un policier ») et « présentatives » – suivies par un deuxième prédicat (« il y a un policier qui arrive ») ; l'ordre « non marqué » sujet-verbe classé selon que le SN préverbal est défini (« la police arrive ») ou indéfini (« un policier arrive ») ; la présentative de PERCEPTION (« on voit un policier (qui arrive) ») ; l'ordre « inversé » verbe-sujet (« arrive un policier ») et les phrases construites autour du verbe ETRE (« c'est un policier (qui arrive) ») où le SN apparaît notamment au sein de la structure en *c'est…(qui)* « à focus large » en français L1 et L2 et en tant qu'argument du verbe copulatif en chinois L1. Nous n'avons pas inclus les cas où un référent est introduit dans le discours en tant qu'objet du verbe (ex : « il a appelé la police »).

Tout d'abord, les résultats montrent que chez les sinophones et les francophones natifs, les structures présentatives en AVOIR représentent effectivement la tournure la plus fréquemment utilisée pour encoder un nouveau référent (exemple 20 et 21 respectivement) :

(20) CH1 有一个先生从车子里拿出了一些东西
Yǒu <u>*yí-ge xiānsheng*</u> *cóng chēzi=li ná-chu-le yìxiē dōngxi*
AVOIR un-CL monsieur depuis voiture=dans prendre-sortir-PFV quelques choses
'Il y a un monsieur [qui] a sorti des choses du camion'

(21) FR1 *à ce moment-là* ***il y a*** <u>*le camion*</u> ***qui*** *vient livrer les gâteaux*

De plus, on constate chez les francophones un usage très réduit des structures existentielles « simples » (autrement dit, sans relative co-indexée avec le SN – seules 2 occurrences totales), contrairement aux sinophones, chez lesquels le verbe *yǒu* 'avoir' est plus fréquemment utilisé conjointement avec un deuxième prédicat, mais se trouve également en tant que prédicat unique (26 et 10 occurrences, respectivement).

Dans le corpus des apprenants, en revanche, nous observons que la priorité est donnée aux phrases suivant l'ordre non-marqué S-V (exemple 22a), et seulement dans un deuxième temps aux phrases existentielles (22b) et aux structures présentatives (22c) en AVOIR.

(22) a. FR2 <u>*Une jeune fille*</u> *marche dans la rue elle avait très faim*
b. FR2 ***Il y a*** <u>*une fille sans domicile*</u>
c. FR2 *Donc,* ***il y avait*** <u>*une femme*</u> ***qui*** *est passée devant une boulangerie*

On remarquera notamment l'emploi de l'ordre S-V avec un sujet préverbal indéfini (ex. 22a), nettement plus important chez les apprenants qu'en français et en chinois L1.

En général, les apprenant ont recours à un ensemble moins diversifié de structures présentatives par rapport aux francophones natifs. Nous relevons seulement deux cas de structures en *c'est* à focus large et 9 occurrences de présentatives faites au moyen d'un verbe de PERCEPTION (section 4.3.2). Aucun exemple d'ordre V-S n'est relevé chez les apprenants sinophones, tandis qu'il est attesté dans les corpora des locuteurs natifs (6 occurrences en français L1 et 8 en chinois L1). Nous discuterons en détail de cet aspect dans la section 4.3.1.

En somme, un premier constat que nous pouvons faire est que la fréquence d'usage des structures présentatives en AVOIR est moins importante chez les apprenants : la présence des structures en *yǒu* dans leur langue source ne semble pas favoriser l'usage des tournures en AVOIR dans les productions en français L2.

4.1.2 Structures syntaxiques employées pour introduire le référent de la dame « moucharde » chez les natifs et les apprenants

Dans ce qui suit, nous analysons plus en détails la manière dont est codée la première expression de l'un des référents, notamment celui de la dame « moucharde », car son encodage diffère sensiblement dans les deux L1 et dans les productions des apprenants.

Dans cette scène, la protagoniste prend la fuite après avoir volé une baguette dans une boulangerie. Cependant, une dame la voit et se précipite pour prévenir le boulanger. C'est à cause de cette dame « moucharde » que la protagoniste principale sera accusée de vol.

A nos yeux, l'expression particulière de ce référent dans les productions des locuteurs natifs est motivée par le contexte narratif. En effet, le personnage de la dame « moucharde » apparaît sur la scène du discours de façon inattendue – sous un contexte purement thétique – et en raison de son action, ce qui bloquerait plus nettement un encodage de type S-V en français L1. Dans les productions des sinophones natifs, en revanche, le rôle sémantique prend le dessus sur la structuration discursive, notamment car l'utilisation du passif en chinois, qui sous-entend généralement une expérience désagréable, est en parfaite adéquation avec la situation décrite dans ce passage de la vidéo. Les résultats sont présentés dans le Tableau 4 (le nombre total d'occurrences pour chaque groupe varie en raison d'une reformulation – en français L2, et du fait de l'absence de ce référent dans deux narrations chez les francophones natifs) :

Tableau 4. Distribution des structures syntaxiques employées pour introduire le référent de la dame « moucharde » chez les locuteurs natifs et les apprenants sinophones

	Français L1	Chinois L1	Français L2
Structure en AVOIR	**10**	2	3
Ordre S-V	3	4	**9**
Ordre V-S	--	1	--
Construction passive	--	**8**	4
OCCURRENCES TOTALES	13	15	16

Comme le montre le tableau 4, chez les locuteurs francophones l'introduction de ce référent est réalisée systématiquement avec la structure présentative en AVOIR (exemple 23), exception faite de trois cas d'ordre S-V. Les sinophones, en revanche, recourent le plus souvent à la construction passive, où le SN dénotant le référent visé est introduit par la particule *bèi* 被 (exemple 24) :

(23) FR1 *Au moment où elle vole le pain* ***il y a*** *une autre... femme* ***qui*** *arrive*

(24) CH1 她被一个路人看到了
Tā ***bèi*** *yí-ge lùrén kàndao-le*

3S PASS un-CL passant voir-PFV
'Elle a été vue par une passante'

Dans ce cas, le choix des apprenants diverge manifestement de ceux des francophones natifs, d'un côté, et des productions en chinois L1 de l'autre. Si on relève quelques occurrences de structure en *avoir* (exemple 25a) et de construction passive, laquelle par ailleurs est absente dans le corpus de francophones natifs (exemple 25b), les locuteurs sinophones rétablissent le plus souvent l'ordre S-V en français L2 (ex. 25c) :

(25) a. FR2 *derrière elle **il y avait** une femme plus âgée est arrivée*
b. FR2 *et elle est surprené **par** une autre femme*
c. FR2 *une dame qui passe l'a vue*

Ces données nous montrent de façon plus nette comment le choix des apprenants tend vers un troisième pôle, qui n'est ni la construction passive ni la structure présentative en *avoir*, lesquelles sont nettement préférées en chinois et français L1, respectivement. Ainsi, le fait d'employer l'ordre sujet-verbe en français L2 dans ce contexte témoigne sans doute à la fois d'un manque de maîtrise pragmatique et d'une conceptualisation de cet ordre des mots en tant que séquence « canonique » de la langue cible.

Dans ce qui suit, nous allons analyser en détail les diverses structures « présentatives » associées aux productions des apprenants, à savoir les structures en AVOIR (section 4.2), l'ordre V-S (4.3.1), les présentatives de PERCEPTION (4.3.2) et les structures en *c'est* « à focus large » (4.3.3). Par la suite nous nous intéresserons aux tournures syntaxiques liées à la fonction de réintroduction référentielle, et verrons notamment que chez les apprenants une telle fonction ne peut pas s'exprimer au travers des structures présentatives, contrairement aux francophones natifs (4.4). En dernier, nous prendrons en considération l'ensemble des structures ayant la fonction de (ré)introduction référentielle en rapport au contexte à la droite du SN qu'elles enchâssent, ce qui nous permettra de confronter les divers procédés adoptés en français L1 et L2 pour assurer la reprise du SN (ré)introduit (4.5).

4.2 Caractéristiques des structures présentatives en AVOIR chez les apprenants sinophones

Maintenant, nous observons de plus près les caractéristiques des structures en AVOIR chez les apprenants sinophones. Premièrement, nous avons constaté une préférence pour les phrases existentielles « simples », fait qui contraste avec les productions en français L1 (seules deux occurrences chez les francophones natifs).

Dans une étude de 2002, Chini analyse la production en italien L2 d'une jeune locutrice sinophone, laquelle « recourt à une proportion importante de formes « simples » *esserci* + Sujet sans continuation pseudorelative (69%), et à une proportion réduite de formes présentatives avec continuation pseudorelative (21%) ». La tendance à préférer les structures simples sans reprise relative semble ainsi se rencontrer aussi chez les apprenants sinophones de niveau peu avancé.

En outre, nous relevons dans le corpus des apprenants des structures présentatives en AVOIR qui comportent l'omission du pronom relatif *qui*. Dans les exemples suivants en français L2, le SN encodé en tant qu'objet au sein de la structure présentative en AVOIR est suivi directement par le deuxième prédicat qu'il régit :

(26) a. FR2 *derrière elle **il y avait** une autre dame **ø** l'a vue déjà*
b. FR2 *pendant ce moment **il y a** le patron du magasin*

ø était en train de transporter... les produits

L'omission du pronom relatif n'étant pas possible en français L1, une telle formulation chez les apprenants sinophones relève d'une erreur d'ordre syntaxique. La source de cette différence est sûrement liée à la forme des structures présentatives en AVOIR de leur langue source[10], puisque le chinois L1 présente le plus souvent la séquence *yǒu* + SN + SV, comme dans l'exemple (27). En effet, dans notre corpus des sinophones natifs 21 exemples sur 26 occurrences de structures présentatives en AVOIR totales ont cette forme.

(27) CH1 同时间有一个警察也到了
Tóng shíjiān ***yǒu*** *yí-ge jǐngchá yě dào-le*
Même temps AVOIR un-CL policier aussi arriver-PFV
'En même temps il y a un policier aussi [qui] est arrivé'

En deuxième lieu, nous relevons chez les apprenants deux cas de structure en *il y a* comportant l'insertion d'un pronom personnel à l'emplacement qui serait réservé au pronom relatif *qui* en français L1 (exemple 28).

(28) FR2 ***il y avait*** *un boulanger* ***il*** *décharge les pains*

L'insertion pronominale est également possible chez les francophones natifs, toutefois ce phénomène n'est pas attesté dans notre corpus en ce qui concerne ces derniers. En revanche, une telle configuration se trouve dans les productions des sinophones natifs (exemple 8 plus haut). En effet, comme nous l'avons vu (section 3.1) l'insertion d'un pronom personnel dans ce contexte sert à marquer une structuration explicite de l'information, notamment car l'expression du pronom sujet n'est pas grammaticalement obligatoire en chinois. En étudiant la structure correspondante en français L1, dans laquelle la proposition initiale, introduite par le présentatif *il y a* est suivie d'une proposition régie par un élément de reprise autre que le pronom relatif *qui* (exemple 29), certains auteurs ont remarqué qu'il s'agit d'une tournure que l'on trouve très fréquemment dans les productions enfantines et chez les porteurs d'un trouble du langage, sujets chez lesquels l'organisation du discours tend à expliciter des relations découlant directement de la structure informationnelle (Savelli *et al.* 2000 : 57 ; Hickmann 2003 ; Jullien 2005).

(29) FR1 *et ensuite* ***il y a*** *le chien* ***il*** *chasse le le chat* (Hickmann 2003 : 249)

En général, ce type d'organisation, guidée par un principe pragmatique, se rapproche sensiblement du système du chinois, langue considérée par Li et Thompson (1976 : 457) comme « *Topic-prominent* ». Ainsi, lorsque les apprenants sinophones du français s'appuient sur ce type de structure pour introduire un référent nouveau, ils suivent probablement les mêmes principes de structuration de l'information que ceux dont ils disposent dans leur langue source.

En somme, lorsque les apprenants sinophones adoptent les structures en AVOIR pour présenter un nouveau référent dans leurs narrations en français L2, ils auront tendance à utiliser davantage les structures *il y a* + SN sans pseudo-relative (structure existentielle « simple »), ce qui n'est pas une erreur en soi mais contraste avec les productions des francophones natifs. Lorsque les sinophones utilisent la structure en AVOIR complexe en français L2, nous relevons l'omission du pronom relatif ainsi que l'insertion d'un pronom personnel à sa place, phénomènes qui reflètent une influence de leur langue source au niveau de la structure syntaxique, et de l'organisation pragmatique de l'énoncé.

[10] Je remercie un relecteur anonyme d'avoir fait remarquer ce point

 DOI: 10.1051/shsconf/20173800009

4.3 Les autres structures syntaxiques associées à la fonction d'introduction référentielle chez les apprenants sinophones

4.3.1 L'ordre verbe-sujet chez les apprenants sinophones

Comme nous l'avons vu (section 3.2.2), les locuteurs sinophones natifs se servent parfois de l'ordre V-S (8 occurrences totales dans le corpus) pour introduire une nouvelle entité référentielle dans le discours (exemples 30a et 30b). Les francophones peuvent également y recourir dans les mêmes contextes (6 occurrences en français L1 dans notre corpus), comme montré dans les exemples en (31).

(30) a. CH1 这时候也出现了□ 个警察
Zhè shíhòu yě ***chūxiàn-le*** *<u>yí-ge jǐngchá</u>*
Ce moment aussi apparaître-PFV un-CL policier
Lit: 'A ce moment-là apparut aussi un policier'

b. CH1 这个时候正好路边停了一辆车
Zhè-ge shíhòu zhènghǎo lù=bian ***tíng-le*** *<u>yí-liang chē</u>*
Ce-CL moment juste rue=sur arrêter-PFV un-CL voiture
Lit : 'Juste à ce moment au bord de la rue s'arrêta une voiture'

(31) a. FR1 ***Arrive*** *<u>un policeman</u>, ils discutent*

b. FR1 *De l'autre côté de la rue* ***vient*** *<u>Charlot</u>* ***qui*** *marche* (=19)

Chez les apprenants, nous ne relevons aucune occurrence de sujet postverbal dans le corpus[11]. Même dans les cas de verbes de déplacement comportant un sujet indéfini, le contexte « typique » pour une postposition du sujet en chinois L1, ces locuteurs restaurent l'ordre canonique S-V en français L2 :

(32) a. FR2 *Et à ce moment-là <u>un policier</u>* ***est venu***

b. FR2 *et <u>une autre dame</u>* ***est venue*** *derrière elle*

c. FR2 *Et en ce moment-là <u>un policier</u>* ***vient vers eux***

Ainsi, les apprenants sinophones ne produisent pas d'ordre V-S en français L2, alors que cet ordre est souvent employé dans des énoncés à nature thétique en chinois L1 et qu'il est attesté chez les francophones – dans notre petit corpus au moins.

Des études portant sur les productions d'apprenants sinophones peu avancés de l'italien (Valentini 1992 ; Chini 2002) ont remarqué que ces locuteurs produisent très tôt l'ordre V-S en L2, probablement favorisés par la disponibilité d'un tel arrangement des mots dans leur langue source (voir l'Introduction). Or en contraste de ces données il est intéressant de constater que dans notre corpus des apprenants sinophones, l'ordre V-S n'est jamais employé. Pourquoi ces locuteurs utilisent-ils systématiquement l'ordre S-V, tandis que dans leur langue maternelle l'inversion est tout aussi fréquente qu'en français ? Nous avançons l'hypothèse que si nos participants sinophones, apprenants avancés de français L2, ne

[11] Nous avons chez les apprenants un seul cas de structure « à double sujet » où le sujet nominal apparaît en position postverbale au moyen du pronom explétif *il*, dans une structure restrictive :

(II) FR2 *Tout le monde s'en va* ***il ne reste que*** *<u>la jeune fille</u>* ***qui*** *reste là*

En outre il ne s'agit pas de la première expression du référent de la « voleuse » donc cet exemple n'est pas compté dans les statistiques.

reproduisent pas d'ordre V-S dans la langue cible, c'est que cette formulation n'est pas perçue comme un choix possible dans l'inventaire des tournures syntaxiques du français.

En effet, comme nous l'avons mentionné plus haut (section 3.2.2), si la configuration syntaxique à ordre verbe-sujet est possible et en chinois et en français L1, elle présente une différence quant au registre langagier et à la fréquence d'usage. En chinois l'ordre V-S est très fréquent aussi bien à l'écrit que dans des narrations orales ayant pour fonction de présenter des entités dans le discours, notamment avec des verbes de déplacements et ceux dénotant « l'apparition ». En revanche, l'ordre V-S en français relève d'un registre plus soutenu et n'est pas très fréquemment utilisé à l'oral. En même temps, l'ordre V-S en général est une structure acquise tardivement par les apprenants L2, par rapport aux structures S-V, et notamment dans la production[12].

Ainsi la conceptualisation de la langue cible semble avoir également de l'influence dans le processus d'apprentissage. Notamment, elle peut freiner l'usage approprié d'une structure syntaxique – en l'occurrence l'ordre V-S – si la forme en question n'est pas répertoriée en tant que configuration alternative à l'ordre des mots « canonique » de la langue cible, et cela en dépit du fait qu'elle peut s'utiliser dans les mêmes contextes qu'en langue maternelle.

4.3.2 Présentatives de PERCEPTION chez les apprenants sinophones

Nous relevons dans le corpus des apprenants 9 cas de présentatives de PERCEPTION, assez fréquentes chez les francophones natifs (17% des énoncés incluant un nouveau référent) et peu employées dans les narrations en chinois L1 (5%). Les apprenants ont moins systématiquement recours à des formules caractéristiques des productions des natifs telles que « on voit » (deux cas seulement) et nous n'avons relevé aucune occurrence de « on peut voir ». En revanche, dans leurs récits en français L2 les locuteurs sinophones se servent de tournures diversifiées : le locuteur est parfois le point de repère, le verbe *voir* étant donc décliné à la première personne (exemple 33a), ou bien ils s'appuient sur la perspective d'un autre personnage de la trame (exemple 33b).

(33) a. FR2 ***j'ai vu*** *<u>une fille</u> en passant la boulangerie*[13]

b. FR2 ***En voyant*** *<u>Chaplin</u>* ***qui*** *s'approche…*

Nous incluons les exemples tel que (33b) dans la catégorie des présentatives de PERCEPTION, même donc lorsque le SN est introduit en référence à un autre personnage de la narration. Nous pensons que, comme les autres constructions présentatives, ces structures permettent aux locuteurs d'ancrer le référent visé dans le discours, dans ce cas au travers d'un repérage par rapport à la situation décrite. Lorsqu'un référent est présenté au moyen d'un verbe de PERCEPTION chez les apprenants, seuls deux exemples comportent une subordonnée relative, fait qui contraste nettement avec les productions en français L1 (34).

(34) FR1 ***on peut voir*** *<u>une jeune fille</u>* ***qui*** *se promène dans la rue,*
et puis… ***qui*** *arrive devant une boulangerie*

---

[12] Je remercie un relecteur anonyme pour ses remarques qui m'ont permis de mieux développer ce point.
[13] Nous considérons cet exemple comme une structure présentative où le participe présent est improprement employé. Ce type de production pourrait s'inscrire dans la tendance générale relevée chez les apprenants d'éviter la reprise du SN par une subordonnée relative.

Nous relevons quelques cas de présentatives de PERCEPTION associées à la fonction de réintroduction d'un référent. Nous aborderons l'encodage associé à ce type de statut référentiel du SN dans la section 4.4.

4.3.3 Structures en c'est *« à focus large » chez les apprenants sinophones*

Les structures en *c'est* « à focus large » (3.2.2) sont très peu employées par les apprenants sinophones (seulement 2 occurrences dans tout le corpus). De plus, tandis qu'en français L1 le SN est en même temps repris par le pronom relatif (exemple 35a), chez les apprenants *c'est* fonctionne en tant que prédicat unique (35b).

(35) a. FR1 *Donc,* ***c'est*** *une.. une fille* ***qui*** *regarde des pâtisseries en vitrine*

b. FR2 *en face d'elle* ***c'est*** *une boutique*

En outre, nous ne relevons pas chez les apprenants de structures en *c'est* « à enchainement » (du type « c'est alors que… »). Les structures en *c'est* à focus large sont employées par les apprenants sinophones pour introduire des entités référentielles inanimées ; dans un même temps, une fois de plus, ces locuteurs tendent à éviter la reprise relative qui est un trait caractéristique des tournures déployées en français L1. Cela se différencie également des constructions équivalentes en chinois L1, qui comportent souvent une suite de deux prédicats (3.2.2). Ainsi, les apprenants utilisent très rarement l'introducteur *c'est* pour ancrer un nouveau référent dans la narration et ils évitent notamment la continuation relative portant sur le SN, de plus aucune occurrence de structure en *c'est* « à enchainement » n'est relevée dans leur corpus. Il est intéressant de constater que, d'autre part, tous les apprenants sinophones maîtrisent correctement la forme en *c'est...qui* à fonction identificatrice en français L2, où le SN dénote un référent focalisé en contraste à un ensemble de référents possibles :

(36) FR2 *le monsieur a dit que* ***c'est*** *lui* ***qui*** *a piqué la baguette*

(37) FR2 ***ce n'est pas*** *la fille* ***qui*** *a volé le pain*
c'est *lui-même* ***qui*** *a volé*

Dans ce contexte, les apprenants n'utilisent jamais l'ordre non marqué S-V et nous ne relevons aucune erreur dans leurs productions : le SN focalisé est toujours repris par une subordonnée relative (« c'est SN qui … ») et ni l'omission du pronom relatif ni l'insertion d'un pronom personnel ne sont pratiquées, contrairement à ce qui caractérise les structures « présentatives » en AVOIR chez les apprenants (section 4.2).

Le fait que les locuteurs sinophones n'utilisent pas improprement d'ordre non marqué S-V dans ce contexte est probablement favorisé par la correspondance étroite en français entre la forme de la structure en *c'est...qui* et l'expression d'une proposition à focus étroit, contrairement aux structures « présentatives », lesquelles commutent *à priori* avec l'ordre non marqué S-V. En théorie, il n'y a pas de correspondance unique entre la forme d'une « structure présentative » et la fonction d'« introduction référentielle » en français – ni en chinois d'ailleurs. Cela est témoigné par la présence dans notre corpus des natifs d'un nombre non négligeables d'occurrences (29% chez les francophones et 34% chez les sinophones) où l'introduction d'un nouveau référent est réalisée dans l'ordre non marqué S-V, le SN visé apparaissant en position préverbale « canonique »[14].

En revanche, la structure *c'est...qui* est prototypiquement associée à l'expression du focus contrastif en français (Lambrecht 2001), où l'élément clivé est mis en avant en contraste à un ensemble d'éléments possibles, et d'autre part cette forme trouve son correspondant dans la configuration syntaxique du chinois en *« shì...de »* ('être...SUB'), qui s'emploie dans les mêmes contextes :

(38) CH1 不是这位女孩偷的，是我偷的
Bu shì *zhè-wei nǚhái tōu* ***de, shì*** *wǒ tōu* ***de***
NEG être ce-CL fille voler DE être 1S voler SUB
'Ce n'est pas cette fille [qui] a volé, c'est moi [qui] ai volé'

La présence du marqueur de subordination nominale *de* 的 au sein de la construction à focus étroit en chinois L1 pourrait favoriser l'apparition d'une subordonnée en *qui* dans les productions des apprenants sinophones en français L2[15]. En même temps, nous constatons que la fréquente omission de la proposition relative relevée chez les apprenants est un phénomène qui affecte principalement les structures « présentatives » tandis qu'elle ne concerne pas les clivées à focus étroit en *c'est*.

Bartning et Kirchmeyer (2003) remarquent que les relatives « continuatives » (exprimant des informations qui font avancer le récit) sont apprises tardivement par rapport aux relatives « descriptives » (celles qui encodent des informations d'arrière-plan). En effet, dans leurs récits les apprenants sinophones utilisent systématiquement des relatives exprimant des informations déjà connues :

(39) a. FR2 *le monsieur* ***qui** était par terre il a- il voulait sauver la vie de la fille*

b. FR2 *Et cette fille* ***qui** a piqué la baguette s'est cognée sur un monsieur*

La proposition relative dans la structure en *c'est...qui* à focus étroit – contrairement à la même structure lorsqu'elle exprime une articulation focale entièrement rhématique – encode typiquement de l'information d'arrière-plan, tandis que le SN clivé dénote l'élément focalisé.

En résumé, l'emploi très rare dans le corpus des apprenants sinophones des structures en *c'est...qui* à focus large peut refléter une tendance à l'« unicité des fonctions » (Bartning et Kirchmeyer 2003), dans la mesure où la structure en *c'est...qui* est premièrement associée par les apprenants à un autre type d'articulation focale, à savoir l'expression du focus contrastif. D'autre part, les sinophones pourraient également être guidés ici par leur langue source : lorsqu'ils ont recours à une construction présentative, les structures en AVOIR sont préférées, à l'instar du chinois L1 qui présente un inventaire moins diversifié d'introducteurs faisant premièrement appel aux structures en *yǒu* 'avoir' pour assurer la fonction d'introduction référentielle.

4.4 Structures syntaxiques liées à la fonction de réintroduction référentielle

Chez les francophones natifs, la structure présentative en AVOIR (40a), ainsi que, même s'il s'avère minoritaire, l'ordre V-S (40b), peuvent s'utiliser également pour encoder la

[14] La nature de l'expérience linguistique peut influencer les résultats en cet égard, dans la mesure où les participants adoptent parfois un ton plus descriptif et produisent une narration de type « compte-rendu » que l'on n'observerait pas dans la conversation spontanée (informelle).
[15] Remarquons toutefois qu'en chinois le syntagme verbal précède la particule DE selon la structure *shi* SN V DE.

 DOI: 10.1051/shsconf/20173800009

fonction de réintroduction référentielle. Un référent « réintroduit » est un référent qui a été actif dans l'esprit des interlocuteurs dans un segment du discours précédent, mais ne l'est plus au moment de l'énonciation de la phrase : il fait partie de ces entités référentielles « accessibles » grâce au contexte linguistique (Lambrecht 1994 : 100). La séquence où la voleuse attend Charlie Chaplin près du commissariat nous permet d'observer comment les locuteurs gèrent la reprise d'un participant qui revient sur la scène suite à une interruption narrative.

(40) a. FR1 ***il y a*** *la fille* ***qui*** *l'attend à la sortie*

b. FR1 *et là au coin de la rue* ***l'attend*** *la femme*

Contrairement aux francophones (40), les apprenants sinophones n'utilisent pas de structures présentatives dans ce contexte. Tout comme pour ce qui est de la fonction d'introduction référentielle, les énoncés à ordre V-S ne sont pas employés pour réintroduire un référent dans le discours narratif. La présence d'un verbe inaccusatif, tel que *apparaître* dans les exemples en (41), ne bloque pas non plus dans ce cas l'encodage par un ordre S-V :

(41) a. FR2 *ce jeune fille* ***est apparu***

b. FR2 *il a l'air de chercher quelqu'un*
et après la fille… la fille ***apparaît***

D'autre part, dans le contexte de référents réintroduits, nous ne constatons non plus de cas de structures centrées sur le verbe AVOIR. A première vue, l'on pourrait supposer que les apprenants transposent dans la langue cible la restriction de définitude qui caractérise les tournures en *yǒu* – ainsi que l'ordre V-S – du chinois L1, car ces structures enchâssent très difficilement des SN définis (section 3.1). Toutefois, nous relevons chez les apprenants des cas où le SN apparaissant au sein de la structure en *il y a* est défini (exemples 42a et 42b). Par conséquent, il ne s'agit pas d'une contrainte d'ordre morphosyntaxique :

(42) a. FR2 ***il y avait*** *le personnel de la boulangerie*
qui *vient de sortir quelque chose d'un- d'une grande voiture*

b. FR2 *Pendant ce moment* ***il y a*** *le patron du magasin*
était en train de transporter les produits (=26b)

Rappelons ici la distinction entre le statut cognitif des référents et leur manifestation linguistique, qui relèvent de catégories distinctes : l'une cognitive et l'autre formelle. Ainsi, la corrélation entre l'« identifiabilité » (cognitive) et la « détermination » (grammaticale) est imparfaite car certains référents non identifiables sont codés par des SN définis, et vice-versa (Lambrecht 1994 : 105). Cela s'explique par le fait qu'à une catégorie formelle, discrète, correspond une catégorie cognitive non discrète (Lambrecht 1994 : 84).

Dans les exemples ci-dessus, les SN définis « le personnel de la boulangerie » et « le patron du magasin » dénotent des référents non mentionnés auparavant dans le discours : lorsque les structures présentatives en AVOIR chez les apprenants sinophones comportent un SN défini, il s'agit toujours d'énoncés encodant la première expression du référent visé. Ces données nous montrent que si les apprenants se conforment à la forme des structures présentatives de la langue cible, ils ne parviennent pas à lui confier une fonction dont la structure de la langue source est dépourvue, en l'occurrence l'expression d'entités « nouvelles » sur le plan relationnel mais « déjà évoquées » quant à leur statut référentiel (section 2.1).

Les résultats préliminaires d'une expérience parallèle que nous avons conduite sur des apprenants francophones de chinois L2 semblent conforter cette hypothèse car, à l'inverse, ces sujets se servent systématiquement des structures présentatives en *yǒu,* jusqu'à les employer même là où leur usage est pragmatiquement inapproprié, notamment en présence de référents réapparaissant dans la scène du discours (exemple 43). Dans ce cas, les apprenants ne parviennent pas à dissocier de la forme syntaxique en question une fonction qui est présente dans leur langue source, à savoir l'expression des référents réactivés.

(43) CH2_FR 然后他从警察局出去的时候
Ránhòu tā cóng jǐngchájú chū-qu de shíhou
après 3S depuis commissariat sortir-aller SUB moment
有这个女人等他
yǒu *zhè-ge nǚrén děng tā*
AVOIR ce-CL fille attendre 3S
'Après quand il sort du commissariat il y a cette fille [qui] l'attend'

D'autre part, chez les apprenants sinophones les référents de type « réintroduit » sont codés sans déploiement d'un marquage syntaxique particulier, exception faite de quatre occurrences comportant un verbe de PERCEPTION, toutes construites avec une proposition complétive (la forme *voir que SN...* n'étant pas une « construction présentative » à proprement parler) :

(44) FR2 *Et* ***on voit que*** *la jeune dame est juste cachée au coin de la rue*

En revanche, les apprenants ont tendance à marquer le SN dénotant ces référents au moyen d'un adjectif démonstratif (45a), ou par une dislocation (45b ; introduite par une spécification progressive en 45c), tournures que l'on n'aura pas relevées en français L1 dans ce contexte :

(45) a. FR2 *lorsque* ***ce*** *garçon est sorti de la préfecture...*
b. FR2 *la fille* ***elle*** *l'a attendu dehors*
c. FR2 *l'homme, le héros* ***il*** *est sorti de la police*

Les différents procédés peuvent coexister dans le même énoncé. Dans l'exemple (46), le locuteur sinophone désigne le référent de la « voleuse » par un pronom démonstratif, une reprise pronominale en tant que complément d'objet direct du verbe de perception *voir* et ensuite comme pronom sujet de troisième personne (le pronom *il* est improprement utilisé car en chinois oral le pronom de troisième personne *tā* ne varie pas par rapport au genre). En outre, nous observons que les apprenants recourent également à des stratégies de *« scene setting »,* qui préparent la réintroduction du référent visé (47) :

(46) FR2 *Et* ***cette*** *femme je* ***la*** *vois aussi*
il *attend le monsieur secrètement près de la police*

(47) FR2 *Et à la scène suivante* ***on voit*** *la porte du commissariat.*
Il y a *un policier* ***qui*** *a ouvert la porte*
et Chaplin sort de la porte

D'autre part, on remarquera que dans le corpus des sinophones natifs, les référents réintroduits sont systématiquement marqués par l'emploi d'un démonstratif et d'une dislocation (48) :

(48) a. CH1 这个□ □ 她就在外面等他

*__Zhè-ge nǚshēng__ **tā** jiù zài wàimiàn děng tā*
Ce-CL fille 3S donc se.trouver dehors attendre 3S
Lit: 'Cette fille elle l'attendait dehors'

b. CH1 然后刚刚被逮捕的这个人他出来了
*Ránhòu __gānggāng bèi dàibǔ de **zhè-ge** rén__ **tā** chū-lái-le*
Après juste PASS arrêter SUB ce-CL personne 3S sortir-venir-PFV
Lit: 'Après cet homme qui venait de se faire arrêter il est sorti'

En résumé, nous constatons que les locuteurs sinophones de français L2 n'utilisent jamais de structures présentatives en AVOIR ni d'ordre V-S pour marquer les référents réactivés mais qu'en revanche ils s'appuient sur des procédés divers – notamment le marquage du SN par un adjectif démonstratif et la dislocation – calqués sur ceux employés dans leur langue source.

4.5 Reprise du SN (ré)introduit par les structures « introducteur + SN » : confrontation entre français L1 et L2

Nous avons vu dans la section 4.2 que les apprenants utilisent le plus souvent les structures en AVOIR « simples » au détriment des « complexes » et qu'ils produisent des exemples sans le pronom relatif *qui*. Ces faits se relient à un phénomène plus général relevé chez les apprenants, à savoir la tendance à éviter la reprise du SN dénotant le référent visé (« introduit » ou bien « réintroduit ») faite au moyen d'une relative. En effet, on remarquera que cette tendance en français L2 ne concerne pas seulement les phrases présentatives en AVOIR mais aussi les autres constructions syntaxiques ayant la même fonction discursive et qui se construisent toutes, en français L1, avec une proposition relative (à savoir les présentatives de PERCEPTION, les structures en *c'est* à focus large mais aussi l'ordre V-S parfois ; section 3.2). Ainsi, dans le tableau suivant nous présentons un aperçu général de la fréquence absolue et relative des diverses structures syntaxiques ayant la fonction d' introduction et de réintroduction d'un référent dans la narration, classées ici en fonction des éléments qui suivent le SN focalisé[16].

Tableau 2. Reprise du SN (ré)introduit par les structures « introducteur (INTRO) + SN » dans les récits des natifs (FRL1) et des apprenants sinophones (FRL2)

Groupes de locuteurs	FRL1		FRL2	
Nombre d'énoncés total	589		652	
Occurrence absolue (N) et relative (%)	N	%	N	%
[INTRO + SN1] | SN2… « Dans la vitrine *il y a* <u>des pâtisseries</u> | *Elle* a l'air hésitant »	4	0.6	**12**	1.8
[INTRO + SN] *qui…* « *On voit* <u>Charlot</u> *qui* sort »	**38**	6.4	7	1
[INTRO + SN] ø V « *Il y avait* <u>une femme plus âgée</u> est arrivée »	--	0	3	0.4
[INTRO + SN] SN_{PRO} « *Il y a* <u>une fille sans domicile</u>. *Elle* a faim »	3	0.5	**10**	1.5
SOUS-TOTAL	45	7.6	32	4.9

[16] La classification proposée dans le Tableau 5 ne comprend pas les complétives (« et **on voit que** <u>la jeune dame</u> est juste cachée au coin de la rue ») ni les structures en *c'est* « à enchainement » (« **c'est là que** <u>le boulanger</u> arrive »), ces dernières relevées seulement chez les francophones d'ailleurs (section 4.3.2)

La première séquence [INTRO + SN1] | SN2 décrit toute occurrence de structure syntaxique marquée du type « introducteur + SN » où le référent (ré)introduit n'est pas repris dans le contexte de droite, en présence donc d'une transition référentielle. Cela comprend la catégorie des phrases existentielles « simples » à l'exclusion des énoncés donnant suite à une reprise pronominale. Il s'agit de la tournure la plus fréquente en français L2 :

(49) FR2 *et entour de ces trois uns* ***il y a*** *un police et beaucoup de personnes passa- passantes | Et monsieur Chaplin (...)*

Dans une portion importante des résultats, les locuteurs sinophones utilisent un « introducteur » pour ancrer un référent dans la narration de manière accessoire, sans que son maintien soit assuré dans le discours immédiat. Cela reflète une tendance plus générale relevée dans l'organisation discursive chez les apprenants, notamment le recours à de fréquentes transitions de topiques et l'organisation du récit en chaînes référentielles plus brèves par rapport aux productions des locuteurs natifs (Hendriks 2003 ; Ryan 2015).

La deuxième séquence [INTRO + SN] + *qui* V inclut tous les exemples de structure présentative où le SN est repris par une proposition relative. Il s'agit manifestement de la tournure la plus utilisée par les francophones natifs (38 occurrences sur 45)[17]. Dans le corpus des apprenants, cette forme est utilisée mais reste minoritaire (7 occurrences) :

(50) FR2 *en arrière* ***elle voit*** *un boulanger*
qui *vient de sortir des pains d'un camion*

La troisième séquence [INTRO + SN] ø V reflète les erreurs relevées seulement chez les apprenants sinophones qui comportent l'omission du pronom relatif *qui* (section 4.2). Ce phénomène ne concerne que leurs structures présentatives en AVOIR :

(51) FR2 *et derrière elle* ***il y avait*** *une femme plus âgée* ***ø*** *est arrivée* (= 25a)

La dernière séquence [INTRO + SN] SN_{PRO}, où le SN est encodé par un pronom personnel au lieu d'un relatif, regroupe soit les deux occurrences de *il y a* SN *il(s)*... discutées dans la section 3.1, comportant une insertion pronominale au sein de la structure présentative (dans lesquelles la courbe prosodique nous indique qu'il s'agit sans doute d'une structure unitaire), ainsi que les énoncés tels que les exemples en (52) où la reprise pronominale se fait dans le segment de texte suivant. Une telle structuration de l'information est très rare dans les productions des francophones, en revanche chez les apprenants elle est la plus fréquemment utilisée lorsque le référent dénoté par le SN est maintenu dans le contexte de droite, autant dans le cas de structures en AVOIR (52a) qu'en présence d'autres introducteurs (52b) :

(52) a. FR2 *et derrière cette fille* ***il y a*** *de femme très élégante et un peu âgée*
elle *trouve que cette fille a volé quelque chose*[18]

b. FR2 *Tout d'abord* ***je vois*** *une fille avec les pieds nus*
il *a l'air.. l'air comment dire pauvre*

En somme, chez les francophones natifs le SN focalisé est repris par un pronom relatif dans la grande majorité des cas. En général, le maintien référentiel fait au moyen d'une

[17] Nous incluons les cas d'ordre V-S suivis par une reprise relative :

(III) FR1 *et là, au coin de la rue* ***l'attend*** *la femme, la pauvre femme,*
qui *en le voyant lui saute au cou de joie*

[18] Je remercie un lecteur anonyme de m'avoir fait noter que cet exemple est mieux analysé comme une phrase existentielle « simple » à part entière (« *derrière cette fille il y a de femme très élégante et un peu âgée* ») suivie par une reprise pronominale (« *elle trouve que...* »).

 DOI: 10.1051/shsconf/20173800009

subordonnée relative est un procédé fréquemment employé par les locuteurs francophones (Hendriks 2003 : 300) :

(53) FR1 *donc et* ***on voit*** *la personne ou le boulanger*
on sait pas trop qui c'est
qui.. *qui descend qui descend les les-*
qui *prend les pains ou les pâtisseries dans le camion*
qui est stationné devant la boulangerie
et puis ***qui*** *rentre dans la boulangerie*

Tandis que les natifs sont capables d'articuler leur discours en alternant relatives « descriptives » et « continuatives », pour faire avancer la trame et apporter des informations déjà connues, tout en maintenant la continuité référentielle (53), une telle planification du discours s'avère difficile à maîtriser par les apprenants. Chez ces locuteurs, lorsqu'un référent est maintenu au rang de topique de la narration, le marquage de la continuité référentielle se fait le plus souvent sans le recours à une proposition relative :

(54) FR2 ***Il y a*** *une jolie fille très.. très pauvre,*
*parce qu'****elle*** *est mal habillée et avec pieds nus,*
elle *a très très faim*
du coup ***elle*** *a arrêté devant un boulangerie*

L'emploi d'un pronom personnel pour assurer le maintien référentiel ne semble pas refléter dans ce cas la volonté de lever une possible ambiguïté. Ryan (2015) suggère que les locuteurs sinophones « ne feraient pas confiance » aux pronoms personnels de troisième personne dans la L2, puisque ceux-ci ne portent pas de distinction sur le genre en chinois L1 (oral). En effet, si le pronom personnel a l'avantage d'indiquer le genre de son référent – contrairement au pronom relatif *qui*, paradoxalement son emploi peut conduire l'apprenant sinophone à un usage inapproprié :

(55) FR2 *Un jour au vitrine d'une boulangerie* ***il y a*** *une jeune fille,*
il *a faim mais* ***il*** *n'a pas d'argent*

Lorsque les apprenants assurent le maintien d'un référent au travers d'un pronom personnel, ils semblent recourir davantage à des moyens équivalents à ceux de leur langue source dans le processus général de la construction du discours, au lieu de se rapprocher des stratégies adoptées en français L2, à savoir la succession de plusieurs propositions relatives portant sur le référent dont il est question.

Ainsi, en examinant le contexte d'occurrence des structures « présentatives », nous constatons qu'au-delà de l'empaquetage de l'information au niveau phrastique, les productions des apprenants sinophones se distinguent clairement de celles des francophones natifs quant à la structuration globale de leur récit.

5 Conclusions

Dans ce travail, nous avons tout d'abord analysé l'expression des nouvelles entités référentielles à l'œuvre chez les apprenants sinophones du français. Notre étude prenait comme point de départ le constat que le chinois et le français L1 disposent tous deux d'une tournure présentative s'appuyant sur le verbe AVOIR, présentant des convergences formelles et fonctionnelles non négligeables. Nous nous sommes proposée d'observer l'effet d'une telle proximité sur l'interlangue des apprenants.

Il ressort des données analysées ici que les structures présentatives en AVOIR sont effectivement la stratégie la plus fréquemment utilisée pour introduire une nouvelle entité référentielle en chinois et français L1. Les apprenants quant à eux se distinguent premièrement dans leur propension très inégale à recourir à ce type de marquage : en dépit de l'affinité entre la langue maternelle et la langue cible, ces locuteurs privilégient l'ordre sujet-verbe en français L2.

Si l'on examine dans les détails la première expression de l'un des référents, notamment celui de la dame « moucharde » (section 4.1.2), cette divergence devient frappante : partagés entre deux pôles, avec d'un côté des productions en chinois L1 qui s'appuient largement sur la construction passive, et de l'autre des francophones natifs, chez lesquels l'introduction de ce référent est systématiquement réalisée par la construction présentative en AVOIR, les apprenants se distinguent en rétablissant le plus souvent l'ordre non marqué S-V.

Nous reconnaissons en premier lieu une complexité structurelle des formes en *il y a* par rapport à celles en *yǒu* 'avoir' du chinois, les premières demandant une certaine planification, notamment la conjugaison du verbe *avoir* ainsi que son accord avec le deuxième prédicat. De là viendrait aussi la préférence chez les apprenants pour les phrases existentielles « simples », dépourvues de proposition relative. D'autre part, lorsque ces locuteurs produisent des structures en AVOIR « complexes » comportant l'omission du pronom relatif *qui,* ils calquent probablement l'arrangement syntaxique dont ils disposent dans leur L1. Une formulation syntaxique relevée dans les corpus des apprenants comporte un pronom personnel à la place du pronom relatif ; dans ce cas nous avons probablement affaire à un transfert de la langue source, laquelle présente ce modèle, mais également à un traitement de l'information de type « topique-commentaire » qui, plus généralement, reflète la structuration du discours à l'œuvre en chinois L1 (section 4.2).

Enfin, les apprenants n'emploient pas de constructions en AVOIR pour dénoter des référents « réintroduits » en français L2, et ils ne confient donc pas à cette structure une fonction qui n'est pas présente dans l'éventail de fonctions associées à la forme correspondante de leur langue source. Notamment, les locuteurs sinophones s'adaptent aux différences de type formel de la langue cible (SN défini) mais non à celles d'ordre pragmatique (référent réactivé) ; consulter la section 4.4.

En général, les productions des apprenants sinophones en français L2 se distinguent clairement de celles des francophones natifs lorsqu'on prend en compte l'ensemble des structures syntaxiques associées à la (ré)introduction référentielle : en effet, ces derniers recourent à un inventaire plus dynamique et diversifié de structures présentatives, incluant également les présentatives de PERCEPTION et celles en *c'est* « à focus large », mais aussi quelques cas d'ordre V-S, et ces structures ont toutes en commun le fait de reprendre le SN visé par une subordonnée pseudo-relative régie par le pronom *qui*. De leur côté, les apprenants font davantage appel à des procédés analytiques, tels que la reprise pronominale explicite (section 4.5).

La tendance à structurer l'information de façon analytique est un trait caractéristique des productions des apprenants, lesquels même lorsqu'ils atteignent un niveau avancé de la langue cible ne parviennent pas à rejoindre les productions des natifs qui, eux, sont capables de synthétiser et de condenser la structure informative de leur discours : « la structuration du récit est plus linéaire et analytique chez les apprenants que chez les natifs, qui synthétisent plusieurs événements dans un seul énoncé en hiérarchisant et nuançant l'information » (Bartening et Kirchmeyer 2003).

A cet égard, on remarquera que si chez les apprenants francophones de l'italien ou de l'anglais L2, cette tendance se manifeste dans un usage systématique et parfois redondant des structures « présentatives » dans la langue cible (Turco 2008 ; Lambert 1998 ; Leclercq 2008 ; voir l'Introduction), manifestement cela n'est pas le cas des apprenants sinophones. Chez ces locuteurs, les tournures en *il y a* du français L2 ne sont pas utilisées à l'instar des structures en *yǒu,* stratégies syntaxiques pourtant très couramment employées dans les narrations orales en chinois L1 et qui permettent notamment l'ancrage des entités dans le discours. Nous pensons que le facteur déterminant ici est la reprise relative en français, laquelle est absente des structures « présentatives » au sein de la langue source et qui, plus en général, n'est pas en chinois un moyen utilisé pour structurer globalement le discours autour d'un référent. Ainsi, lorsque les apprenants sinophones de français L2 marquent la continuité référentielle vis-à-vis d'une entité introduite par une structure syntaxique marquée, ils auront plus souvent recours à une formulation encore plus « analytique », notamment la reprise explicite par un pronom de personne (ou bien un SN lexical) et non pas l'enchaînement de propositions relatives portant sur le SN, typique des récits des francophones natifs.

En conclusion, cette étude a montré que la présence d'une structure comparable dans la langue maternelle ne favorise pas un usage approprié en langue seconde, puisqu'en premier lieu les apprenants sinophones adoptent l'ordre non marqué pour introduire les entités référentielles dans leur discours en français L2. Une telle difficulté face à la maîtrise pragmatique de ces structures est sûrement influencée par le fait qu'elles n'ont pas une relation « exclusive » avec la fonction d'introduction référentielle, étant donné qu'effectivement elles commutent *a priori* avec l'ordre S-V. A titre de comparaison, nous avons remarqué que tous les apprenants sinophones qui ont participé à notre expérience maîtrisent correctement la structure *c'est...qui* à focus étroit, prototypiquement associée à la fonction d'identification référentielle en français et laquelle trouve son « homologue » dans la forme chinoise *shì ... de.* Dans ce cas les apprenants ne produisent pas improprement l'ordre non marqué S-V et n'omettent jamais la proposition relative introduite par *qui.* Le fait que cette structure présente le plus souvent une relative encodant de l'information déjà connue est également un facteur qui concourt à favoriser son apparition en français L2 (section 4.3.3).

D'autre part, nous n'avons pas relevé dans le corpus des apprenants sinophones de structures à ordre V-S, alors que cet ordre est souvent employé dans des énoncés à nature thétique en chinois L1 et qu'il est attesté dans le corpus des francophones natifs. Nous pensons que chez les apprenants sinophones l'emplacement postverbal du sujet n'est pas perçu comme une tournure possible en français et par conséquent l'ordre sujet-verbe est restauré.

Ainsi, si d'un côté les principes de structuration qui guident l'organisation de l'information dans la langue source jouent un rôle central dans la manière dont les apprenants analysent et organisent le contenu informatif de la langue cible, nous pensons que la conceptualisation de la L2 a également un certain poids : chez nos apprenants avancés, bénéficiant tous d'une connaissance métalinguistique poussée de la langue cible – dont d'ailleurs ils se servent surtout dans le milieu académique, l'ordre linéaire sujet-verbe est perçu en tant qu'arrangement syntaxique « canonique » en français, et par conséquent c'est à cet ordre qu'ils font premièrement appel dans leurs productions en langue cible, ce qui est tout à fait « correct » du point de vue de la forme mais peut résulter en un choix pragmatiquement inapproprié, à des degrés différents selon le contexte énonciatif.

Les hypothèses avancées dans ce travail ne sont qu'un point de départ pour des recherches ultérieures basées sur un recueil de données plus large, visant à diversifier le profil sociolinguistique des locuteurs sinophones mais également dans le but de mettre en relation les résultats avec l'analyse des stratégies adoptées par des locuteurs de langues sources différentes dans les mêmes contextes discursifs.

LISTE DES GLOSES UTILISEES DANS LES EXEMPLES

1S pronom de première personne du singulier

3S pronom de troisième personne du singulier

CL classificateur
SUB particule subordinative et possessive *de* 的
PROG adverbe marquant l'aspect progressif *zai* 在
NE particule *ne* 呢 marquant la pause
PFV particule marquant l'aspect perfectif

5 Bibliographie

Ashby, W. J. (1995). French presentational structures. In J. Amastae et al. (eds), *Contemporary research in Romance Linguistics*. Amsterdam: John Benjamin Publishing, 91-104.

Ashby, W. J. (1999). Au sujet de quoi ? La fonction du sujet grammatical, du complément d'objet direct, et de la construction présentative en français parlé. *French Review*, 481-492.

Bartning, I. et Kirchmeyer, N. (2003). « Le développement de la compétence textuelle à travers les stades acquisitionnels en français L2 », *Acquisition et interaction en langue étrangère*, 19, en ligne : http://aile.revues.org/1112

Bentley, D., Ciconte, F. M., et Cruschina, S. (2015). *Existentials and Locatives in Romance Dialects of Italy*. Oxford: Oxford University Press.

Berrendonner, A. (2003). « Grammaire de l'écrit vs. grammaire de l'oral : le jeu des composantes micro- et macro-syntaxiques. » In Rabatel, A. *Interactions orales et contexte didactique*. Lyon : Presses Universitaires. 249–264

Blanche-Benveniste, C. (1983). Examen de la notion de subordination. *Recherches sur le français parlé, 4*, 71-115.

Blanche-Benveniste, C. (2000). *Approches de la langue parlée en français*. Paris: Ophrys.

Cài, W. (2000). Dài dìngzhǐ jiānyǔ de "yǒu" zìjù [Les phrases en *yǒu* comportant un pivot défini]. *Journal of Zhenjiang teachers college* (2).

Cappeau, P. et Deulofeu, J. (2001). Partition et topicalisation : *il y en a* « stabilisateur » de sujets et de topiques indéfinis. *Cahiers de praxématique* (37), 45-82.

Cappeau P. et Lahousse K. (2015). « Le sujet postposé », in *Encyclopédie Grammaticale du Français*, en ligne : http://encyclogram.fr.

Carroll, M. et Lambert, M. (2003). Information structure in narratives and the role of grammaticised knowledge: A study of adult French and German learners of English. *Information structure and the dynamics of language acquisition*, 267-287.

Carroll, M. et Lambert, M. (2006). Reorganizing principles of information structure in advanced L2s. In Byrnes, Weger-Guntharp et Sprang (eds.) *Educating for Advanced Foreign Language Capacities: Constructs, Curriculum, Instruction, Assessment*, (pp. 54-73). Georgetown DC: University Press.

Chao, Y. (1968). *A grammar of spoken Chinese*. Berkeley and Los Angeles: University of California Press.

Chang, H. (2004). Definite NPs in Mandarin you-existentials. *The proceedings of the 40th Annual Meeting of the Chicago Linguistic Society* (CLS-40), 1-11.

Chini, M. (2002). Ordres marqués et perspective du locuteur en italien L2. *Revue française de linguistique appliquée*, 7(2), 117-137.

Chini, M. et Lenart, E. (2008). Identifier le topique dans une tâche narrative en italien et en français chez les natifs (L1) et les apprenants (L2). *Acquisition et interaction en langue étrangère*, (26), 113-148.

Choi-Jonin, I. et Lagae, V. (2005). Il y a des gens ils ont mauvais caractère. À propos du rôle de *il y a*. In *A. Murguía (éd.): Sens et Références*. Tübingen : Gunter Narr Verlag, 39-66.

Cornish, F. (2005). Une approche pragmatico-discursive des phrases « thétiques ». *Mélanges en l'honneur de Claude Muller: la syntaxe au cœur de la grammaire.* Rennes : Presses Universitaires de Rennes, 75-84.

Côté, M. (1998). Quantification over individuals and events and the syntax-semantics interface: the case of the existential constructions. In Kimary Shhin, Susan Blake et Eun-Sook Kim (eds.) *The proceedings of the 17th West Coast Conference on Formal Linguistics*, 147-161.

Creissels, D. (à paraître). Existential predication in typological perspective. En ligne : www.deniscreissels.fr/public/Creissels-Exist.Pred.pdf.

Hancock, V., et Kirchmeyer, N. (2005). Discourse structuring in advanced L2 French: The relative clause. *Focus on French as a foreign language*, 17-35.

Heine, B. et Kuteva, T. (2005). *Language contact and grammatical change*. Cambridge: Cambridge University Press.

Hendriks, H. (2003). Using nouns for reference maintenance: A seeming contradiction in L2 discourse. In A. G. Ramat (Ed.), *Typology and second language acquisition*, 291– 326. Berlin: Mouton de Gruyter.

Hendriks, H. et Watorek, M. (2008). L'organisation de l'information en topique dans les discours, *Acquisition et interaction en langue étrangère*, 26, en ligne : http://aile.revues.org/3372

Hu, J. et Pan, H. (2008). Focus and the basic function of Chinese existential you-sentences. In Comorovski I., von Heusinger K. (eds) *Existence: Semantics and Syntax. Studies in Linguistics and Philosophy, vol 84*. (pp. 133-145) Dordrecht: Springer.

Huang, S. (2013). *Chinese Grammar at Work* (Vol. 1). Amsterdam: John Benjamins Publishing Company.

Jeanjean, C. (1979). Soit y'avait le poisson soit y'avait ce rôti farci. Etude de la construction de *il y a* dans la syntaxe du français. *Recherches sur le Français Parlé Aix-en-Provence*, (2), 121-160.

Kail, M. (1991). Acquisition des langues premières et secondes dans une perspective interlangues. *Revue française de pédagogie*, 67-78.

Karssenberg, L. (à paraitre). French il ya clefts, existential sentences and the Focus-Marking Hypothesis. *Journal of French Language Studies*.

Karssenberg, L. et Lahousse, K. (à paraître). The information structure of French *il y a* clefts et *c'est* clefts: a corpus-based analysis. *Linguistics*.

Klein, W. et Perdue, C. (1992). Why does the production of some learners not grammaticalize? *Studies in Second Language Acquisition,* (14) 259-272.

Kuroda, S. Y. (1972). The categorical and the thetic judgment: Evidence from Japanese syntax. *Foundations of language*, 153-185.

Lahousse, K. (2011). *Quand passent les cigognes. Le sujet nominal postverbal en français moderne*. Presses universitaires de Vincennes.

Lambert, M. ; Carroll, M. et von Stutterheim, C. (2008). Acquisition en L2 des principes d'organisation de récits spécifiques aux langues. *Acquisition et interaction en langue étrangère* (26), 5-10.

Lambrecht, K. (1987a). Aboutness as a Cognitive Category: The Thetic-Categorical Distinction Revisited. *Annual Meeting of the Berkeley Linguistics Society* (13), 366-382.

Lambrecht, K. (1987b). Presentational cleft constructions in spoken French. In John Haiman et Sandra A. Thompson (eds.) *Clause combining in grammar and discourse*, 135-179.

Lambrecht, K. (1994). *Information structure and sentence form: Topic, focus, and the mental representations of discourse referents*. Cambridge: Cambridge university press.

Lambrecht, K. (2000). Prédication seconde et structure informationnelle: la relative de perception comme construction présentative. *Langue française*, 49-66.

Léard, J. M. (1986). Il y a...qui et C'est...qui: La syntaxe comme compatibilité d'opérations sémantiques. *Lingvisticae Investigationes*, *10*(1), 85-130.

Leclercq, P. (2008). L'influence de la langue maternelle chez les apprenants adultes quasi-bilingues dans une tache contrainte de verbalisation, *Acquisition et interaction en langue étrangère*, 26, en ligne : http://aile.revues.org/3032

Leclercq, P., et Lenart, E. (2013). Discourse cohesion and accessibility of referents in oral narratives: A comparison of L1 and L2 acquisition of French and English. *Discours*, (12), en ligne: http://discours.revue.org/8801

Li, C. N. et Thompson, S. A. (1976). Subject and Topic: A New Typology of Language. In Charles N. Li. In Charles Li (Ed.), *Subject and Topic*, New York: Academic Press. 457–489.

Li, C. N. et Thompson, S. A. (1981). *Mandarin Chinese: a Functional Reference Grammar.* Berkeley: University of California Press.

Lǚ, S. (1942). *Zhōngguó wénfǎ yàolüè [Un aperçu de grammaire chinoise]*. Pékin : Presses commerciales.

Paris, M. (1977). Le morphème "de" et la relativation en mandarin. In: Cahiers de linguistique - Asie orientale, (2) 65-76. En ligne: http://www.persee.fr/doc/clao_0153-3320_1977_num_2_1_1029.

Perdue, C. (1993). *Adult language acquisition: Cross-linguistic perspectives.* Cambridge: Cambridge University Press.

Perdue, C. (2002). Development of L2 functional use. Portraits of the L2 user. In Vivian Cook (Ed.) *Portraits of the L2 user* (Vol. 1). Clevedon: Multilingual Matters.

Rickheit, G. et Christopher H. (1995). *Focus and Coherence in Discourse Processing*. Berlin: Walter de Gruyter.

Ryan, J. (2015). Overexplicit Referent Tracking in L2 English: Strategy, Avoidance, or Myth?. *Language Learning*, *65*(4), 824-859.

Sornicola, R. (2003). Crosslinguistic comparison and second language acquisition: An approach to topic and left detachment constructions from the perspective of spoken language. In Giacalone Ramat A (ed.), *Typology and second language acquisition*,(pp.71-88). Berlin: Mouton de Gruyter.

Sun, J. (2008). Conceptualisation étendue du temps topique dans les narrations des apprenants sinophones en français langue étrangère. *Acquisition et interaction en langue étrangère,* 26, 71-88.

Tao, H. (1996). *Units in Mandarin conversation: Prosody, discourse, and grammar* (Vol. 5). Amsterdam : John Benjamins Publishing.

Trévisiol, P., Watorek, M. et Lenart, E. (2010). Topique du discours/topique de l'énoncé-réflexions à partir de données en acquisition des langues. In Marina Chini (ed). *Topic, information structure and acquisition*, (pp. 177-194). Milano : Franco Angeli.

Turco, G. (2008). Introduction et identification d'un référent chez les apprenants francophones de l'italien L2. *Acquisition et interaction en langue étrangère*, (26), 211-237.

Véronique, G. D. (2013). La dislocation, l'emploi de *c'est* et *il y a* et l'organisation topique-focus en français parlé: des variétés d'apprenants aux usages natifs. *TIPA. Travaux interdisciplinaires sur la parole et le langage*, 29. En ligne : http://tipa.revues.org/1022

Verwimp, L. et Lahousse, K. (2016). Definite *il y a*-clefts in spoken French. *Journal of French Language Studies,* 1– 28.

DOI: 10.1051/shsconf/20173800009

Von Stutterheim, C. et Klein, W. (1989). Referential movement in descriptive and narrative discourse. In R. Dietrich et C. Graumann (ed.), *Language processing in social context*. Amsterdam: North-Holland, 39-76.

Watorek, M., Lenart, E. et Trevisol, P. (2014). The reference to entities in the narrative and descriptive discourses in French L2: the information structure and the use of determination system. *Linguistik online*, (63), 87-117.

Assessing implicit phonological knowledge through accent imitation

Anika Falkert[1]

[1] Laboratoire ICTT, EA 4277, Université d'Avignon, France

Abstract. This study investigates learners' implicit knowledge of Voice Onset Time (VOT), a non-distinctive phonetic difference between German and French. Previous studies on VOT in speech produced by English native speakers learning Spanish (Flege & Hammond 1982) and L1 Spanish-speaking learners of English (Mora *et al.* 2014) suggest that learners modify their native VOT patterns when attempting to imitate a foreign accent. This was taken as evidence for the development of tacit awareness of cross-language VOT difference between L1 and L2 voiceless stops. In order to determine if similar modifications occur in the productions of German speaking learners of French as a foreign language, we assessed learners' speech through VOT duration measures in word-initial /p,t,k/. Data was collected through a reading-aloud elicitation task. Results provide support for the hypothesis that German native speakers are able to modify VOT duration when mimicking a French accent. Given these findings, we believe that accent imitation tasks could be used in L2 phonology instruction to raise learners' awareness of non-distinctive phonetic differences.

Résumé. Étudier les connaissances phonologiques implicites en langue seconde à travers l'imitation d'accents. Dans cette étude, nous examinons les connaissances implicites d'apprenants de FLE (français langue étrangère) concernant le Voice Onset Time (VOT), une différence phonétique sans valeur distinctive entre l'allemand et le français. Des recherches antérieures sur le VOT dans les productions orales de locuteurs anglophones (Flege & Hammond 1982) et hispanophones (Mora *et al.* 2014) ont montré que les sujets modifiaient le VOT dans des tâches d'imitation d'un accent étranger. Ces résultats indiquent que ces locuteurs, respectivement apprenants de l'espagnol et de l'anglais, ont vraisemblablement développé des connaissances implicites sur les différences concernant le VOT des consonnes occlusives sourdes dans leur langue maternelle et dans la langue cible. Afin de déterminer si c'est également le cas chez des locuteurs germanophones apprenant le français, nous avons mesuré et comparé le VOT des consonnes occlusives sourdes /p,t,k/. Les données de cette étude ont été recueillies à travers un test de lecture qui incluait l'imitation d'un accent français en allemand. L'analyse valide l'hypothèse selon laquelle les sujets sont capables de modifier le VOT des consonnes /p,t,k/ en position initiale. Au vu de ce résultat, il paraît souhaitable que les tâches d'imitation d'accents trouvent leur place dans l'enseignement de la phonologie afin de sensibiliser les apprenants à des différences phonétiques sans valeur distinctive entre les sons de la L1 et de la L2.

1 Introduction

The field of second language acquisition (SLA) has a long-standing interest in the topic of implicit and explicit learning. As Andringa and Rebuschat (2015 : 186) state, "the distinction between implicit and explicit learning and knowledge and how they interface is crucial for a proper understanding of how L2 proficiency develops". In recent discussion (Hulstijn 2005, De Graff & Housen 2009, Han & Finneran 2014), the question of the interface between these two learning modes and language use has emerged as a key issue with regard to second language teaching.

While considerable more work is needed to fully understand how information processing relates to second language speech production, a growing number of studies support the view that clear separations exist between brain areas involved in explicit and implicit learning and memory, and that the two types of knowledge are related to different educational experiences (Ellis and Young 1988, Ellis 2008). Explicit (or declarative) knowledge generally refers to "things we are aware we know and can usually describe to others" (Anderson & Lebiere, 1998: 5). In contrast, according to Hulstijn, implicit learning can be defined as an "autonomous process, taking place whenever information is processed receptively (through hearing and seeing)" (Hulstijn 2002: 206). The author also stresses that "since implicit learning takes place as an unstoppable information processing mechanism, it will automatically accompany explicit learning activities whenever L2 learners engage in practising the pronunciation of a particular sound, or producing a grammatical structure" (Hulstijn 2002: 207).

Despite recent advances in methodology and new measurement techniques (for example functional magnetic resonance imaging and eye-tracking[1]) used for studying the input processing mecanisms underlying implicit (statistical) and explicit learning, we do not yet have adequate knowledge neither about the nature of the acquired knowledge, nor about how information processing in SLA relates to usage.

It is important to note that the study of the representation of knowledge has acquired significance over the last twenty years. In his 2002 article, Hulstijn argues that automatisation is a concomitant, incidental feature of implicit learning. More precisely, what may appear to be automatisation of declarative knowledge is in fact automatisation through statistical learning and neural network construction. It is worth remembering that automatisation is especially important in phonology acquisition since performance fluency can (at least partially) be considered as a result of implicit learning. According to Hulstijn (2002), acoustic signals are part of what may be called 'low linguistic knowledge'. This view is based on the idea that language phenomena can be mapped on a ranging scale from high to low, according to the degree of consciousness and control. As the author points out, "our brains cannot instruct our ears to disregard tones of a certain frequency" (Hulstijn 2002: 202). Second language phonology acquisition (including the ability to process fine phonetic detail) thus seems prone to statistical learning.

It is widely acknowledged that at relatively advanced levels of proficiency, L2 learners have developed explicit knowledge of the phonological system of the target language which is used in L2 speech perception and production. Furthermore, they generally have developed implicit knowledge of differences between the sound structures of their L1 and those of their L2. To take but one example, it has been shown that learners can acquire the phonotactic constraints of an L2 without explicit instruction and are able to use them efficiently in segmenting continuous speech (Weber & Cutler 2006).

These findings suggest that proficient learners have accumulated rich implicit statistical knowledge of patterns based on the distributional properties of the input (Ellis 2002, 2005,

[1] See Andringa & Rebuschat (2015) for a comprehensive discussion of current directions in the study of implicit and explicit learning.

2008). It is noticeable that previous studies on the acquisition of implicit knowledge (e.g. Reber 1967, DeKeyser 1997, Grey, Williams & Rebuschat 2014) have tended to focus on grammar rather than phonology. If phonotactic probability can be learned through exposure to the target language, we might expect that other aspects of phonology illustrate frequency effects in L2 phonology acquisition.

In this paper, we will thus examine another phenomenon that may reflect the importance of implicit learning in second language acquisition. More precisely, we will center on Voice Onset Time (VOT). VOT is an acoustic parameter that measures the time lapse between the stop consonant release and the voice onset of the following vowel (Lisker & Abramson, 1964). According to Liberman *et al.* (1958), VOT represents the most reliable acoustic cue for the distinction between voiced and voiceless stops.

VOT values vary for each consonant and may be best represented as a range of durations. Lisker and Abramson (1964, 1967) found that three categories of stops can be established along the VOT continuum: stops with a 'voicing lead', *i.e.* negative VOT values, ranging from about -125 to -75 milliseconds, stops with a 'short voicing lag', exhibiting positive VOT values, ranging from 0 to +25 milliseconds, and finally stops with a 'long voicing lag', *i.e.* large positive VOT values, ranging from +60 to +100 milliseconds. The authors also highlight language-specific differences with respect to VOT.

It has been suggested that several factors such as stress, point of articulation, age of the speaker and vowel quality influence VOT of voiceless stops (Lisker & Abramson 1964, Cho & Ladefoged 1999, Nearey & Rochet 1994). The research of Cho & Ladefoged (1999) provides evidence that the effect of place of articulation is robust among languages. According to Auzou *et al.* (2000: 138), « the lag time values tend to increase as the position of occlusion moves posteriorly within the oral cavity: the mean VOT values for [p] are shorter than for [t] which, in turn, are shorter than for [k] » (Auzou *et al.* 2000: 138). As the mouth cavity is smaller in [k] than in [t] or [p], higher intra-oral air pressure can be produced. This observation might explain why VOT is longer in velar (and dorsal) than in (bi)labial stops.

As for the effect of vowel height, there have been conflicting reports for English. While Lisker and Abramson (1967) concluded that vowel quality has no noticeable effect on the VOT, Klatt (1975) found VOT to be longer for all voiceless stops when followed by high vowels. Similar findings have been reported by Ohala (1981). For French, Fischer-Jørgensen (1972) showed that in French voiceless stops, VOT is longer before high vowels than before low vowels.

With respect to perception of VOT, we know that fine phonetic details are retained in listeners' memories and thus can be imitated. The results of a shadowing experiment (Nielsen 2011) revealed that participants produced significantly longer VOTs after being exposed to target speech with extended VOTs. Cross-subject comparison points out that VOT seems to be a speaker-specific property (Künzel 1987). It therefore could play a crucial role in speaker identification and therefore be the focus of major interest in the forensic context. While the first studies in this field investigated VOT in native speech, the processing of fine phonetic details such as VOT has emerged as a major issue in L2 phonology acquisition research.

2 Literature review

Previous research on stop consonants in productions of L2 learners have highlighted the effects of VOT on foreign accent ratings. Flege (1988) and Riney & Takagi (1999) found that for English, native listeners rate nonnative speech with longer (more native-like) VOTs as less foreign-accented. As mentioned in section 1, several studies pointed to language-specific differences in the production of voiceless stop consonants. English and Spanish stops, for example, have different VOT patterns. While English /p, t, k/ fall in the long lag range, Spanish /p, t, k/ exhibit short lag VOT values.

Flege & Hammond (1982) studied 50 English native speakers (enrolled in a beginner-level Spanish language class), asking them to read a typed list of 21 English sentences with what they considered to be a Spanish accent. Acoustic measurements revealed that these speakers produced /t/ with VOT values that were considerably shorter than is typical of English. More recently, More *et al.* (2014) examined oral productions of Spanish learners of English. They showed that language learners were able to modify VOT when mimicking a Spanish accent in English. Both studies provide support for the hypothesis that speakers are aware of phonetic differences between their L1 and the target language.

The aim of the present study is to examine whether this is equally true for German and French. It is widely acknowledged that German and French both have distinct stop consonant sets that can be measured and compared using VOT: the voiced /b/, /d/, and /g/, and the voiceless /p, /t/, and /k/. In this study, we chose to concentrate on voiceless stops. In German, initial /p,t,k/ in stressed syllables are generally articulated with strong aspiration (Jessen 1998), whereas French /p,t,k/ are described as normally unaspirated, *i.e.* vocal cord vibration starting immediately after the stop release (Abdelli-Beruh 2004). In other words, French stops are in the short-lag VOT range, whereas German dialects show long-lag VOT in orthographic <p, t, k> (Braun 1996, Jessen & Ringen 2002). This means that these sound units are equivalent at the phonological level, but that they are realised differently phonetically in German and French. With respect to L2 learning, we might expect that non-distinctive phonetic differences like VOT tend to go unnoticed by learners due to perceptual assimilation of L2 sounds to L1 categories (Best & Tyler 2005).

In her work on accent imitation as voice disguise, Neuhauser (2008, 2012) found that among native German speakers, the average VOT whilst imitating a French accent was considerably lower than in undisguised target words. It is important to notice that the scope of her study being much larger, VOT was analysed as one feature among others. In fact, her research illustrates several aspects of voice disguise through accent mimicking in the forensic context. In this study, we will focus exclusively on VOT patterns with regard to L2 phonology acquisition.

3 Method

3.1 Task design

The aim of the study is to assess German-speaking learners' implicit knowledge of non-distinctive phonetic differences between L1 German and L2 French speech sounds. More precisely, we will examine whether German speakers reduce VOT in word-initial voiceless stops when imitating a French accent in German.

It is worth noting that research design has become a major concern in studies dealing with implicit and explicit learning. As Andriga and Rebuschat (2015 : 190) state, "one of the thorny issues in particular is the search for measures that can assess whether knowledge of a particular structure is either implicit or explicit". In his 2013 article, Rebuschat reviews three types of measures which have been widely used in psychological research to assess the conscious or unconscious status of knowledge: retrospective verbal reports, direct and indirect tests, and subjective measures. In their 1982 study, Flege & Hammond introduced a delayed mimicry task (*i.e.* imitation from memory) to assess learners' ability to detect non-distinctive phonetic differences. Although we are aware of the fact that other tests may be used efficiently to investigate VOT, we chose to rely on this method for our study. With regard to task design, one of our concerns was to avoid artificial, decontextualised language production. We therefore excluded reading tasks based on word lists.

 DOI: 10.1051/shsconf/20173800010

Previous studies (Flege & Hammond 1982, Mora *et al.* 2014) chose to embed target words in a sentence frame which was of the form "The ... is on the ...". Indeed, when using the same carrier phrase for all target words, participants can easily guess which tokens will be analysed and therefore are likely to pay more attention to the pronunciation of these lexical items. Nevertheless, it is clear that target words embedded in carrier sentences represent a major advantage over isolated words because "the longer utterance causes the subject to time the utterance phonemes and syllables in a manner similar to conversational speech rather than the prolongation common to citation speech" (Auzou *et al.* 2000: 134).

For our study, we chose target words embedded in sentences that relate to speakers' interests (studies abroad, holiday, family, sports). The participants performed three read-aloud elicitation tasks (*i.e.* three lists of sentences for each task: L1 German, L2 French and French-accented German). The three lists contained the same sentences, but in differently randomised orders. Each list contained 14 sentences: 12 target words embedded in 12 sentences and two sentences used as distractors.

As mentioned earlier, VOT varies with point of articulation and vowel height. For this reason, we used two-syllable target words with /p,t,k/ in word-initial position before /i/ or /a/. It should be noticed that German and French have different stress patterns. While German has word stress, French is characterised by phrasal stress which is generally assigned to the final full syllable of the last lexical item of the stress group (Di Cristo 1998 : 196). Since VOT is longer in stressed syllables, we chose to exclude L2 French target words from our analysis and chose to compare only what can be compared, *i.e.* VOT values in L1 German tokens and in French-accented German target words. One might ask why participants were asked to read aloud the L2 French sentence lists. While the data obtained through this task doesn't contribute to our analysis, we thought that it would be easier for the participants to switch to the accent imitation mode after having read aloud sentences in both languages.

3.2 Participants

A total of seven German-speaking learners of French as a foreign language (mean age: 22 years) took part in the study. All participants were native speakers of German, enrolled in a BA program in French at the time of the study. Their proficiency level in French can be described as upper-intermediate (B2). It is important to note that the participants come from different parts of Germany and Austria. The subjects indicated no history of speech disorders or hearing impairment.

3.3 Procedure

The participants (seven German-speaking advanced learners of French as a foreign language) read three lists of sentences containing 12 /p,t,k/ words in German, French and "French-accented" German. For every target word produced in German and in French-accented German, a mean VOT duration was calculated by averaging the VOT durations of the three repetitions of each target word. An overall mean VOT duration score was calculated by averaging mean VOT durations for all voiceless stops in the target words.

All subjects were asked to read aloud the German sentence lists, then the French sentence lists and finally the German sentence lists for a second time, but this time "like someone whose native language is French". No demonstration of a French accent in German and no explicit instructions concerning how one might produce the effect of accentedness were given. All participants were tested individually. Learners' oral productions were recorded as WAV files using an AKG C1000 S microphone and a Marantz PMD 660 digital recorder. The acoustic analysis was carried out with *PRAAT* (Boersma & Weenink 2016).

For each target word, VOT was measured as suggested by Cho and Ladefoged (1999), *i.e.* starting at the onset of the release burst of the stop closure and ending at the onset of the

 DOI: 10.1051/shsconf/20173800010

first complete vocal fold vibration. In order to guarantee a greater accuracy, all measurements were made by simultaneous examination of oscillograms and wideband spectrograms. After the read-aloud elicitation tasks, we asked participants what they did to produce a French accent in German. The purpose of this question was to determine their (explicit) knowledge of phonetic differences between German and French.

4 Results

The data suggest that the native German subjects of this study reduce VOT in word-initial voiceless stops during imitation of a French accent. It can be observed that the voiceless stops /p/, /t/, and /k/ exhibit large VOT differences between L1 German and French- accented target words, with VOT values being shorter in French-accented target words. Figure 1 displays the observed mean VOT of initial voiceless stops for each speaker (Sp).

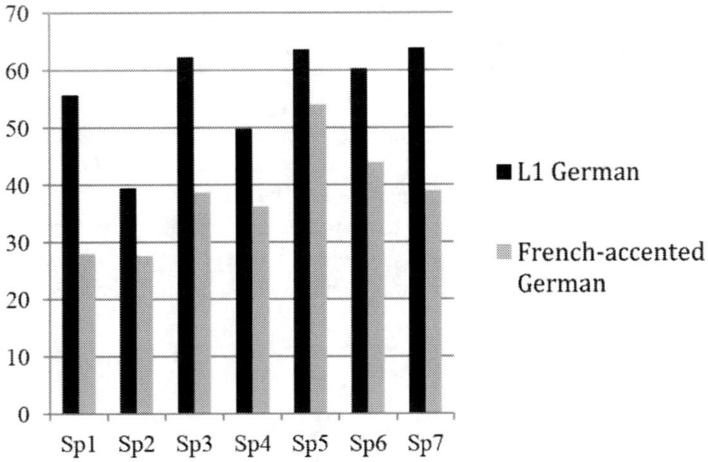

Fig. 1: Mean VOT (in msec) in L1 German and French-accented target words

Overall, the mean VOT is 56 milliseconds (sd[2]=9) for L1 German tokens and 38 milliseconds (sd=9) for French-accented target words. These results are consistent with earlier findings by Neuhauser (2008) who found a mean VOT of 54 milliseconds for L1 German and a mean VOT of 37 milliseconds for the French accented tokens. It is important to recognise that closer inspection of our data shows high interspeaker variability. This is true for L1 German and for French-accented target words. As mentioned earlier, the subjects come from different regions of Germany and Austria, speaking different dialects which may have an impact on VOT values. The mean VOT reduction among the 7 learners is about 18 milliseconds. In order to determine whether the data sets differ between the two conditions, we ran a Wilcoxon signed-rank test for matched pairs. The test revealed a statistically significant difference concerning VOT duration in L1 German and in French accented target words ($p < 0.01$).

Figure 2 displays the mean VOT values according to the following vowel. Unsurprisingly, VOT is higher for stops followed by /i/ than for stops before /a/. Interestingly, mean VOT reduction when switching from L1 German to French-accented German is virtually the same for /i/ (17,9 milliseconds) and for /a/ (18,6 milliseconds). This means that speakers have developed rather consistent VOT patterns for each type of vowel.

[2] standard deviation

DOI: 10.1051/shsconf/20173800010

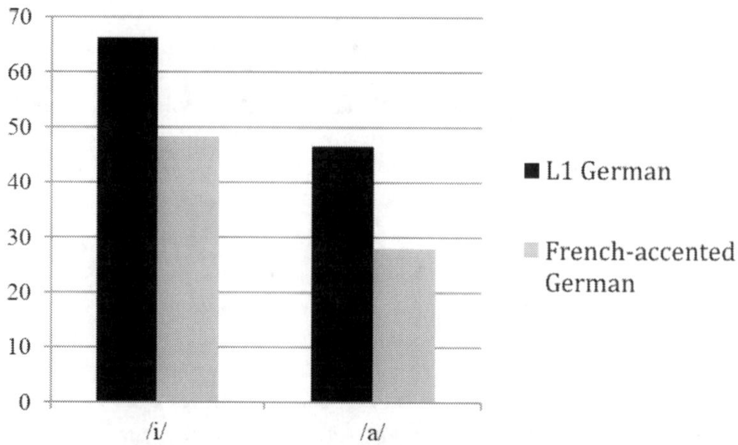

Fig. 2: Mean VOT (in msec) in L1 German and French-accented German target words with respect to the following vowel

Moreover, we examined VOT with respect to the point of articulation. As expected, VOT varies according to the stop consonant. Strikingly, mean VOT reduction is higher for /p/ and /k/ than for /t/, as can be seen from figure 3. Put another way, mean VOT values are the same for /t/ and /k/ in the French-accented target words. The data for /t/ lead us to hypothesise that there may be a frequency effect that makes /t/ more resistant to changes in the VOT pattern. Another possible explanation could be the impact of vowel length. Having said that, further analysis has to be conducted to reassess this result which should be interpreted with caution.

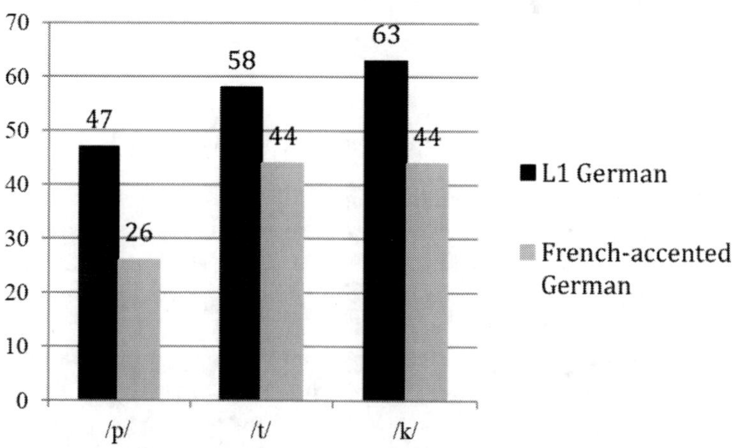

Fig. 3 : Mean VOT (in msec) according to the point of articulation

In order to gain a better understanding of the significance of these mean values, we decided to have a closer look at VOT in the French-accented target words. More precisely, we compared learners' performances in the 3 repetitions of the accent imitation task. Neither studies on English and Spanish (Flege & Hammond 1982, Mora *et al.* 2014), nor Neuhauser's work (2008, 2012) on German and French examined this aspect. Inspection of table 1 reveals that the highest VOT values can be found during the first reading of the sentence list, while the lowest values appear in the third repetition.

Tab. 1 : Mean VOT (in msec) values in French-accented target words (1st, 2nd and 3rd repetition)

1st rep.	2nd rep.	3rd rep.
40,1	37,9	36,5

In other words, with every repetition, participants' (long lag) VOT patterns get closer to (short lag) L1 French patterns. When asked about the changes in their pronunciation in order to produce a French accent in German, participants declared that they modified the "R-sound", "stress", "intonation" and "non pronunciation of <h>". These answers indicate that VOT difference between German and French is not part of the declarative knowledge of the subjects.

5 Discussion

As we have seen, the subjects reduced VOT in word-initial voiceless stops during imitation of a French accent. With respect to the overall results, one might argue that VOT reduction in the French-accented target words is due to a modified stress pattern. As mentioned in section 4, several subjects claimed that they made changes in stress in order to produce the effect of accentedness. Nevertheless, closer inspection of the target words doesn't show major changes in stress pattern. Where therefore argue that the lower VOT values cannot be attributed to a change from word to phrasal stress. Moreover, the data strongly suggests that vowel height doesn't seem to have an impact on VOT reduction.

We also found that mean VOT-reduction was higher for /p/ and /k/ than for /t/. This result may reflect a frequency effect related to the point of articulation. However, more data is needed to examine why speakers more easily modify VOT for /p/ and /k/ than for /t/.

The data for the French-accented target words suggest that the lowest VOT values can be found in the third reading. This result may indicate that a « training effect » is achieved through repetition of the task. In fact, one participant argued that she felt "like an actress" during the first reading, thinking about what kind of phonetic changes should be made to produce the effect of accentedness. In fact, accent imitation is a difficult task, especially when no demonstration or explicit instructions are provided. Subjects acknowledged that the first reading seemed the most difficult to them as they had reflected on differences in the two phonetic systems while performing the task.

On this basis, it could be interesting to test the efficiency of accent mimicking tasks in second language phonology teaching. As we have seen, with every repetition, VOT values converge to the short lag VOT pattern which characterises L1 French. Furthermore, the fact that the participants didn't explicitly mention stop consonant production as a relevant feature for accentedness supports the view that knowledge of this non-distinctive phonetic difference may be acquired through implicit learning which "takes place autonomously, beyond conscious control, whenever they engage in listening, reading, speaking or writing activities" (Hulstijn 2002 : 208). Yet, on the evidence presented, we cannot be certain at what stage of the learning process this information can be used by learners in speech production and how much exposure to the target language is needed in order to acquire this kind of knowledge.

6 Conclusion

Our analysis revealed that the L1 German speakers of this study were able to modify VOT in word-initial voiceless stops during imitation of a French accent. Having said that,

DOI: 10.1051/shsconf/20173800010

considerably more work is needed to clarify the role of VOT in the different phases of the learning process. Additional research should be conducted, comparing beginners and advanced students, in order to determine at which stage of second language acquisition learners develop implicit phonological knowledge of VOT variation. Indeed, a more systematic approach is required to assess the evolution of VOT values in learners' productions over time. Moreover, a more detailed analysis might shed light on the impact of vowel length on VOT.

With respect to second language teaching, we believe that accent-mimicking tasks could be efficiently used to raise learners' awareness of distinctive and non-distinctive phonetic differences between L1 and L2 sounds. Nonetheless, our study also pointed to the need for additional research that taps into individual differences concerning use of implicit knowledge. According to Andringa and Rebuschat (2015: 192), "there appears to be an increasing recognition of the idea that individuals may differ in their ability to learn either explicitly or implicitly". Consequently, we can suppose that learning strategies might directly impact on the development of statistical knowledge. It would also be interesting to explore the amount of exposure to the target language that is needed to process non-distinctive phonetic differences. Clearly, more empirical research is necessary before the role of implicit learning in L2 acquisition can be fully determined. Hopefully, future studies will provide a more fine-grained picture of the link between linguistic knowledge and language use.

References

Abdelli-Beruh, N. B. (2004). The Stop Voicing Contrast in French Sentences: Contextual Sensitivity of Vowel Duration, Closure Duration, Voice Onset Time, Stop Release and Closure Voicing. *Phonetica, 61*, 201–219.

Anderson, J.R., & Lebiere, C. (1998). *The atomic components of thought*. Mahwah, NJ: Erlbaum.

Andringa, S. & Rebuschat, P. (2015). New directions in the study of implicit and explicit learning. *Studies in Second Language Acquisition*, *37*, 185-196.

Auzou, P., Özsancak, C., Morris, R., Jan, M., Eustache, F., & Hannequin, D. (2000). Voice onset time in aphasia, apraxia of speech and dysarthria: a review. *Clinical linguistics and phnetics, 14*(2), 131-150.

Best, C. T., & Tyler, M. D. (2005). Nonnative and second-language speech perception: Commonalities and complementarities. In Bohn. O.-S. & Munro, M. J. (eds.), *Language experience in second language learning: In honor of James Emil Flege*. Amsterdam: John Benjamins. 13-34

Boersma, P., & Weenink, D. (2016). Praat: doing phonetics by computer [Computer program]. Version 6.0.19, retrieved 13 June 2016 from http://www.praat.org/

Braun, A. (1996). Zur regionalen Distribution von VOT im Deutschen. In Braun, A. (ed.), *Untersuchungen zu Stimme und Sprache*. Stuttgart: Franz Steiner. 19-32.

Cho, T., & Ladefoged, P. (1999). Variation and universals in VOT : evidence from 18 languages. *Journal of Phonetics*, *27*, 207-229.

DeKeyser, R. (1997). Beyond explicit rule learning: Automatizing second language morphosyntax. *Studies in Second Language Acquisition, 19*(2), 195-221.

DeKeyser R. (ed.). (2007). *Practice in a second language: Perspectives from applied linguistics and cognitive psychology*. New York: Cambridge University Press.

Di Cristo, Albert (1998). Intonation in French. In Di Cristo, A. & Hirst, D. (eds.) *Intonation systems: a survey of twenty languages*. Cambridge: Cambridge University Press, 195-218.

Ellis, N. C. (2002). Frequency effects in language processing: A review with implications for theories of implicit and explicit language acquisition. *Studies in Second Language Acquisition, 24*, 143–188.

Ellis, N.C. (2005). At the interface. Dynamic interactions of explicit and implicit language knowledge. *Studies in Second Language Acquisition, 27*, 305-352.

Ellis, N.C. (2008). Implicit and explicit knowledge about language. In Cenoz, J., & Hornberger, N. H. (eds.), *Encyclopedia of Language and Education*, 2nd edition, Volume 6: Knowledge about Language. New York : Springer. 119-132.

Ellis, A.W., & Young, A.W. (1988). *Human Cognitive Neuropsychology*. Hove: Erlbaum.

Fischer-Jørgensen, E. (1972). 'p t k' et 'b d g' français en position intervocalique accentuée. In Valdman, A. (ed.), *Papers in Linguistics and Phonetics to the Memory of Pierre Delattre.* The Hague: Mouton. 143-200.

Flege, J.E. (1988). Factors affecting degree of perceived foreign accent in English sentences. *Journal of the Acoustical Society of America, 84*, 70-79.

Flege, J.E., & Hammond, R. (1982). Non-distinctive phonetic differences between language varieties. *Studies in Second Language Acquisition, 5*, 1-17.

Grey, S., Williams, J. N., & Rebuschat, P. (2014). Incidental exposure and L3 learning of morphosyntax. *Studies in Second Language Acquisition, 36*, 1-34.

Han, Z.-H., & Finneran, R. (2014). Re-engaging the interface debate: Strong, weak, none, or all? *International Journal of Applied Linguistics, 24*(3), 370-389.

Hulstijn, J. (2002). Towards a unified account of the representation, processing and acquisition of second language knowledge. *Second Language Research, 18*(3), 193-223.

Hulstijn, J. (2005). Theoretical and empirical issues in the study of of implicit and explicit second language learning. *Studies in Second Language Acquisition, 27*(2), 129-140.

Jessen, M. (1998) *Phonetics and phonology of tense and lax obstruents in German*. Amsterdam: Benjamins.

Jessen, M., & Ringen, C. (2002). Laryngeal features in German. *Phonology, 19*, 189-218.

Klatt, D. (1975). Voice onset time, frication, and aspiration in word-initial consonant clusters. *Journal of Speech and Hearing Research, 18*, 686-706.

Künzel, H.J. (1987), *Sprecherkennung. Grundzüge forensischer Sprachverarbeitung*. Heidelberg: Kriminalistik Verlag.

Jessen, M. (1998). *Phonetics and phonology of tense and lax obstruents in German*. Amsterdam: Benjamins

Liberman, A. M., Delattre, P. C., & Cooper, F. S. (1958). Some cues for the distinction between voiced and voiceless stops in initial position. *Language and Speech, 1*, 153-167.

Lisker, L., & Abramson, A. (1964). A cross-language study of voicing in initial stops: acoustical measurements. *Word, 20*, 384–422.

Lisker, L., & Abramson, A. (1967). Some effects of context on voice onset time in English stops. *Language and Speech, 10*, 1-28.

Mora, J., Rochdi, Y., & Kvistö-de Souza, H. (2014). Mimicking accented speech as L2 phonological awareness. *Language Awareness, 23*, 57-75.

Nearey, T. M., & Rochet, B. (1994). Effects of Place of Articulation and Vowel Context on VOT Production and Perception for French and English Stops. *Journal of the International Phonetic Association, 24*, 1-18.

Neuhauser, S. (2008). Voice disguise using a foreign accent – phonetic and linguistic variation. *The International Journal of Speech, Language and the Law 15, (2)*, 131–159.

Neuhauser, S. (2012). *Phonetische und linguistische Aspekte der Akzentimitation im forensischen Kontext. Produktion und Perzeption*. Tübingen: Gunter Narr Verlag.

Nielsen, K. (2011). Specificity and abstractness of VOT imitation. *Journal of Phonetics, 39*, 132-142.

Ohala, J. (1981). Articulatory constraints on the cognitive representation of speech. In Myers, T., Laver. J. & Anderson, J. (eds), *The Cognitive Representation of Speech*. Amsterdam: North Holland. 111-122.

Reber, A. S. (1967). Implicit learning of artificial grammars. *Journal of Verbal Learning and Verbal Behavior, 6*, 317-327.

DOI: 10.1051/shsconf/20173800010

Rebuschat, P. (2013). Measuring implicit and explicit knowledge in second language research. *Language Learning*, 63 (3), 595-626.

Riney, T. J., & Takagi, N. (1999). Global foreign accent and voice onset time among Japanese EFL speakers. *Language Learning, 49* (2), 275-302.

Schmidt, R. (1993). Awareness and second language acquisition. *Annual Review of Applied Linguistics, 13*, 206-226.

Weber, A. & Cutler, A. (2006). First-language phonotactics in second-language listening. *Journal of the Acoustical Society of America, 119* (1), 597-607.

SHS Web of Conferences **38**, 00011 (2017) DOI: 10.1051/shsconf/20173800011
COULS 2016

Maîtrise phonétique du français langue étrangère chez les enseignants non-natifs : Décalage entre connaissances théoriques et prononciation effective

Nikola Paillereau[1]

[1] Laboratoire de Phonétique et Phonologie, UMR7018, CNRS et Université Sorbonne Nouvelle Paris 3, France

Résumé. Cette étude acoustico-perceptive traite de la possibilité de prononcer le français langue étrangère de manière native lorsque son apprentissage débute tardivement. Dix tchécophones, étudiant le français à l'université afin de devenir enseignantes, produisent six voyelles moyennes du français en contexte isolé /ø, œ, o, ɔ, e, ɛ/. L'analyse des formants montre que malgré des connaissances approfondies sur la phonologie du français que toutes les locutrices détiennent, ils existent de grandes variations individuelles dans la réalisation des contrastes entre e/ɛ, ø/œ et o/ɔ. L'identification des voyelles par des auditeurs français natifs montre qu'aucune locutrice ne maîtrise toutes les six qualités vocaliques de manière native. Le rôle des enseignants, traditionnellement supposés être des modèles parfaits, est alors remis en question.

Abstract. Phonetic mastery of French as a foreign language in non-native teachers: Gap between theoretical knowledge and actual pronunciation. This acoustic-perceptual study discusses the possibility of pronouncing French as a foreign language in a native-like manner when its learning starts late. Ten Czech women, studying French at university in order to become teachers, produce six French mid vowels /ø, œ, o, ɔ, e, ɛ/ in isolation. A formant analysis shows that despite deep knowledge of the French phonology that all speakers hold, there are large inter-individual differences in the realization of the contrasts e/ɛ, ø/œ and o/ɔ. The identification of the vowels by native French listeners shows that no speaker masters all the six vowel qualitites in a native-like manner. The role of L2-teachers, traditionally supposed to be perfect models, is therefore called into question.

1 Connaissances théoriques et prononciation effective des enseignants de langues étrangères

Afin de pouvoir enseigner efficacement une langue étrangère (LE), il ne suffit pas d'en être locuteur natif (Delattre 1960). En effet, les enseignants-spécialistes détiennent de nombreuses connaissances théoriques de la LE. Les connaissances concernent traditionnellement la grammaire, qui est l'aspect le plus entraîné, et également la phonologie. Pour aider les apprenants à s'exprimer de façon intelligible et avec peu d'accent étranger, l'enseignant devrait attirer leur attention sur les différences phonético-phonologiques qui existent entre la LE et la langue maternelle (LM). Ces différences se situent à deux niveaux. Au plan segmental, les langues peuvent différer par le nombre de phonèmes vocaliques et consonantiques, leur réalisation exacte, de même que par le système des contrastes. Au plan supérieur qui s'étale sur les segments, les différences peuvent concerner le rythme, l'accentuation lexicale et l'intonation.

Outre le rôle de l'expert qui détient de nombreuses connaissances théoriques, il est également question de la performance phonétique de l'enseignant. L'on peut se demander si l'enseignant devrait obligatoirement prononcer la langue enseignée de manière native. Selon Leather (1983) et Galazzi (1983), l'enseignant étant souvent l'unique modèle pour ses apprenants lorsque les cours se déroulent en milieu exolingue, c'est-à-dire dans un pays où l'on ne parle pas cette langue, il devrait parler quasiment comme un locuteur natif. Cependant cet avis n'est pas partagé par tous ; par exemple Wioland (2005) plaide pour un enseignant de langue qui détient avant tout un modèle didactique bien fondé et qui parle de façon intelligible.

1.1 Effet de l'âge

Derwing et Munro (2015) attirent très pertinemment l'attention sur la difficulté, voire même l'impossibilité d'atteindre une prononciation native chez des enseignants qui sont eux-mêmes des apprenants tardifs de la langue enseignée. En effet, l'âge au début de l'apprentissage est souvent dit le principal facteur agissant sur la façon de prononcer une langue. Si l'apprentissage débute dès la petite enfance, la probabilité de parler comme un natif est élevée alors que si l'apprentissage débute tardivement, celle-ci est *a priori* minime (Abrahamsson et Hyltenstam, 2009). La période durant laquelle l'apprentissage d'une LE devrait survenir afin d'arriver à une maîtrise parfaite est traditionnellement dite « critique », et plus récemment « sensible ».

1.1.1 Période critique versus période sensible

En 1967, Lenneberg introduit l'hypothèse de l'existence de la période critique pour l'apprentissage d'une langue, qu'elle soit maternelle ou étrangère. En se basant sur des données cliniques, telles que l'endommagement du cerveau suite à un accident, l'auteur explique le fondement de la période critique par des changements biologiques qui surviendraient aux alentours de 12 ans d'âge. Ainsi à l'adolescence, le système nerveux serait réorganisé, le cerveau subirait une latéralisation et par conséquent perdrait en plasticité. Les découvertes de Lenneberg concernent essentiellement le domaine de la syntaxe et de la sémantique et sont appliquées dans le domaine de la phonologie un peu plus tard (Scovel 1978).

Alors qu'il serait inutile, selon l'hypothèse de la période critique, d'essayer de changer la production et la perception d'un apprenant « tardif » par un apprentissage quelconque, de nombreux chercheurs ont montré que l'entraînement phonétique porte ses fruits dans l'apprentissage phonétique même à l'âge adulte (Catford et Pisoni 1970). Oyama (1976) introduit alors la notion de période « sensible » pour l'apprentissage, qui est reprise dans des études phonétiques sur l'accent étranger, et mise en valeur par Flege (1987).

1.1.2 Crible et surdité phonologique

Une autre hypothèse reliée à l'âge du début de l'apprentissage est celle du crible et de la surdité phonologique du Cercle Linguistique de Prague. Polivanov (1931) avance que les sons étrangers passent par le *filtre phonologique* de la LM, établi dans la petite enfance. Troubetzkoy (1939) reprend et développe ce concept en introduisant la notion de *surdité phonologique* stipulant que les locuteurs non-natifs sont véritablement sourds aux sons qui n'ont pas un rôle fonctionnel dans leur LM. La surdité phonologique est également le concept-clé de la méthode structuro-globale audio-visuelle qui propose une correction de l'audition par des fréquences optimales (Landercy et Renard 1976)

La perception des sons du langage change dès la première année de la vie d'un enfant (Werker et Lalond 1988). A la naissance, les bébés semblent détenir une perception universelle, c'est-à-dire qu'ils pourraient percevoir tous les contrastes phonémiques de n'importe quelle langue du monde. Cependant avec l'acquisition du système phonologique de la LM, cette capacité se perd et la perception devient progressivement spécifique à la LM. L'acquisition du système vocalique maternel débute dès l'âge de six mois, et celle du système consonantique dès neuf mois (Kuhl et al. 1992). Ainsi, plutôt qu'à l'âge biologique, les limites de l'apprentissage phonétique d'une LE semblent être liées à la formation du système phonético-phonologique de la LM (Iverson et al. 2001).

1.2 Effet de l'input

L'âge n'est pas le seul facteur agissant sur la performance phonétique. Selon Flege (2016), il y a d'autres facteurs peut-être même plus importants que l'âge qui sont la qualité et la quantité d'input linguistique.

L'importance de la qualité de l'input a été démontrée par Escudero (2001) qui a comparé deux groupes de 30 apprenants espagnols de l'anglais. Un groupe apprenait l'anglais de l'Ecosse, où les voyelles antérieures fermées sont distinguées essentiellement au niveau spectral (elles sont alors transcrites i/ɪ), alors que l'autre groupe apprenait l'anglais de l'Angleterre du sud, qui distingue les deux voyelles essentiellement au niveau temporel (elles sont alors transcrites i/i:). Les deux groupes d'apprenants espagnols, exposés à des variétés différentes de l'anglais, ainsi assimilent les voyelles différemment. Alors que le premier groupe les assimile à deux catégories vocaliques espagnoles, /i/ et /e/ respectivement, le deuxième les assimile à une seule catégorie maternelle /i/.

Piske et al. (2001) ont également montré l'importance de la quantité d'input et de l'utilisation relative de la LE par rapport à l'utilisation de la LM. Les auteurs ont fait évaluer sur une échelle de un à neuf la production en anglais de 43 hommes et 47 femmes d'origine italienne pour le degré de l'accent étranger. Le résultat montre clairement que les locuteurs qui utilisent leur LM plus fréquemment que la LE gardent un accent étranger plus prononcé que dans le cas inverse.

1.3 Effet de résidence dans l'environnement endolingue

La performance phonétique serait également corrélée à la durée de résidence dans le pays où l'on parle la LE. Cependant, Flege (1988) a montré que le progrès phonétique initial est très limité dans le temps car il n'est plus observé au-delà des six premiers mois après l'arrivée en milieu endolingue. De même, Tahta et al. (1981) n'ont pas constaté de progrès phonétique chez des sujets ayant séjourné dans le pays d'arrivée depuis au moins deux ans. Derwing et Munro (2015) dénomment cette courte période propice au progrès phonétique la « fenêtre d'opportunité maximale ».

1.4 Effet du genre de l'apprenant et facteurs individuels

Asher et Garcia (1969), puis Tahta et al. (1981) ont étudié la différence dans la prononciation d'une LE entre les filles et les garçons et ils sont parvenus à la même conclusion que davantage de filles que de garçons apprennent à parler la LE de manière native. D'autres études ont cependant remis en question l'effet du genre sur l'accent étranger (pour une revue de littérature, voir Piske et al. (2001).

La capacité à s'exprimer comme un natif serait également liée aux traits de caractère des individus. Les études de Taylor et al. (1971) ont montré que l'empathie et l'intuition favoriseraient la production authentique. Plus la sensibilité aux comportements et sentiments des autres est développée chez un apprenant d'une LE, plus il aurait de chance de remarquer les subtilités qui différencient la parole étrangère de la parole maternelle et par conséquent de parler comme un natif.

La motivation aurait également un rôle important dans l'acquisition de la parole authentique. Wachs (2011) définit trois types de motivation qui poussent à apprendre une nouvelle langue: celle des adultes qui veulent s'intégrer dans une nouvelle culture (intégratrice), celle des enfants qui se trouvent entourés d'enfants parlant une autre langue (assimilatrice) et celle des professionnels qui ont besoin d'acquérir la nouvelle langue pour travailler (instrumentale). Mais il y a également d'autres raisons pour apprendre une nouvelle langue, comme l'apprentissage obligatoire des langues à l'école. Dans ce cas, il revient souvent aux enseignants de donner envie aux élèves d'apprendre la LE.

2 Systèmes vocaliques du tchèque et du français

Le système standard du français, tel qu'il est parlé par la jeune génération éduquée, est composé de trois voyelles nasales /ɑ̃, ɛ̃, ɔ̃/ et de dix voyelles orales /i, e, ɛ, a, u, o, ɔ, y, ø, œ/ (Vaissière 2006). Celui du tchèque standard est composé de trois voyelles diphtongues /o͡u a͡u ɛ͡u/ et de dix voyelles monophtongues, cinq brèves /ɪ, ɛ, a, o, u/ a et cinq longues /iː, ɛː, aː, oː, uː/ (Dankovičová 1997). Les contrastes vocaliques se basent dans les deux langues sur l'aperture, avec quatre degrés en français, opposant des voyelles fermées /i, y, u/, mi-fermées /e, ø, o/, mi-ouvertes /ɛ, œ, ɔ/ et ouverte /a/, et trois degrés seulement en tchèque, opposant des voyelles fermées /ɪ, iː, u, uː/, moyennes /ɛ, ɛː, o, oː/ et ouvertes /a, aː/. Les deux langues opposent ensuite des voyelles antérieures et postérieures. Les voyelles antérieures du français sont en plus contrastées par la labialité, créant ainsi deux séries, des voyelles antérieures étirées /i, e, ɛ/ et arrondies /y, ø, œ/. Les deux inventaires sont illustrés dans les triangles vocaliques de la Figure 1, avec les voyelles françaises à droite et les voyelles tchèques à gauche.

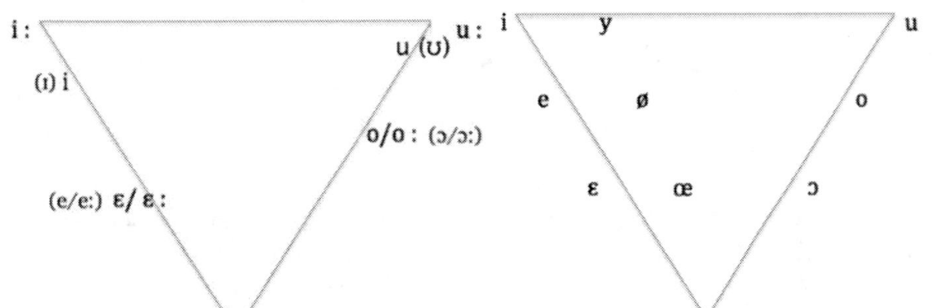

Fig. 1. Triangle vocalique du tchèque (à gauche) et du français (à droite).

En tchèque, la qualité des voyelles au sein de chaque paire brève-longue est traditionnellement dite identique (Hála 1941, Borovičková et Maláč 1967), mise à part la paire des voyelles antérieures fermées dans laquelle la voyelle brève [ɪ] serait produite avec une plus grande ouverture que son homologue longue [iː]. Une différence acoustique pour les voyelles de la paire a été récemment observée auprès des locuteurs de la région de Bohème : le premier formant du [ɪ] bref est plus élevé et le troisième formant est plus bas que ceux de l'homologue longue [iː] (Paillereau et Skarnitzl, soumis). Les auteurs ont également confirmé une différence du premier formant dans le cas de la paire [u-uː], précédemment notée par Skarnitzl et Volín (2012), avec le [u] bref ayant le premier formant plus bas que le [uː] long. Les différences acoustiques au sein des paires des voyelles fermées sont sans doute à la base de l'assimilation par des Français natifs de [iː] et [uː] longs tchèques aux /i/ et /u/ fermés français et de [ɪ] et [u] brefs tchèques aux /e/ et /o/ mi-fermés français.

3 Prédictions des difficultés phonétiques

Les limites de l'apprentissage phonétique d'une LE sont classiquement définies par l'analyse contrastive (Lado 1957) qui stipule que tout *nouveau* phonème est nécessairement difficile, voire impossible à acquérir alors que les phonèmes *similaires* aux phonèmes maternels sont au contraire faciles à prononcer. Les postulats de l'analyse contrastive ont été au fil du temps démontés par des modèles d'acquisition de la parole se basant sur des études phonétiques instrumentales, dont le « Speech Learning Model (SLM) » de J. E. Flege (1995, 2007).

Le SLM prévoit une maîtrise native des sons *identiques* par simple transfert de la LM vers la LE. Il envisage ensuite la possibilité d'apprendre parfaitement les sons phonétiquement *nouveaux*, qui n'existent pas dans le système phonético-phonologique maternel. Enfin, les sons étrangers phonétiquement *similaires* aux sons maternels seraient les plus difficiles car ils se réalisent généralement avec les caractéristiques acoustico-perceptives du segment maternel le plus proche et par conséquent ne sont pas maîtrisés de manière native.

4 Objectifs

Dans la continuité des travaux interdisciplinaires en didactique de la phonétique, cet article traite de la possibilité de l'apprentissage phonétique du français-L2 par des apprenants tchèques-L1 tardifs, futures enseignantes de français langue étrangère (FLE). Etant motivées par des raisons professionnelles, les tchécophones parviennent-elles à prononcer les voyelles moyennes du français de manière native ou bien sont-elles concernées par les limites de l'apprentissage phonétique établies sur la base du SLM comme suit :
- La voyelle française [ɛ], étant *quasi identique* à la qualité vocalique tchèque du [ɛ/ɛː], peut être acquise par les tchécophones de manière native.
- La voyelle française [ø], étant phonétiquement *nouvelle*, peut être acquise par les tchécophones de manière native.
- Les autres voyelles françaises [e, œ, o, ɔ], étant phonétiquement *similaires* à des voyelles tchèques (Paillereau 2016) (suivant le contexte, [e] français correspond aux [ɪ, ɛ] tchèques, [œ] français à [ɛ] tchèque, [o] français aux [u, o] tchèques et [ɔ] français aux [o, a] tchèques), ne peuvent *à priori* pas être acquises de manière native.

Afin de savoir si la façon de prononcer les voyelles moyennes reflète les connaissances théoriques que les futures enseignantes ont acquises lors des études universitaires, les différences interindividuelles dans la performance phonétique ainsi que les variables corrélées à cette performance sont étudiées.

5 Méthode

5.1 Locuteurs

Les locutrices sont dix femmes tchèques, notées T1 à T10 ci-dessous. Elles sont nées et ont grandi dans la ville de Pilsen ou dans ses alentours, en région de Bohème de la République tchèque. Les locutrices sont âgées entre 25 ans et 28 ans (M = 25,7 ans, ET = 1,3). Elles préparent le diplôme du Master de FLE à l'université de Bohème de l'Ouest qui permet d'enseigner le français à l'école primaire et au collège. Les dix femmes ont commencé à apprendre le français tardivement, entre l'âge de 11 ans et 17 ans (M = 14,5 ans, ET = 1,6).

5.2 Corpus, enregistrements et traitement acoustique

Le corpus, issu d'un travail collectif de Landron et al. (2010), comprend six voyelles moyennes isolées du français, insérées dans des phrases cadre telles que « Bébé, il a dit <e> comme dans bébé. »[1]. Toutes les phrases ont été lues dix fois par chacune des locutrices. Quoique la production des voyelle mi-ouvertes /ɔ/ et /œ/ enfreigne les règles phonotactiques du français qui prescrivent la qualité mi-fermée en syllabe finale ouverte, le choix d'étudier les voyelles moyennes isolées s'expliquent par les deux raisons suivantes. D'abord, les apprenants tchèques arrivent à produire le contraste entre /ø/ et /œ/ uniquement en position isolée (Paillereau 2015). Une fois insérées en syllabe finale fermée, les voyelles sont produites au travers d'une seule qualité vocalique qui est le [ø]. La position isolée est donc favorable à la production du contraste par des apprenants, ce qui peut s'expliquer par le fait que les exercices articulatoires sont typiquement basés sur des sons isolés. Ensuite, comme démontré précédemment par l'auteure et ses collègues (Georgeton et al. 2012), les Français natifs produisent dans la parole du laboratoire les six voyelles moyennes isolées avec des qualités distinctes et identifient les six timbres sans difficulté.

Les enregistrements ont été effectués dans une salle calme, avec un microphone serre-tête AKG C 520L et une carte son Edirol UA25, reliée à l'ordinateur MacBook Pro. La fréquence d'échantillonnage a été fixée à 44 100 Hz et le taux d'échantillonnage à 16 bits. Seules les parties du signal acoustique correspondant aux voyelles isolées ont été extraites et soumises à l'analyse des formants vocaliques. Le placement des frontières indiquant le début et la fin du segment vocalique a été guidé par la présence de la structure formantique. La structure formantique des voyelles postérieures, produites avec une faible intensité des formants supérieurs ayant par conséquent un faible poids perceptif, est décrite par la valeur des deux premiers formants (Delattre, 1951). En revanche, la structure formantique des voyelles antérieures comprend également le troisième formant qui est en français, hormis d'autres indices acoustiques, à la base du contraste entre les voyelles antérieures arrondies et étirées (Schwartz et al. 2005). Les formants ont été relevés de manière semi-automatique dans Praat (Boersma et Weenink 2015), avec la formule To formant, basée sur l'algorithme burg-LPC. Du fait que les locutrices sont des femmes, qui en moyenne produisent les voyelles avec une fréquence fondamentale et des formants plus élevés que les hommes, la plage des fréquences pour la recherche des formants était située entre 0 Hz et 5500 Hz. Enfin, les valeurs formantiques ont été analysées et visualisées dans le logiciel VisuVo (Paillereau 2015).

6 Résultats

6.1 Données acoustiques

[1] Le matériau est disponible dans IRIS (iris-database.org).

Les valeurs de référence données par Georgeton et al. (2012) indiquent que le contraste entre /ø/ et /œ/ isolées prononcées par 40 Françaises natives est basé sur l'indice acoustique du premier formant, avec une différence de 27%. La différence des deux autres formants est inférieure à 5%. De la même façon, le contraste entre /e/ et /ɛ/ isolés est essentiellement assuré par la valeur du premier formant, dont la différence s'élève à 30%. La différence du F2 et du F3 est de nouveau négligeable. Enfin, l'opposition entre /o/ et /ɔ/ est basée sur la valeur des deux premiers formants, avec une différence de 26% pour F1 et de 19% pour F2. Pour les raisons expliquées ci-dessus, le F3 des voyelles postérieures n'a pas été étudiée. Les valeurs moyennes de F1 et F2 des voyelles produites par les Françaises natives sont illustrées dans le triangle vocalique de la Figure 2.

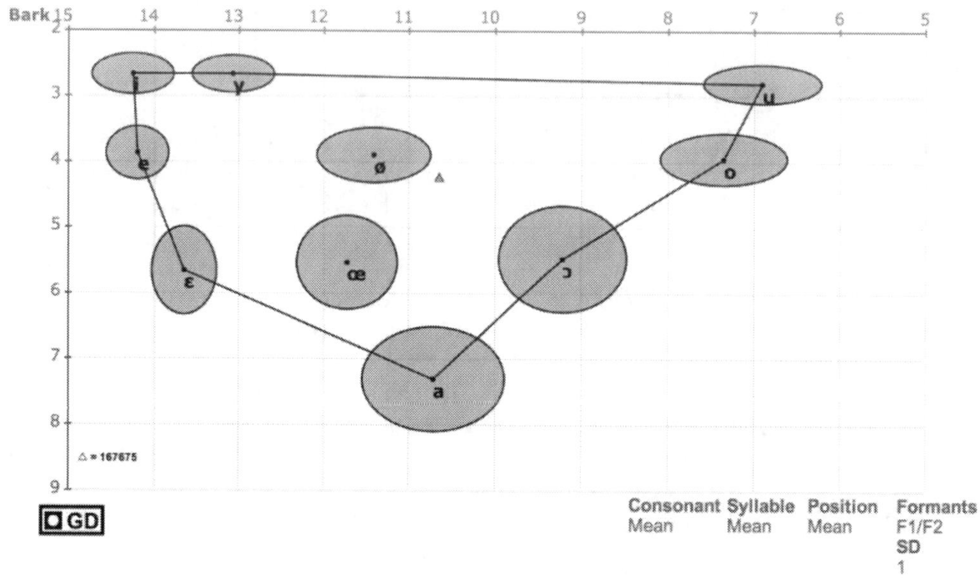

Fig. 2. F1/F2 (en Bark) des voyelles françaises orales produites par 40 locutrices natives (4 répétitions).

Le tableau 1 reporte les différences formantiques entre les voyelles moyennes au sein de chaque paire prononcée par les dix apprenantes T1 à T10 séparément. Puisqu'une différence formantique de 5% est *a priori* nécessaire pour la perception d'un contraste vocalique (Flanagan, 1955), les valeurs supérieures à ce seuil sont en gras.

Tableau 1. Différence entre les formants moyens F1, F2, (F3) des voyelles au sein des paires e/ɛ, ø/œ et o/ɔ, en pourcentage, après conversion en Bark. Les moyennes calculées à partir de 10 répétitions par les tchécophones T1 à T10. Les valeurs supérieures à 5% sont en gras.

	T1			**T2**			**T3**			**T4**			**T5**		
	F1	F2	F3	F1	F2	F3	F1	F2	F3	F1	F2	F3	F1	F2	F3
e/ɛ	0	0	0	2	1	1	4	0	0	4	0	1	2	1	0
ø/œ	**21**	0	2	**13**	4	1	**6**	1	0	**24**	4	1	**20**	3	1
o/ɔ	2	1		4	2		**6**	4		2	3		3	4	
	T6			**T7**			**T8**			**T9**			**T10**		
	F1	F2	F3	F1	F1	F2	F3	F2	F3	F1	F2	F3	F1	F2	F3
e/ɛ	5	0	0	2	0	1	4	1	1	**21**	3	2	**13**	3	0
ø/œ	**8**	1	1	**14**	**12**	1	**13**	3	1	5	**14**	0	**20**	3	1
o/ɔ	2	4		2	3		0	4		**11**	**7**		**11**	**14**	

Le tableau 1 montre que seules les voyelles de la paire ø/œ sont systématiquement produites avec une différence susceptible d'être perçue. La plupart des apprenantes marquent alors l'opposition par la valeur du premier formant, comme les locutrices natives, mais l'apprenante T7 produit le contraste basé sur une différence de F1 et de F2, et l'apprenante T9 produit le contraste basé uniquement sur l'indice du F2. Enfin, la différence formantique entre ø/œ n'atteint jamais les 27% observés chez les natives.

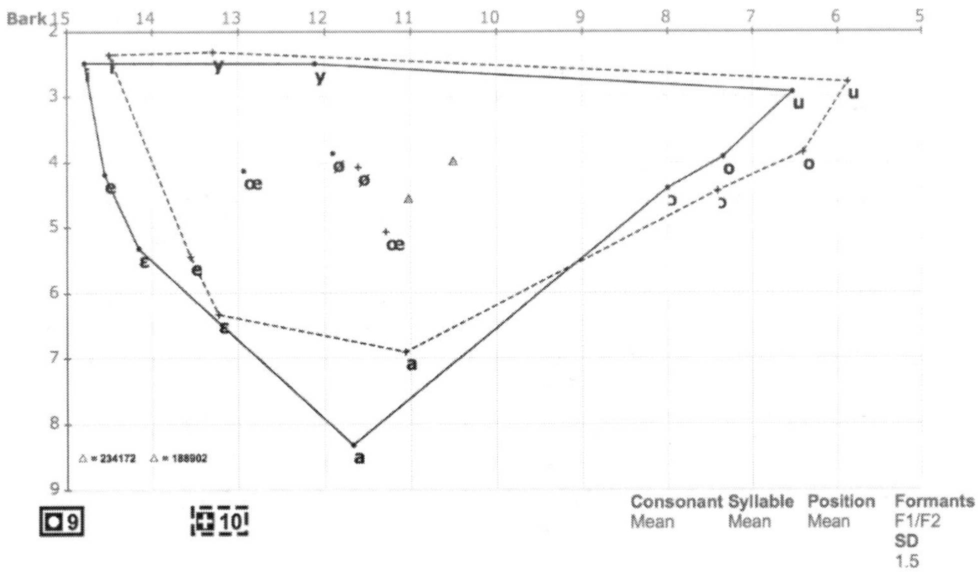

Fig. 3. F1/F2 (en Bark) des voyelles françaises orales produites par les apprenantes T9 (trait plein) et T10 (trait pointillé). Moyenne calculée à partir de 10 répétitions.

Le contraste entre les voyelles antérieures étirées e/ɛ n'est marqué que par deux apprenantes. Le contraste est basé sur une différence de F1 de 21% chez la locutrice T9 et de 13% chez la locutrice T10. Les autres apprenantes produisent les voyelles de la paire avec des différences formantiques inférieures ou égales à 5%. Le triangle F1/F2 des voyelles produites par les apprenantes T9 (traits pleins et points) et T10 (traits pointillés et croix) se trouve dans la Figure 3.

Enfin, le contraste entre les voyelles postérieures o/ɔ est de nouveau produit seulement par les apprenantes T9 et T10. Alors que la différence de F1 et de F2 est respectivement de 11% et 7% chez la locutrice T9, elle est respectivement de 11% et 14% chez la locutrice T10. Les autres locutrices produisent ces voyelles avec des formants semblables, mis-à-part la locutrice T3 qui réalise le contraste avec une différence de 6%, mais seulement au niveau du premier formant.

6.2 Données perceptives

Afin de savoir comment les six voyelles moyennes produites par les dix apprenantes sont perçues par des auditeurs natifs, dix Français non-méridionaux les ont identifiées et leur ont attribué une note de justesse sur une échelle de 1 (minimale) à 5 (maximale). Le résultat cumulé est exprimé avec la valeur du *Fit Index* (Guion et al., 2000) dont le maximum de cinq signifie que la voyelle est systématiquement identifiée en terme de la catégorie visée (donc « correctement ») et qu'elle a été produite de manière native. Plus la valeur du *Fit Index (FI)* baisse, plus cela correspond à une catégorisation en terme d'une autre voyelle et/ou à une prononciation moins standard (donc moins native). Le Tableau 2 indique la valeur du FI pour chaque catégorie vocalique et chaque locutrice séparément.

 DOI: 10.1051/shsconf/20173800011

Le tableau 2 met en évidence que les voyclles les plus souvent identifiées en terme de catégorie visée sont le /ø/ et le /ɛ/. Ainsi, la voyelle /ø/ de toutes les locutrices, sauf T3 et T10, de même que la voyelle /ɛ/ de toutes les locutrices, sauf T1, T7 et T8, sont identifiées avec un FI égal ou supérieur à 4 signifiant une prononciation quasi-native. En revanche, la voyelle /e/ produite par toutes les locutrices - sauf T9, est identifiée avec un FI proche de 0, du fait de sa confusion avec la voyelle mi-ouverte /ɛ/. De la même manière, /o/ étant confondu avec /ɔ/, est généralement identifié avec un FI inférieur à 4, sauf chez T9 qui produit cette voyelle de manière quasi-native. Enfin, les voyelles /œ/ et /ɔ/ sont systématiquement identifiées avec un FI inférieur à 4.

Tableau 2. *Fit index* de l'identification des voyelles moyennes chacune produites 10 fois par les tchécophones T1 à T10, identifiées par 10 Français natifs non-méridionaux. Les voyelles identifiées avec un *Fit index* égal ou supérieur à 4 sont grisées et signifient une prononciation quasi-native.

	e	ɛ	o	ɔ	ø	œ
T1	2,1	2,4	1,4	2,5	4,6	2,5
T2	0,4	4,2	2,9	0,9	4	1,9
T3	0,5	4,2	2,6	2,2	2,1	3,5
T4	1,3	4	3,4	0,6	4,6	3,2
T5	0	4,6	3,2	0,6	4,1	2,5
T6	0,04	4,6	0,7	2,6	4,6	0,7
T7	1	3,2	3,3	1,5	4,6	2,3
T8	0,2	3,2	2,8	1,7	4,1	1,4
T9	4,8	4,1	4,6	3	4,4	0,7
T10	0,5	4,6	2,6	2,1	3,4	2,2

6.3 Questionnaire

Afin de comprendre quelles variables peuvent être corrélées à la performance phonétique, les apprenantes ont rempli un questionnaire concernant leur parcours d'apprentissage du français. Le tableau 3 indique :

- si oui ou non les apprenants avaient affaire à des enseignants natifs
- si oui ou non les apprenants avaient des proches avec qui ils parlaient en français
- l'âge au début de l'apprentissage
- la durée du séjour passé dans un pays francophone (en mois)
- si oui ou non les apprenants ont appris le français dans le but de parler comme des natifs
- des particularités dans le parcours de l'apprentissage du français

Tableau 3. Facteurs affectant l'apprentissage du français chez des apprenantes T1 à T10. La performance accrue des locutrices T9 et T10 peut être corrélée aux variables qui sont grisées.

	T1	T2	T3	T4	T5	T6	T7	T8	T9	T10
Enseignants natifs	✓	✓	✓	✓	✓	✓	✓	✓	✓	✓
Proches	✓	×	×	✓	✓	✓	✓	✓	✓	✓
Age	11	15	14	16	15	15	16	17	13	14
Durée	5	0	0	4	3	7	0	12	4,5	18
Prononciation native	×	×	×	✓	×	✓	×	×	✓	✓
Particularités	×	×	×	×	×	×	×	×	Mentor ; autodidacte	×

 DOI: 10.1051/shsconf/20173800011

L'étude du parcours d'apprentissage du français met en évidence que toutes les locutrices ont eu des enseignants natifs. Cette variable ne peut donc pas être à l'origine des différences interindividuelles. Ensuite, toutes les locutrices, sauf T2 et T3, avaient à un moment de la vie la possibilité de pratiquer le français avec des proches. L'âge du début de l'apprentissage se situe selon les locutrices entre 11 ans et 17 ans et la durée du séjour dans un pays francophone varie entre 0 mois chez T2, T3 et T7, signifiant que ces locutrices n'ont jamais séjourné dans un pays où l'on parle le français au quotidien, et 18 mois chez la locutrice T10. La prononciation native est ensuite l'objectif des locutrices T4, T6, T9 et T10. Enfin, la locutrice T9 signale un parcours d'apprentissage du français particulier du fait de l'aide d'un mentor et de l'apprentissage en autodidacte.

En étudiant les variables qui peuvent être corrélées à la performance phonétique des dix tchécophones, une meilleure prononciation des apprenantes T9 et T10 pourrait s'expliquer par 1) la présence du mentor qui assistait régulièrement l'apprenante T9 lors de son séjour en France, de même que par 2) la plus longue durée de séjour en France de l'apprenante T10 qui s'élève à 18 mois. Les deux apprenantes ont également exprimé le désir à parler comme des locuteurs natifs ce qui explique pourquoi l'apprenante T9 étudiait le français, en dehors des cours à l'université et des cours privés, également en autodidacte.

7 Conclusion

Les données acoustiques montrent que la réalisation du contraste entre les voyelles moyennes du français est particulièrement difficile pour les apprenantes tchécophones. Quoique la plupart des apprenantes détiennent deux catégories phonétiques pour les voyelles de la paire ø/œ, le contraste est réalisé avec une différence de premier formant moindre que chez les natifs, ou bien il est basé sur l'indice secondaire du deuxième formant. Le contraste phonétique entre les voyelles o/ɔ et e/ɛ est réalisé malgré l'expertise des locutrices par seulement deux apprenantes - T9 et T10.

Pour la majorité des apprenantes, le résultat du test d'identification des voyelles qu'elles produisent est en accord avec les prédictions établies sur la base du SLM à propos de la maîtrise native de la voyelle quasi identique /ɛ/ et de la voyelle nouvelle /ø/, ainsi que de la maîtrise non-native ou l'absence de maîtrise des autres voyelles moyennes. Cependant, nos données montrent une variation interindividuelle qui ne peut être prise en compte par aucun modèle d'apprentissage phonétique généralisant. Ainsi, alors que respectivement 2 et 3 apprenantes n'atteignent pas d'aussi bons résultats en prononciation du /ø/ et /ɛ/ qu'annoncés sur la base de SLM, l'apprenante T9 dépasse les limites de l'apprentissage phonétique des voyelles /e/ et /o/ qu'elle prononce alors de manière quasi native. Son succès dans l'apprentissage du français pourrait s'expliquer par l'aide du mentor qui l'assistait lors de son séjour en France, ce qui soutient l'idée de Diane Larsen-Freeman (2015) à propos de l'importance d'un conseiller avisé et expérimenté que l'on peut prendre en exemple.

Le résultat global invite à réfléchir aux exigences vis-à-vis des enseignants de langues étrangères. Nos données suggèrent que malgré les connaissances théoriques sur la phonologie de la LE, les enseignants ayant eux-mêmes appris cette langue de manière scolaire à un âge tardif, ne peuvent pas se défaire d'un accent étranger, y compris les plus performants. Ainsi, compte tenu de la difficulté de trouver en milieu exolingue des enseignants qui seraient des locuteurs natifs, il semble irréaliste de s'attendre à avoir des enseignants-modèles en matière de prononciation.

Références

Abrahamsson, N., & Hyltenstam, K. (2009). Age of onset and nativelikeness in a second language: Listener perception versus linguistic scrutiny. *Language Learning, 59 (2)*, 249-306.

Asher, J. J., & Garcia, R. (1969). The optimal age to learn a foreign language. *The Modern Language Journal, 311*, 334-341.

Boersma, P., & Weenink, D. (2015). "Praat: doing phonetics by computer." Version 6.0. Retrieved from www.praat.org.

Borovičková, B., & Maláč, V. (1967). *The spectral analysis of Czech sound combinations*. Praha : Academia.

Catford, J. C., & Pisoni, D. B. (1970). Auditory vs Articulatory Training in Exotic Sounds. *The Modern Language Journal, 54*, 477-481.

Dankovicova, J. (1997). Czech. *Journal of the International Phonetic Association, 27*, 77-80.

Delattre, P., Liberman, A. M., & Cooper, F. S. (1951). Voyelles synthétiques à deux formants et voyelles cardinales. *Le Maître Phonétique, 96*, 30-36.

Delattre, P. (1960). Sommes-nous préparés pour l'enseignement de la langue? *The French Review, 33 (5)*, 483-490.

Derwing, T. M., & Munro, M. J. (2015). *Pronunciation Fundamentals: Evidence-based Perspectives for L2 teaching and research*. Amsterdam: John Benjamins.

Escudero, P. (2001). *The role of the input in the development of L1 and L2 sound contrasts: language-specific cue weighting for vowels*. Paper presented at the Proceedings of the 25th Annual Boston University Conference on Language Development, Cascadilla.

Flanagan, J. L. (1955). A Difference Limen for Vowel Formant Frequency. *Journal of the Acoustical Society of America, 27 (613)*, 613-617.

Flege, J. E. (1987). A Critical Period for Learning to Pronounce Foreign Languages ? *Applied Linguistics, 8*, 162-177.

Flege, J. E. (1995). Second Language Speech Learning. Theory, Findings, and Problems. In W. Strange (Ed.), *Speech Perception and Linguistic Experience : Theoretical and Methodological Issues in Cross-Language Speech Research*: Timonium, MD : York Press Inc.

Flege, J. E. (2007). Language contact in bilingualism: Phonetic system interactions. In J. Cole & J. I. Hualde (Eds.), *Laboratory Phonology 9*. Berlin - New York: Mouton de Gruyter, 353-380.

Flege, J. E. (2016). *The role of phonetic category formation in second language speech acquisition*. Présenté à New Sounds, Aarhus, Denmark, June 2016.

Galazzi-Matasci, E., & Pedoya, E. (1983). Et la pédagogie de la prononciation. *Le Français dans le Monde, 180*, 39-44.

Georgeton, L., Paillereau, N., Landron, S., Gao, J., & Kamiyama, T. (2012). *Analyse formantique des voyelles orales du français en contexte isolé : à la recherche d'une référence pour les apprenants de FLE*. Actes des Journées d'Etude sur la Parole, Grenoble .

Guion, S. G., Flege, J. E., Akahane-Yamada, R., & Pruitt, J. S. (2000). An investigation of current models of second language speech perception : the case of Japonese adult's perception of English consonants. *Journal of the Acoustical Society of America, 107 (5)*, 2711-2724.

Hála, B. (1941). *Akustická podstata samohlásek*. Praha: Česká akademie věd a umění.

Iverson, P., Kuhl, P. K., Akahane-Yamada, R., Diesch, E., Tohkura, Y., Kettermann, A., & Siebert, C. (2001). A perceptual interference account of acquisition difficulties for non-native phonemes. *Speech, Hearing and Language: work in progress, 13*, B48-B57.

Kuhl, P. K. (1992). Speech prototypes: Studies on the nature, functions, ontogeny and phylogeny of the «centers of speech categories». In L. A. Werner & E. W. Rubel (Eds.), *Developmental psychoacoustics*. Washington: American Psychological Association, 293-332.

Lado, R. (1957). *Linguistics across cultures: applied linguistics for language teachers*. Ann Arbor: University of Michigan Press.

Landercy, A., & Renard, R. (1976). Observations sur les fondements acoustiques et perceptifs de certains procédés du système verbo-tonal. *Revue de Phonétique Appliquée, 19-40*, 175-194.

Landron, S., Paillereau, N., Nawafleh, A., Exare, C., Ando, H., & Gao, J. (2010). Le corpus PhoDiFLE : un corpus commun de français langue étrangère pour une étude phonétique des productions de locuteurs de langues maternelles plurielles. *Cahiers de Praxématique, 54-55*, 73-86.

Larsen-Freeman, D. (2015). *Classroom-oriented research from a complex systems perspective*. Presentation orale au colloque "Classroom-oriented research: Towards effective learning and teaching", Konin, Pologne, octobre 2015.

Leather, J. (1983). Second-language pronounciation learning and teaching. *Language Teaching, 16 (3)*, 198-219.

Lenneberg, E. (1967). *Biological Foundations of Language*. New York: Wiley.

Oyama, S. (1976). A Sensitive Period for the Acquisition of a Nonnative Phonological System. *Journal of Psycholinguistic Research, 5 (3), 261–283.*

Paillereau, N. (2015). *Assessing the phonetic level in L2 vowels production with the VisuVo software: Case of Czech learners acquiring contrasts between French mid vowels e/ɛ, ø/œ and o/ɔ* Actes de PTLC, UCL, London.

Paillereau, N. (2016). 'Identical' vowels in L1 and L2? Criteria and implications for L2 phonetic teaching and learning. In Liszka, S. A., Leclercq, P., Tellier, M. and Véronique, G. D. (eds.), *EUROSLA Yearbook 2016*. Amsterdam: John Benjamins, 144–178.

Paillereau, N. & Skarnitzl, R. (soumis). An acoustic-perceptual study on Czech monophthongs. In Kosta, P. & Radeva-Bork, T. (eds), *Current developments in Slavic Linguistics. Twenty years after*. Peter Lang.

Piske, T., MacKay, I. R. A., & Flege, J. E. (2001). Factors affecting degree of foreign accent in an L2: a review. *Journal of Phonetics, 29*, 191-215.

Polivanov, E. (1931). The perception of non-native language sounds. *Travaux du Cercle Linguistique de Prague, 4*, 79-96.

Schwartz, J.-L., Abry, C., Boë, L.-J., Ménard, L., & Vallé, N. (2005). Asymmetries in vowel perception, in the context of the Dispersion–Focalisation Theory. *Speech Communication, 45*, 425-434.

Skarnitzl, R. et Volín, J. (2012). Reference values of vowel formants for young adult speakers of Standard Czech. *Akustické listy, 18*, 7–11.

Scovel, T. (1978). The Effect of Affect on Foreign Language Learning : A Review of the Anxiety Research. *Language Learning, 28*, 129-141.

Tahta, S., Wood, M., & Leowenthal, K. (1981). Foreign Accents : Factors Relating to Transfer of Accent from the first Language to a Second Language. *Language and Speech, 24 (3)*, 265-272.

Taylor, L. L., Catford, J. C., Guiora, A. Z., & Lane, H. (1971). Psychological Variables and Ability to Pronounce a Second Language. *Language and Speech, 14 (2)*, 146-157.

Troubetzkoy, N. S. (1957). *Principes de phonologie*. Paris: Klincksieck.

Vaissière, J. (2006). *La phonétique*. Paris: Presses universitaires de France.

Wachs, S. (2011). Tendances actuelles en enseignement de la prononciation du français, langue étrangère (FLE). *Revista de Lenguas Modernas, 14*, 183-196.

Werker, J. F., & Lalonde, C. E. (1988). Cross-Language Speech Perception: Initial Capabilites and Developmental Change. *Developmental Psychology, 24 (5)*, 672-683.

Wioland, F. (2005). *La vie sociale des sons du français*. Paris: L'Harmattan.

SHS Web of Conferences **38**, 00012 (2017) DOI: 10.1051/shsconf/20173800012
COULS 2016

La prosodie de l'interlangue d'apprenants d'anglais ayant comme L1 le français ou l'espagnol

Leonardo Contreras Roa[1]

[1] LIDILE, EA 3874, Université Rennes 2, France

Résumé. La présente étude réalise une analyse phonétique exploratoire de la prosodie de l'interlangue (IL) des apprenants d'anglais ayant l'espagnol du Chili ou le français de France comme langue maternelle (L1). Nous cherchons à décrire les régularités et les différences dans la manière dont des apprenants et des locuteurs natifs d'anglais réalisent la focalisation, dans le but de déterminer quels mouvements tonals sont privilégiés par chaque groupe de locuteurs, et de comprendre la façon dont ils réalisent la focalisation au niveau suprasegmental. Nous avons étudié notamment les valeurs de f0 et de durée à l'aide de l'algorithme de modélisation Momel. Les résultats montrent des tendances intonatives propres à chaque groupe de locuteurs, liées surtout à la forme et à l'ampleur de leurs mouvements tonals.

Abstract. The interlanguage prosody of L1 Spanish and L1 French learners of English as a foreign language. The present study carries out an exploratory analysis of the interlanguage (IL) prosody of English learners whose native language (L1) is Chilean Spanish or French. Our aim is to describe the regularities and differences in the way that students perform focus in oral speech. By doing this, we seek to determine which tonal movements are favored by each group of speakers, and to understand how they perform focus at a suprasegmental level. We specifically analyzed duration and f0 values, which we modelled with the Momel algorithm. Results show intonational trends within groups of speakers of the same L1 associated to the shape and range of their tonal movements.

1 Introduction

La production orale ou écrite d'un apprenant de L2 est riche en informations sur son état d'avancement dans le processus d'apprentissage. Elle est une fenêtre vers l'interlangue de l'étudiant et, à travers elle, l'enseignant peut obtenir des pistes sur les forces et les faiblesses de l'apprenant, ce qui lui permet d'adopter des stratégies d'enseignement mieux adaptées à ses besoins. Ces informations sont toutefois difficiles à interpréter du fait de la pluridimensionnalité de l'interlangue, d'où l'intérêt de notre recherche scientifique.

L'étude de la prosodie est actuellement en essor et a vu d'importantes évolutions les deux dernières décennies. Cependant, la recherche autour de la prosodie des apprenants de langues étrangères reste un terrain peu exploré. La présente étude propose une méthodologie pour l'analyse phonétique descriptive et contrastive de la dimension prosodique de l'interlangue des apprenants d'anglais langue étrangère. Plus précisément, elle se concentre sur deux groupes d'étudiants : l'un ayant pour langue maternelle (L1) le français et l'autre, l'espagnol. Elle fait partie d'une recherche doctorale dont le but est de décrire l'intonation des apprenants partageant l'une de ces deux L1, afin de la caractériser, de trouver des phénomènes prosodiques propres à chaque groupe d'apprenants, et de comparer leurs choix prosodiques avec ceux d'un groupe de locuteur natifs. Ce travail nous aidera à mieux comprendre le système prosodique de l'interlangue des apprenants, ce qui nous permettra de développer des stratégies pédagogiques pour les aider à profiter au mieux du rythme et de l'intonation de l'anglais pour exprimer de l'intention et du sens.

2 L'interlangue et la prosodie : connaissances et usages

Le terme interlangue a été proposé par Selinker (1972), inspiré par les postulats de Corder (1967) autour du sujet de l'analyse des erreurs des apprenants de langues comme méthode pour mieux comprendre le processus d'apprentissage. Selinker le définit comme un système linguistique intermédiaire d'un apprenant d'une L2, qui présente à la fois des caractéristiques de la langue cible, des caractéristiques de langue maternelle de l'apprenant et des caractéristiques uniques. En d'autres mots, ce système est propre à chaque apprenant et régi par ses propres règles. Étant un état intermédiaire ou plutôt un « ensemble de systèmes intermédiaires successifs », il est constamment en restructuration tout au long du processus d'apprentissage sachant les « hypothèses que [l'apprenant] émet quant au fonctionnement du système à acquérir » (Lepetit, 1992: 14), et est par conséquent sensible à l'*input* – toute production de la L2 à laquelle il est exposé.

Ces postulats ont servi de base pour des approches en linguistique telles que l'analyse d'erreurs ou l'analyse contrastive, cette dernière étant l'approche adoptée par la présente étude.

Corder (1992) associe le concept d'interlangue à l'acquisition du système phonologique d'une L2 quand il dit que l'acquisition de la prononciation d'une L2 est en grande partie une question de restructurer progressivement le système phonologique de sa langue maternelle vers celui de la langue cible. D'autres théories sur l'acquisition du système phonologique se basent sur cette même conception de l'interlangue comme un continuum entre les pôles de la L1 et la L2 et soulignent, comme Corder, le rôle important du système phonologique de la L1 des apprenants dans leur acquisition du système phonologique de la L2. Quelques exemples incontournables de ces théories sont le *Speech Learning Model* (Flege & Hillenbrand, 1984), le *Perceptual Assimilation Model* (Best, 1995) et la *Native Language Magnet Theory* (Kuhl & Iverson, 1995). Néanmoins, tous ces modèles se situent au niveau segmental et traitent uniquement de l'acquisition des phonèmes.

La prosodie des apprenants de langue fait l'objet d'études plus récentes, comme celles de Jilka (2000), Horgues (2010), Rognoni (2012) et Rognoni & Busà (2014) qui analysent notamment la perception d'un accent étranger par des interlocuteurs natifs. C'est dans ce domaine que nous cherchons à approfondir la recherche de l'interlangue : au niveau de l'influence de la L1 au niveau suprasegmental de la production des apprenants. En étudiant la production orale d'un apprenant nous avons accès indirect à ses conceptions, aux règles qu'il a intégrées et à celles qu'il a inférées, correctement ou pas. Ces informations sont essentielles pour la conception de techniques ou de dispositifs d'enseignement mieux adaptés aux besoins des apprenants.

Les concepts cités ci-dessus peuvent être organisés de la façon suivante, afin d'illustrer le champ d'action de notre recherche et de l'enseignement :

 DOI: 10.1051/shsconf/20173800012

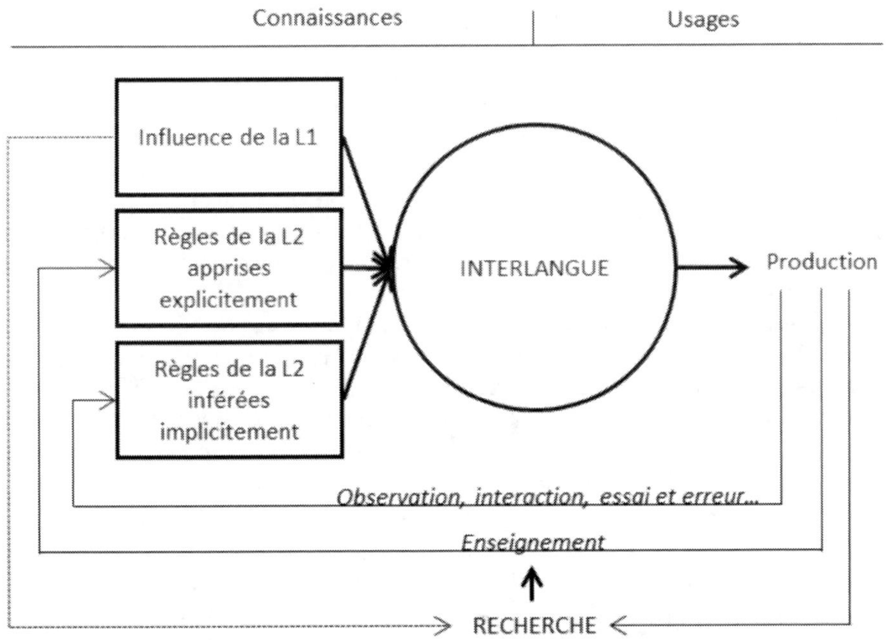

Fig. 1. La place de la recherche et de l'enseignement dans l'étude de l'interlangue

Du côté des connaissances se trouvent trois éléments principaux qui composent l'interlangue : l'influence de la L1 du locuteur, les règles qu'il a apprises explicitement et les règles qu'il a déduites à partir de son usage de la langue. Ces règles s'actualisent à travers l'observation, l'interaction, l'enseignement formel et tout autre type d'*input*. Au fur et à mesure que l'étudiant avance dans le processus d'apprentissage, ces connaissances se développent et l'influence de la L1 diminue. Mais comment cette influence se manifeste-t-elle dans le discours des apprenants ? Existe-t-il des phénomènes récurrents propres à chaque groupe d'apprenants ?

Notre objectif est de réaliser une analyse phonétique pour mener une étude contrastive des contours intonatifs de deux groupes d'apprenants et d'un groupe de locuteurs anglophones natifs, afin de faire une description des mouvements tonals qu'ils privilégient et de déterminer s'il existe des tendances intonatives caractéristiques à chaque groupe. Cela nous indiquera des premières pistes sur leur interlangue intonative et sur la potentielle influence de la prosodie de leur L1 sur leur production orale en anglais L2. Nous avons émis les deux hypothèses suivantes :

H1 Les contours tonals des apprenants diffèrent de ceux des locuteurs natifs.
H2 Il existe des tendances intonatives communes aux apprenants ayant la même L1.

3 Méthodologie

Nous avons fait une adaptation en anglais d'un instrument d'élicitation utilisée dans la collecte du corpus de l'Atlas de l'Intonation des Langues Romanes (IARI) (Prieto, Roseano, & Borràs-Comes, 2010). Cette activité s'appuie sur les *discourse completion tasks* proposées par Blum-Kulka, House & Kasper (1989). Son but est d'obtenir, de la part des locuteurs, des énoncés semi-spontanés à travers une méthode inductive. Nous avons présenté, à voix haute, des situations de communication aux participants. Ils devaient se placer dans le contexte décrit et réagir en produisant un énoncé qu'ils jugeaient approprié à la situation présentée.

Aucun texte écrit n'a été présenté aux locuteurs. L'activité comportait 29 situations de communication.

Cette activité est utilisée dans la recherche en pragmatique et en sociolinguistique et s'avère particulièrement utile pour l'étude de la prosodie car elle permet d'obtenir une grande variété de contours intonatifs, très proches d'une production spontanée, qui sont difficiles à obtenir avec d'autres méthodes.

Les réponses des participants ont été enregistrées à l'aide d'un magnétophone Roland R-09HR à une fréquence d'échantillonnage de 44.1kHz.

Trois groupes de locuteurs ont participé à la tâche : 5 locuteurs natifs anglais du sud de l'Angleterre (locuteurs de *Southern British English*), 10 locuteurs français (provenant de la région Bretagne) et 10 locuteurs chiliens (originaires du centre-sud du pays). Les locuteurs non natifs étaient étudiants de deuxième année dans les filières de Langues Etrangères Appliquées, pour le cas des Français, et de Traduction, pour le cas des Chiliens. Ils avaient une moyenne d'âge de 22 ans, et 12,2 années d'étude de la langue anglaise en moyenne. Les locuteurs natifs avaient, en moyenne, 25 ans.

Notre corpus final est constitué d'un total de 200 énoncés contenant de la focalisation. Ces énoncés relèvent de 8 des 29 catégories totales du questionnaire initial. Dans le tableau 1 sont présentés des exemples d'énoncés contenant des éléments focalisés (en gras) que nous avons choisis, avec les catégories auxquelles ils appartiennent :

Tableau 1. Énoncés contenant des éléments focalisés

	Catégorie	Exemple UK	Exemple CL	Exemple FR
Déclaratives	1. Focalisation contrastive	No, do you have any **lemons**	No, I want **lemons**	No, sir, I would like **lemons**
	2. Déclarative catégorielle	No, they're **definitely** moving to London	No, they're moving to **London**	No, they told me they will go to **London**
	3. Déclarative d'évidence	Well, it's **Brian's**	Of course it's **Brian's**	It's **Brian's** baby of course
Questions	4. Question écho absolue	Did you say it was **nine** o'clock?	Is it really **nine** o'clock?	Sorry, it's **nine** o'clock?
	5. Question écho partielle	Sorry, did you want to know **where** I was going?	You said **where** I was going?	You ask me where I'm **going?**
	6. Question disjonctive	Sorry, did you say did I get **home** or did I get **lost**?	Did you ask me if I got **home** or if I got **lost?**	Did you want to know if I just came **home** or if I get **lost**?
	7. Question absolue anti-expectative	Did you say **Ronald** was running for **mayor?**	**Ronald** is going to be a **mayor**?	**John** is being a **mayor?**
	8. Question partielle anti-expectative	Did you say they gave you **snake meat**?	Was it really **snake?**	Sorry, you say **snake** meat?

Comme nous l'avons établi ci-dessus, cette étude a pour but de trouver des régularités prosodiques à l'intérieur des groupes de locuteurs et non pas de déterminer si les mouvements tonals des apprenants sont le résultat de l'influence de la prosodie de leurs L1. Cependant, nous avons décidé de garder les noms des catégories d'énoncés proposés dans l'IARI afin de faciliter leur comparaison, à l'occasion d'études ultérieures, avec les données obtenues dans ce projet pour l'espagnol chilien (Ortiz Lira, Fuentes, & Astruc, 2010) et le français de France (Delais-Roussarie et al., 2015).

Nous avons adopté une définition fonctionnelle de la focalisation proposée par Xu & Xu (2005:7) : « Focus is a discourse function serving to highlight a particular piece of information against information already shared by the conversation participants ». Dans les

 DOI: 10.1051/shsconf/20173800012

contextes discursifs spécifiques conçus pour notre activité d'élicitation, ces facteurs pragmatiques de la communication – l'identité des interlocuteurs, le rapport entre eux, les informations qu'ils partagent et les informations neuves – ont été définis préalablement. Par conséquent, les participants ont été amenés à s'exprimer à travers l'utilisation de la focalisation dans toutes les situations auxquelles ils ont été confrontés. Or, la définition de Xu & Xu ne prévoit pas de forme phonétique, ni ne précise si l'information focalisée correspond à un mot, une syllabe ou un syntagme. Notre but est de déterminer la forme phonétique que les participants donnent à la focalisation en termes de fréquence fondamentale et de durée.

Les fichiers WAV obtenus ont été transcrits orthographiquement et phonétiquement à l'aide du logiciel SPPAS (Bigi & Hirst, 2012), leur syllabation a été faite manuellement sur le logiciel Praat (Boersma & Weenink, 2015), et leur f0 a été modélisée avec le script Prosomarker (Origlia & Alfano, 2012) qui utilise l'algorithme Momel (Hirst, 2007) pour enlever de façon automatisée les mouvements microprosodiques résiduels des valeurs de f0. L'algorithme identifie ensuite des points d'inflexion ou d'ancrage (*anchor points*) à partir desquels il est possible de recréer une courbe intonative macroprosodique à travers une fonction quadratique *spline*.

Les fichiers obtenus à partir de la modélisation automatisée ont été ensuite validés perceptivement et comparés avec les énoncés non modélisés, pour veiller à ce qu'il n'y ait pas de pertes ou de grandes différences avec l'intonation originale.

Ce système de traitement et de représentation de l'intonation a été choisi car il est indépendant du système linguistique et nous permet d'analyser un système hybride tel que l'interlangue des apprenants. Il nous permet également de traiter le corpus de deux façons différentes.

Dans un premier temps, les modélisations nous ont mené à réaliser une analyse phonétique, car elles fournissent des données acoustiques correspondant à la f0 et à la durée qui peuvent être utilisées pour faire des études statistiques exploratoires.

Nous avons obtenu les données suivantes pour tous les énoncés de notre corpus :

1. durée de l'élément focalisé
2. durée totale de l'énoncé
3. forme du mouvement tonal (transcription INTSINT)
4. f0 initiale de l'élément focalisé
5. f0 finale
6. f0 minimale
7. f0 maximale
8. Mouvement tonal (f0max – f0min)

Comme nous pouvons l'observer avec les exemples du tableau 1, l'élément lexical focalisé peut varier selon le locuteur et ne se trouve pas toujours au même endroit de l'énoncé. Pour pouvoir mener des analyses plus poussées, nous avons enregistré également, pour chaque fichier :

9. le(s) mot(s) focalisé(s)
10. la syllabe tonique du mot focalisé
11. sa position dans l'énoncé (début, centre, fin).

Enfin, les énoncés appartenant aux catégories 4 à 8 étant des questions, nous nous sommes intéressés à la présence d'une montée tonale finale quand un élément est focalisé :

12. présence d'une montée tonale finale

Les données de f0 ont été normalisées en obtenant les logarithmes des valeurs en Hz, afin de pouvoir réaliser des analyses contrastives exploratoires des mouvements tonals indépendamment du registre des locuteurs.

Dans un deuxième temps, nous avons traduit les points d'ancrage obtenus avec l'algorithme à l'alphabet INTSINT (Hirst & Di Cristo, 1998). Chaque point peut être traduit automatiquement par une lettre qui représente sa position dans la courbe de f0. Il existe trois lettres de position absolue : M(id), pour le premier point de la phrase intonative, T(op) pour la valeur la plus haute et B(ottom) pour la valeur la plus basse. Les autres points sont définis par rapport à ceux qui les entourent : H(igher) pour un point précédé et succédé par deux points plus bas, L(ower) pour un point précédé et succédé par deux points plus hauts,

 DOI: 10.1051/shsconf/20173800012

U(pstepped) pour un point précédé par un point plus bas mais succédé par un point plus haut, D(ownstepped) pour un point précédé par un point plus haut mais succédé par un point plus bas, et S(ame) pour un point précédé par un autre de sa même valeur.

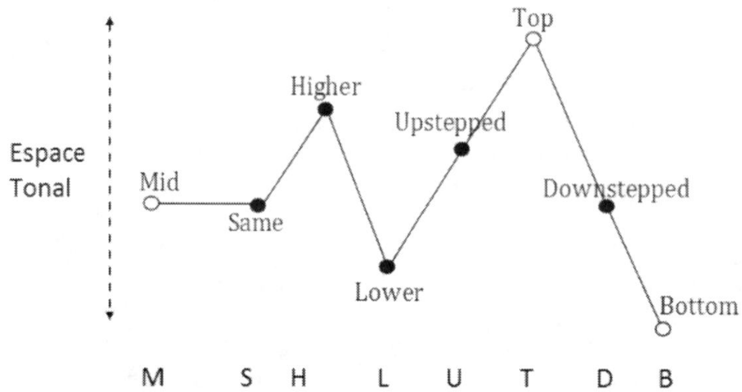

Fig. 2. Organisation des points de la séquence [MSHLUTDB] en alphabet INTSINT

Les séquences de lettres contenues dans l'espace temporel appartenant à un élément focalisé nous laissent voir si le mouvement est montant, descendant ou complexe. Ensuite, nous pouvons complémenter cette représentation « phonologique de surface » (Di Cristo, 2013, p. 114), avec une représentation visuelle des mouvements de f0 générée avec le script ProZed (Hirst, 2012). Cela nous donne une vue générale de l'emplacement dans l'énoncé et de la direction des mouvements de f0, ainsi que de leur amplitude tonale et de leur durée.

4 Résultats

En regardant les représentations visuelles et les transcriptions INTSINT, nous avons constaté des différences dans les mouvements tonals présents dans les éléments focalisés produits par les locuteurs ayant des L1 différentes. Les exemples des représentations obtenues avec le script ProZed montrent : la production d'une locutrice chilienne (CL – Fig 3), celle d'une locutrice française (FR – Fig 4) et celle d'une locutrice anglaise (UK – Fig 5).

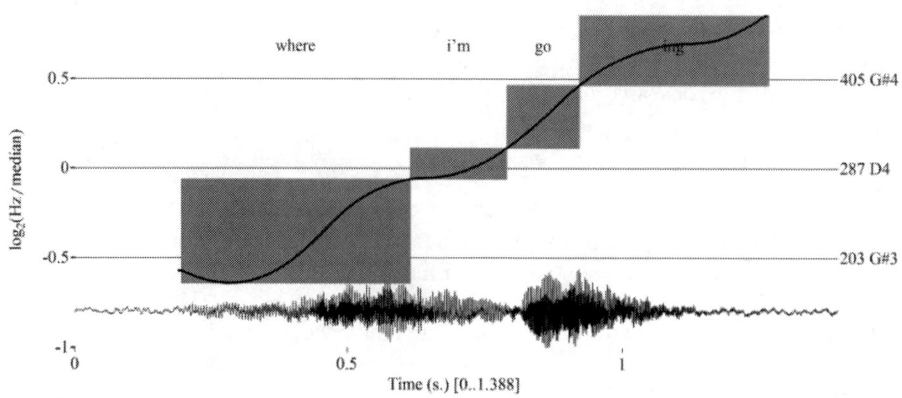

Fig. 3. CL - Séquence [MBUUT]

DOI: 10.1051/shsconf/20173800012

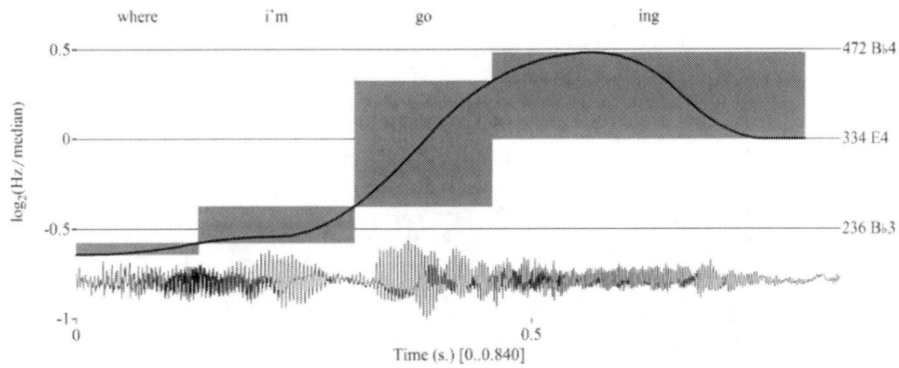

Fig. 4. FR – Séquence [MSSUTL]

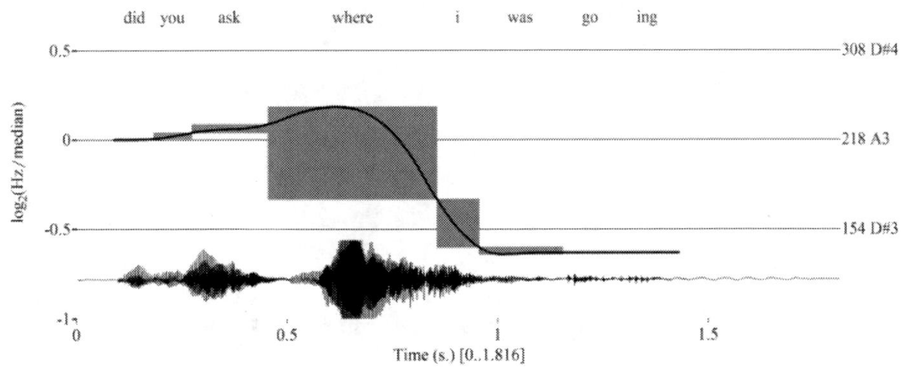

Fig. 5. UK – Séquence [MSUTDB]

Les rectangles représentent la durée (horizontalement) et l'ampleur du mouvement tonal (verticalement). La ligne noire est la courbe intonative modélisée.

Le contenu lexical est très uniforme chez les trois locutrices dans cet exemple, mais les éléments focalisés ne coïncident pas. CL et UK ont toutes les deux focalisé l'élément *where*, alors que FR a focalisé l'élément *going*. La forme du mouvement tonal dans la focalisation est variée aussi : CL réalise une chute suivie d'une montée transcrite comme [MBU], alors que FR et UK font une montée suivie d'une chute, [UTL] et [UTD] respectivement. L'ampleur de ce mouvement tonal de focalisation est d'ailleurs plus élevée chez les apprenantes que chez la locutrice native.

Au moment d'analyser la montée finale dans les questions contenant de la focalisation, nous constatons que l'apprenante chilienne réalise une montée tonale vers la fin de la question dans une séquence [BUUT]. La participante française réalise un mouvement du type [UTL], avec une montée qui arrive au sommet du registre de l'énoncé suivie d'une chute qui s'arrête à son registre moyen, avec un alignement tardif de la syllabe tonique (*go<u>ing</u>*). La locutrice native descend immédiatement après l'élément focalisé et reste dans son registre bas [B] jusqu'à la fin de l'énoncé. Ces exemples illustrent très bien les différences globales trouvées dans le reste du corpus.

La différence de type de mouvement tonal utilisé pour réaliser la focalisation est marquée par groupe, comme nous pouvons le constater sur la figure 6.

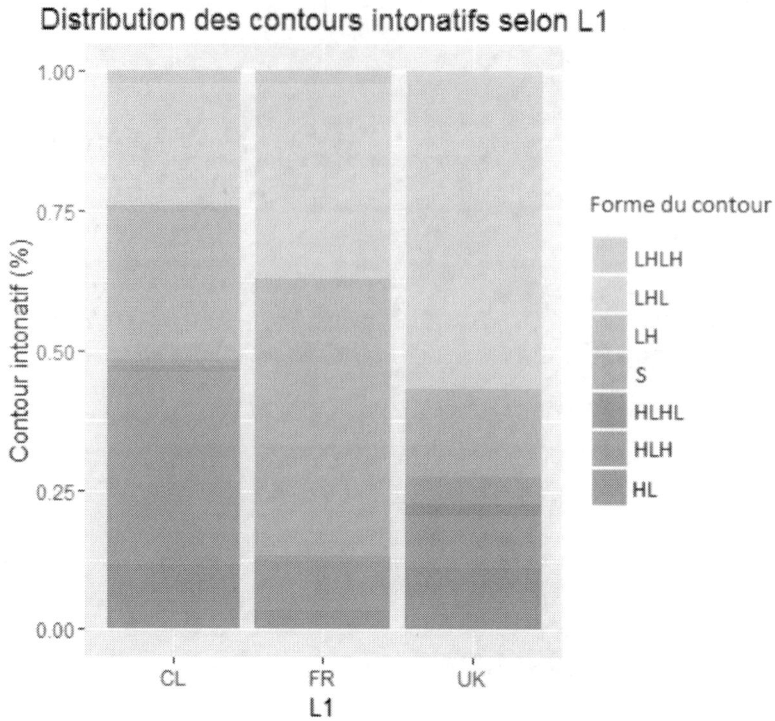

Fig. 6. Distribution des contours selon la L1

Pour cette analyse, nous avons simplifié les mouvements en les regroupant en sept catégories qui prennent en compte uniquement la direction du mouvement tonal, de la façon suivante :

Tableau 2. Catégories des mouvements tonals

Forme	Direction	INTSINT
Unidirectionnels	Montant	LH
	Descendant	HL
	Plat	S
Bidirectionnels	Montant-Descendant	LHL
	Descendant-Montant	HLH
Tridirectionnels	Montant-Descendant-Montant	LHLH
	Descendant-Montant-Descendant	HLHL

Il y a une nette préférence de la part des natifs pour les contours montants-descendants (LHL), alors que les apprenants montrent des distributions un peu plus partagées : le groupe français se sert plus souvent des montées tonales simples (LH), et le groupe chilien a une distribution un peu plus uniforme, mais privilégie les chutes-montées (HLH), ressource beaucoup moins utilisée chez les deux autres groupes.

Les mouvements tonals tridirectionnels sont très peu utilisés, sauf dans des situations très précises telles que la catégorie 3 (déclaratives d'évidence), où nous trouvons la totalité des mouvements LHLH chez les deux groupes d'apprenants. Des mouvements plats (S) ou descendants (HL) sont peu fréquemment utilisés pour la focalisation, ce qui montre une notion commune aux trois groupes de l'expression de la focalisation à travers des mouvements contenant des déplacements tonals montants.

Si nous observons les données acoustiques, nous découvrons que la réalisation des mouvements tonals est différente au niveau de l'ampleur également. Les locuteurs chiliens

 DOI: 10.1051/shsconf/20173800012

présentent les valeurs les plus élevées de différence entre la f0 minimale et maximale d'un élément focalisé, comme le montre la figure 7.

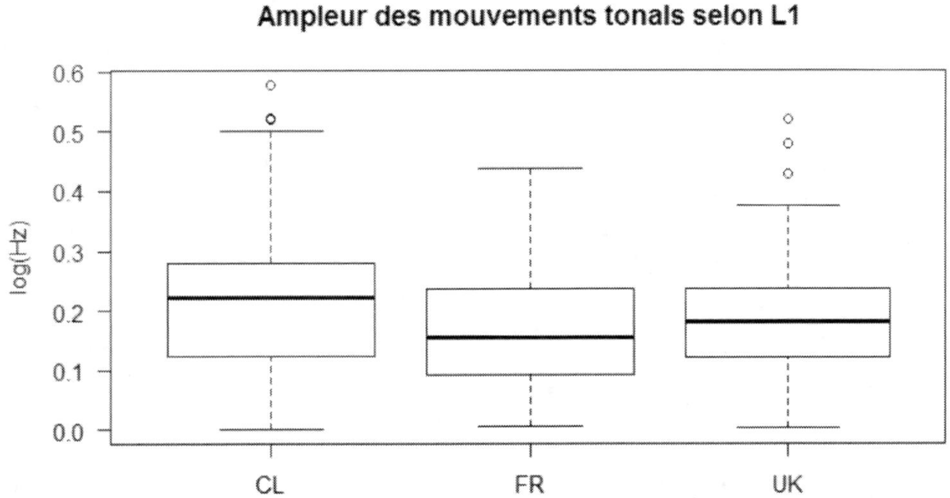

Fig. 7. Ampleur des mouvements tonals selon la L1

Si nous regardons de plus près la distribution des différences f0max – f0min nous constatons qu'il n'existe pas nécessairement un rapport direct entre le choix d'un mouvement tonal et son exécution avec une grande ampleur de f0.

D'une part, les montées tonales LH, par exemple, qui sont plus fréquentes chez les locuteurs francophones, ont tendance à être beaucoup plus proéminentes chez les locuteurs hispanophones qui les utilisent moins souvent lors de la focalisation (Fig. 8a). Les descentes-montées tonales HLH (Fig 8b), qui sont réalisées très fréquemment par les locuteurs chiliens, sont rares mais présentent des différentiels de f0 plus grands en moyenne dans les énoncés prononcés par les locuteurs français.

D'autre part, cependant, les montées-chutes LHL (Fig. 8c), courantes chez les locuteurs natifs, ont aussi une ampleur tonale plus prononcée parmi eux. Les chutes-montées HLH, très peu courantes chez les anglophones, sont produites par ces derniers avec un différentiel de f0 très bas (Fig. 8b).

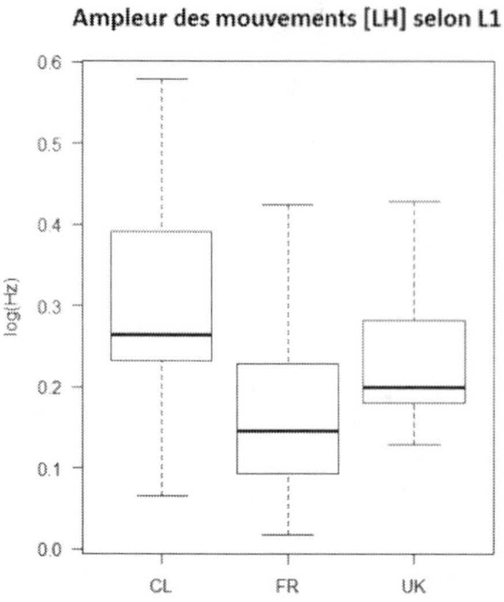

Fig. 8a.

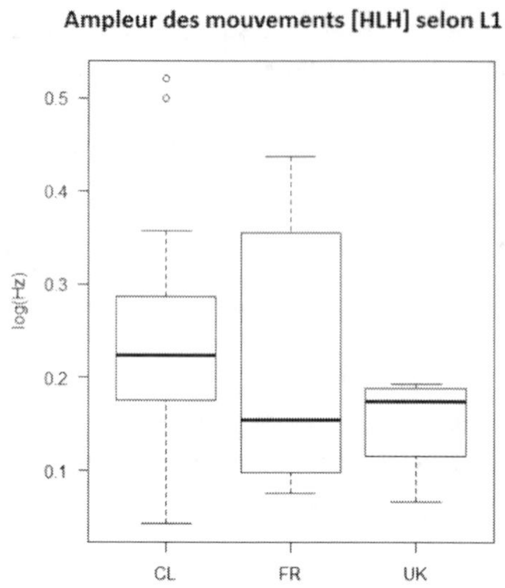

Fig. 8b.

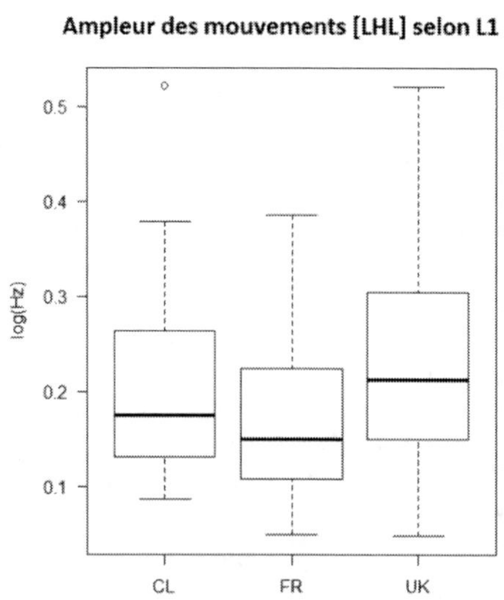

Fig. 8c.

Le dernier phénomène auquel nous nous sommes intéressés est l'utilisation de tons montants à la fin des questions, notamment des interrogatives écho et des questions absolues, du fait de leur tendance à finir par des tons montants en anglais (Cruttenden, 1997; Hirst & Di Cristo, 1998, p. 198), français (Delais-Roussarie et al., 2015; Delattre, 1966) et espagnol (Hualde & Prieto, 2015; Ortiz Lira et al., 2010).

Ce faisant, nous cherchions à déterminer si l'intonation finale montante était affectée par la présence d'éléments focalisés dans le corps de l'énoncé et si la position de cet élément jouait un rôle dans les éventuels changements de la pente de f0.

Comme nous pouvons l'observer sur la figure 9, les apprenants sont très enclins à réaliser des questions se terminant par un ton ascendant en présence d'un élément focalisé, alors que ce comportement est très rare chez les locuteurs natifs. Si nous faisons attention à la position de l'élément focalisé, le groupe UK a moins tendance à faire des montées tonales quand la focalisation se trouve au milieu de l'interrogative (cf. Fig 5). Il en est de même pour les participants non natifs, qui réalisent moins souvent des montées finales quand l'élément focalisé se trouve au centre que quand il se trouve à droite.

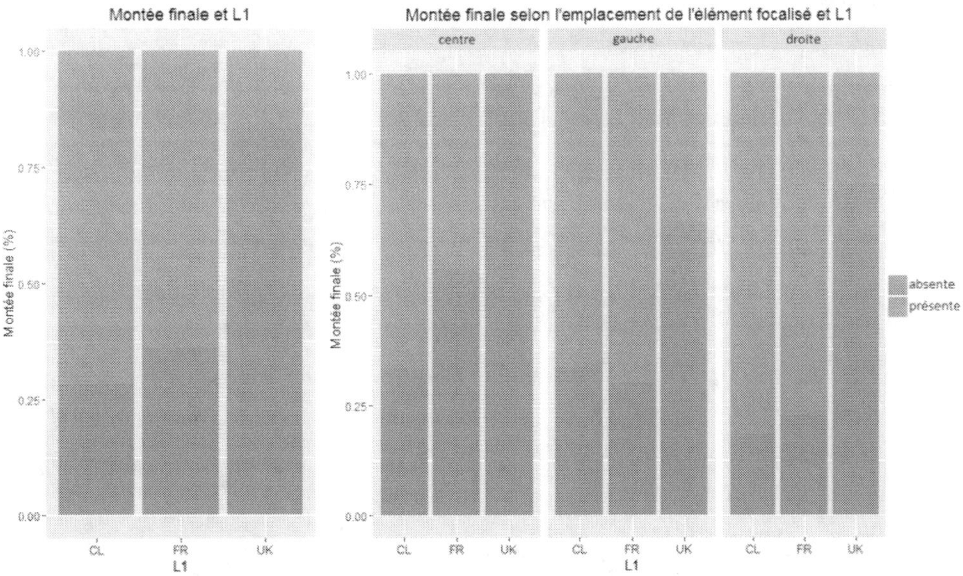

Fig. 9. Montée finale selon l'emplacement de l'élément focalisé

D'autres analyses peuvent être réalisées, notamment au niveau de la durée des éléments focalisés et de leur rapport avec l'ampleur du mouvement tonal (la *slope*, ou « pente tonale ») ; néanmoins, pour ce faire, un corpus avec des éléments lexicaux plus uniformisés serait plus adéquat.

Nous tenons à préciser que ce corpus reste restreint et que ces observations ne cherchent pas à avoir une valeur statistique ; elles visent, plutôt, à donner une vue générale des phénomènes intonatifs potentiellement fréquents chez les apprenants pour justifier des analyses plus poussées autour de l'intonation de l'interlangue des apprenants.

5 Conclusion

Dans la présente étude, nous avons mis en pratique une méthodologie d'analyse descriptive et contrastive des mouvements tonals de deux groupes d'apprenants d'anglais et d'un groupe de locuteurs anglophones natifs. Les résultats des analyses préliminaires que nous avons présentés nous donnent une image générale de la réalisation phonétique de l'intonation de la focalisation en anglais par les participants étudiés.

Nos observations montrent qu'il existe des caractéristiques intonatives spécifiques à chaque groupe. Ces régularités se présentent au niveau de la forme et de l'ampleur du mouvement tonal dans l'élément focalisé. Des tendances vers la montée tonale finale dans les questions contenant de la focalisation sont observées également chez les apprenants et absentes chez les locuteurs natifs.

Ces résultats peuvent constituer le point de départ de futures études afin de confirmer les tendances intonatives constatées. L'utilisation d'un corpus plus grand avec des tâches de discours lu, par exemple, peut s'avérer plus fiable et plus facile à traiter de façon automatisée, surtout pour la comparaison des valeurs de durée. Par ailleurs, les données obtenues peuvent être contrastées avec celles disponibles dans le corpus IARI pour trouver des liens avec l'intonation des L1 des locuteurs. Ce type d'études contrastives nous aiderait à mieux comprendre l'interlangue prosodique des apprenants et à mettre ces informations au service de l'enseignement de l'anglais oral.

Bibliographie

Best, C. (1995). A direct realist view of cross-language speech perception. In W. Strange (Ed.), *Speech Perception and Linguistic Experience: Issues in Cross-Language Research* (pp. 171–206). Timonium: York Press.

Bigi, B., & Hirst, D. (2012). SPeech Phonetization Alignment and Syllabification (SPPAS): A tool for the automatic analysis of speech prosody. *Proceedings of the 6th International Conference on Speech Prosody (SP2012)*, 19–22.

Blum-Kulka, S., House, J., & Kasper, G. (1989). *Cross-cultural pragmatics: Requests and apologies*. Norwood, NJ: Ablex Publishing Corporation.

Boersma, P., & Weenink, D. (2015). Praat, a system for doing phonetics by computer. *Glot International, 5*, 341–345.

Corder, S. (1967). The Significance of Learner's Errors. *International Review of Applied Linguistics, 5*, 161–170.

Corder, S. (1992). *A Role for the Mother Tongue*. In S. M. Gass & L. Selinker, (Eds.), *Language Transfer in Language Learning* (Vol. 5). Amsterdam: John Benjamins Publishing Company. 18-31

Cruttenden, A. (1997). *Intonation*. Cambridge: Cambridge University Press.

Delais-Roussarie, E., Post, B., Avanzi, M., Buthke, C., Di Cristo, A., Feldhausen, I., Yoo, H.-Y. (2015). Intonational Phonology of French: developing a ToBI system for French. In S. Frota & P. Prieto (Eds.), *Intonational variation in Romance* (pp. 63–100). Oxford: Oxford University Press.

Delattre, P. (1966). Les dix intonations de base du français. *The French Review, 40*(1), 1–14.

Di *Cristo*, A. (2013). *La prosodie de la parole*. Bruxelles: De Boeck.

Flege, J. E., & Hillenbrand, J. (1984). Limits on phonetic accuracy in foreign language speech production. *The Journal of the Acoustical Society of America, 76*(3), 708–721.

Hirst, D. (2007). A Praat plugin for MOMEL and INTSINT with improved algorithms for modelling and coding intonation. *ICPhS 2007. Proceedings of the 16th International Congress of Phonetic Sciences*, 1233–1236.

Hirst, D. (2012). ProZed: A speech prosody analysis-by-synthesis tool for linguists. In *Proceedings of the 6th International Conference on Speech Prosody (SP2012*, 15-18.

Hirst, D., & Di Cristo, A. (1998). *Intonation Systems*. Cambridge: Cambridge University Press.

Horgues, C. (2010). *Prosodie de l'accent français en anglais et perception par des auditeurs anglophones*. Thèse de doctorat. Universite Paris 7.

Hualde, J., & Prieto, P. (2015). Intonational variation in Spanish: European and American varieties. In P. Prieto & S. Frota (Eds.), *Intonational variation in Romance* (pp. 350–391).

Oxford: Oxford University Press.

Jilka, M. (2000). *The contribution of intonation to the perception of foreign accent*. Thèse de doctorat. Universität Stuttgart.

Kuhl, P., & Iverson, P. (1995). Linguistic experience and the "Perceptual Magnet Effect." In W. Strange (Ed.), *Speech Perception and Linguistic Experience: Issues in Cross-Language Research* (pp. 121–154). Timonium: York Press.

Lepetit, D. (1992). *Intonation française, enseignement et apprentissage*. Toronto: Canadian Scholars' Press.

Origlia, A., & Alfano, I. (2012). Prosomarker: a prosodic analysis tool based on optimal pitch stylization and automatic syllabification. *Proceedings of the Eighth International Conference on Language Resources and Evaluation (LREC '12)*, 997–1002.

Ortiz Lira, H., Fuentes, M., & Astruc, L. (2010). Chilean Spanish Intonation. In P. Prieto & P. Roseano (Eds.), *Transcription of Intonation of the Spanish Language* (pp. 255–283). Munich: Lincom Europa.

Prieto, P., Roseano, P., & Borràs-Comes, J. (2010). *Interactive Atlas of Romance Intonation*. <http://prosodia.upf.edu/iari/>

Rognoni, L. (2012). The impact of prosody in foreign accent detection. A perception study of Italian accent in English. *Methodological Perspectives on Second Language Prosody ML2P*, 89–93.

Rognoni, L., & Busà, M. G. (2014). Testing the Effects of Segmental and Suprasegmental Phonetic Cues in Foreign Accent Rating : An Experiment Using Prosody Transplantation. *Concordia Working Papers in Applied Linguistics*, *5*, 547–560.

Selinker, L. (1972). Interlanguage. *International Review of Applied Linguistics*, *10*(3), 209–231.

Xu, Y., & Xu, C. X. (2005). Phonetic realization of focus in English declarative intonation. *Journal of Phonetics*, *33*(2), 159–197.

DOI: 10.1051/shsconf/20173800013

Open science in second language acquisition research: The IRIS repository of research materials and data

Emma Marsden[1], *Sophie* Thompson[1], and *Luke* Plonsky[2]

[1]University of York, United Kingdom
[2]Georgetown University, United States of America

Abstract. IRIS (iris-database.org) is a freely accessible repository for materials, data collection tools, and data used in research on second language learning and teaching. Launched in 2011, IRIS now holds nearly 4,000 files covering a vast spectrum of theoretical, methodological, and epistemological perspectives. The current chapter outlines the background, purpose, content, and usage of IRIS both generally and as within the context of the current volume. We also describe the place of IRIS as one of the primary vehicles driving the move toward open science practices and replication research in applied linguistics. We conclude by encouraging engagement with IRIS from research and practitioners alike.

Résumé. IRIS (iris-database.org) est un entrepôt en accès libre pour du matériel, des instruments de collecte de données et des données utilisées dans des recherches sur l'apprentissage et l'enseignement d'une langue seconde. Inauguré en 2011, IRIS contient à présent près de 4000 fichiers qui couvrent un vaste spectre de perspectives théoriques, méthodologiques et épistémologiques. Ce chapitre présente le contexte, l'objectif, le contenu et l'usage d'IRIS d'une façon générale ainsi que dans le cadre du présent volume. Nous y décrivons le rôle que joue IRIS comme un des vecteurs principaux du mouvement vers des pratiques scientifiques ouvertes et une recherche réplicative en linguistique appliquée. Nous concluons en encourageant les chercheurs et les praticiens à collaborer avec IRIS.

1 Introduction

We welcome this volume of research unified by cognitive and usage-based approaches to understanding second language learning and teaching. The papers also provide a cohesive and much-needed focus on, mainly, the acquisition of French as a second language (L2). The studies provide many useful insights into a wide range of sub-domains of L2 research, including the effects of explicit knowledge on brain activity, the role of interaction, relations between conceptual and lexico-semantic representations, and the development of L2 pragmatics, phonology and morphosyntax. The methods used to elicit data for these diverse

 DOI: 10.1051/shsconf/20173800013

topics are, inevitably, similarly diverse. We also applaud the editors and authors for making their work open access, thus embracing current moves towards open science practices.

In these ways, the volume aligns itself very well with the aims and content of the IRIS (Instruments for Research into Second Languages) repository (Marsden, Mackey, & Plonsky, 2016). Like the volume, IRIS also embraces a wide diversity of substantive areas and methodological approaches (see for example Mackey & Marsden 2016), and it is at the forefront of open science practices. In the current chapter, we describe the background, purpose, content, and usage of IRIS. We also discuss one of the long-term benefits of our field embracing open science practices: improvements in the quality and quantity of replication research.

Thus, our chapter extends the brief discussion of IRIS that followed Marsden's keynote talk at the COULS (2016) conference. The studies presented in that talk have their materials openly available on IRIS: Kasprowicz & Marsden (2017) (L2 German morphosyntax markers of subject/object roles); Marsden (2006) (L2 French inflectional morphology for person, number and tense); Marsden & Chen (2011) (L2 English inflectional morphology for tense); Marsden, Williams, & Liu (2013) (suffixes for tense and number in a novel language); McManus & Marsden (2017 & in press) (French inflectional morphology for aspect in the imparfait).

2 Background

IRIS is a digital repository of materials used to collect data for research into second and foreign language learning and teaching. Since its launch in 2011, with initial support from the UK's *Economic and Social Research Council* followed by long-term support from the *British Academy*, IRIS has attracted increasing international interest, with around 38,000 hits and 20,000 downloads. The main purpose of the repository is to make instruments and data from second language learning and teaching research and multilingualism openly accessible for researchers, teachers and students. IRIS has the support of a wide network of leading journal editors and research and teaching associations.

3 Content of the IRIS repository

IRIS contains more than 3,600 materials, with an increase of 1,500 materials in the last 12 months. These include different kinds of tests for a wide range language features in a variety of languages, such as, judgement tests, elicited imitation tasks, stimuli for psycholinguistic techniques, teaching intervention activities, questionnaires, interview protocols, observation schemes, software scripts, sound and video files, among many more types of materials. IRIS is searchable by many different parameters, including: the kind of material (e.g., proficiency test, questionnaire); the area of research being conducted (e.g. pragmatics, inter-cultural competence, morphosyntax, individual differences); the names of researchers who contributed or developed the materials; learner characteristics (e.g. age, first language, proficiency); the language being learned; and the type of instruction or pedagogical technique (e.g. processing instruction, corrective feedback). The materials available on IRIS are free to download, can be adapted to suit the downloaders' own requirements, and have all been used in peer-reviewed publications or successful PhD theses in the broad area of second language learning and teaching and multilingualism. IRIS provides access to full materials, which is critical given that space in journal articles and books is often limited and reporting practices are known to omit details about instrumentation (Derrick, 2016).

In addition to increasing the number of individual instruments on IRIS over the last year, IRIS has developed special collections holding as many examples as possible of a specific type of research instrument. Currently two collections are held: self-paced reading (SPR) tests and grammaticality/acceptability judgement tests (JT). Prior to these special collections on IRIS, the availability of these instruments was lacking. Full instruments were available - and mainly behind journal paywalls - for only 33% of SPR studies and 34% JT studies in the field (as found by Marsden, Thompson and Plonsky, under review; Plonsky, Marsden, Crowther, Spinner, Gass, in preparation). There are now many more complete SPRs and JTs available, accessible via IRIS. The development of more special collections is an important goal for IRIS.

4 Usage

IRIS is used by researchers (16% of downloads), teachers (17% of downloads), and students (67% of downloads). Researchers can use IRIS to share and archive their materials, to increase the impact and exposure of their work, and to scrutinise, replicate and build on the work of their colleagues. Graduate students can adapt instruments to investigate a wide range of areas in TESOL and applied linguistics, for example, cross-linguistic influence, sentence processing, testing, to name but a few. Research methods trainers use IRIS to help students to understand and critique methodologies and to help them when developing their own materials for dissertations. Language teachers are able to use or adapt materials from IRIS, such as tests for assessing learners' needs, intervention materials for teaching activities, or instruments they can use for their own research to understand more about how to give corrective feedback or about how learners are motivated.

5 Wider purpose and context: Open science and replication

Beyond simply making materials available to second language teachers and researchers, IRIS is at the forefront of the open science movement currently taking shape in applied linguistics and across the social and natural sciences. 36 top journals in the field support IRIS by encouraging their authors to share materials through the repository. Leading journals (*Language Learning, Studies in Second Language Acquisition, The Modern Language Journal*, with others set to follow) now do this by awarding "open science badges" to researchers who openly share their materials or data, in collaboration with the *Centre for Open Science* (see Figure 1). This level of activity shows the increasing use and impact of IRIS in language learning and teaching research. It is also a sign of the field's growing recognition of the place and value of open science practices.

Fig.1. Badges awarded by the Center for Open Science to recognise open science practices

Another wider benefit of IRIS is that it can assist the field in overcoming the lack of replication studies on language learning and teaching. Replication research allows us to investigate the external validity (generalizability) of findings in, for example, different settings, demographics, target languages, helping researchers to test theories, constructs, and measurements (Marsden, Morgan-Short, Thompson, & Abugaber, 2018; Porte, 2012). It can also inform us about the reliability of research and of measures with the same or different samples of learners (Plonsky & Derrick, 2016). IRIS is actively facilitating and encouraging replication through the growing database of materials and through the new IRIS replication award. The award recognizes researchers who publish rigorous replication research using materials from IRIS, and, critically, self-label their study as a 'replication'. Self-labelling a study as a 'replication' allows reviewers and readers to track methodological and theoretical precedents of research, helping us to understand more precisely the extent to which individual studies build on and inform previous studies. A very small amount of self-labelled replication in L2 research has been published to date, with an estimated rate of less than 0.26, that is, fewer than one in every four hundred published articles is a replication study (Marsden et al., 2018). The IRIS award is intended to encourage researchers to carry out closer replications, and to feel confident in self-labelling them as such (e.g. Morgan-Short, Marsden, Heil, et al. 2018).

6 Concluding remarks

In summary, IRIS is a user-friendly, searchable, easily-accessible database which can be used by all those involved in second language research. In collaboration with COS, journals supporting open science, and the research community IRIS is furthering the open science agenda and facilitating research rigour.

This volume has led to several useful contributions to the IRIS database. For example, researchers can now easily access, and adapt to their own contexts:

a new discourse completion test on requests in Finnish (Holttinen),

an oral production task on counterfactuality (Repiso)

a phonetic identification task (Maurova Paillereau)

transcription data (Chachu)

We hope that the availability of these instruments will lead to their further adaptation and use in the future.

For more information, please see the FAQ on the IRIS website or contact iris@iris-database.org. Follow us on Facebook: https://www.facebook.com/irisdatabase/

References

Derrick, D. J. (2016). Instrument reporting practices in second language research. *TESOL Quarterly, 50,* 132-153.

Kasprowicz, R. E., & Marsden, E. (2017). Towards ecological validity in research into input-based practice: Form spotting can be as beneficial as form-meaning practice. *Applied Linguistics*, 1-27. DOI: 10.1093/applin/amw051

Mackey, A. & Marsden, E. (Eds.) (2016). *Advancing Methodology and Practice: The IRIS Repository of Instruments for Research into Second Languages*. New York: Routledge.

Marsden, E. (2006). Exploring Input Processing in the classroom: An experimental comparison of Processing Instruction and Enriched Input, *Language Learning*, *56,* 507-566

DOI: 10.1051/shsconf/20173800013

Marsden, E. & Chen, H.-Y. (2011). The roles of structured input activities in processing instruction and the kinds of knowledge they promote. *Language Learning, 61,* 4, 1058–1098.

Marsden, E., Mackey A., Plonsky, L. (2016). The IRIS repository: Advancing research practice and methodology. In Mackey, A. & Marsden E. (Eds.) *Instruments for Research into Second Languages: Empirical studies advancing methodology* (pp. 1-21). New York: Routledge.

Marsden, E. & Plonsky, L. (2018). Methodological transparency in data collection and instrument design. In A. Edmonds & A. Gudmestad (Eds) *Critical reflections on data in SLA.* Amsterdam: John Benjamins.

Marsden, E., Thompson, S., Plonsky, L. (under review). Self-paced reading in second language research: A methodological synthesis and recommendations for the field. *Applied Psycholinguistics*

Marsden, E., Williams, J., Liu, X. (2013). Learning novel morphology: The role of meaning and orientation of attention at initial exposure. *Studies in Second Language Acquisition, 35,* 4, 619-654.

McManus, K. & Marsden E. (2017). Explicit instruction about the first language can benefit online and offline performance in a second language. *Studies in Second Language Acquisition, 39,* 3, 459-492.

McManus, K., & Marsden, E. J. (in press). Online and offline effects of L1 practice in L2 grammar learning: a partial replication. *Studies in Second Language Acquisition.*

Marsden, E., Morgan-Short, K., Thompson, S., Abugaber, D. (2018) Replication in second language learning research: A narrative and a systematic synthesis and lessons for the field. *Language Learning 68,* 1

Morgan-Short, K., Marsden, E., Heil, J. et al. (under review). Attention to form and comprehension: A multi-site replication. *Language Learning, 68,* 1

Plonsky, L., & Derrick, D. J. (2016). A Meta-Analysis of Reliability Coefficients in Second Language Research. *The Modern Language Journal, 100,* 2, 538-553.

Porte, G. (2012). *Replication research in applied linguistics.* New York: Cambridge University Press.

AUTHOR INDEX